ミッドウェー海戦

第一部　知略と驕慢

森　史朗

新潮選書

はじめに

かくも栄光と賞讃に満たされた艦隊があったろうか。南雲忠一中将麾下《きか》の主力航空母艦四隻、および山本五十六大将が坐乗する戦艦大和を中心とした総計一四五隻の日本艦隊が北のアリューシャン列島、中部太平洋ミッドウェー島攻略をめざして進攻した。一九四二年（昭和十七年）六月五日のことである。

海をおおう大艦隊と誇り高き将兵はペルシャの昔、クセルクセス王の遠征軍がエーゲ海に漕ぎ出した壮途の故事を思い起こさせる。

だが、かつての歴史がそうであったように日本海軍は大敗し、南雲艦隊は主力四空母を喪失、山本大将は本土への退却を余儀なくされた。この海戦が日米戦争の天王山となり、日本はこれ以降、太平洋の戦場で戦局の主導権を握ることはなかった。

では、いったい何が敗北の真因であったのか。戦後おびただしい研究書が日米両国で刊行されたが、いずれの書にも海戦の当日朝、全艦隊に通報された肝心の敵情報告が記されていない。

「本日敵出撃ノ算ナシ」

開戦いらい連戦連勝がつづき、勝利に酔い、米空母部隊は出動してこないという楽天的な南雲司令部の誤判断によって、史上最強と謳われた艦隊が潰《つい》えたのである。だが、唯一残された貴重な資料である『第一航空艦隊戦闘詳報』からはこの重要な通報は削除され、戦後も永く闇に葬られてきた。敗北の真因は、海戦当日朝に布告された敵情報告にあり、参加各部隊の油断を招いたこの通報は、起案者であり戦闘詳報の執筆者となった航空乙参謀によって匿《かく》されてきたのだ。戦史上、ミッドウェー海戦の謎とされる多くの疑問点は、この事実発掘によって解き明かされる。

このおそるべき偽りは、じっさいの戦場で戦った戦士たちの名誉を貶《おとし》める以外の何ものでもない。そして、空母被弾の絶望的な状況のなかで果敢に己れの任務を果たし、みごとに短い人生を駆けぬけていった勇者たちの存在までも、歴史の闇に閉じこめるべきではない。

本書は可能なかぎり当時の作戦関係者を訪ね、個人的インタビューを重ねて海戦で何が起こったのかを克明に検証したものである。証言者の多くはすでにこの世に亡いが、彼らが語った真実は単に戦闘の勝敗だけでなく、決断と不決断、組織と人間、そして究極には日本人とは何か、といった根源的命題までも問いかけてくれる。彼らが体験したこの歴史的大事件がわれわれの教訓となれば、いまは亡き戦士たちの魂も大いに慰められるにちがいない。

著者

ミッドウェー海戦　第一部　知略と驕慢＊目次

はじめに　3

日米艦隊行動図／日本海軍首脳
日本軍の兵力・編成／アメリカ軍の兵力・編成
アメリカ太平洋艦隊

序章　その日の山本五十六　17

長官私室／ハワイ占領計画／山本五十六の恋文

第一章　運命の出撃　63

部下思い／「人殺し多聞」／飛行隊長の艶聞

第二章　誇り高き艦長　101

怒りの鉄拳／「海軍の乃木さん」／戦勝気分

第三章　盗まれた海軍暗号　159
日本海軍の強敵／引き揚げられた暗号書／東京上空の敵機
第四章　史上最強の機動部隊　203
臆病な長官／栄光の陰に／図上演習の珍事／艦長心得
第五章　ミッドウェー島防衛計画　255
真珠湾への偵察行／洋上の防塁／「呼出し符号」をとらえた
第六章　戦機熟す　287
破られた無線封止／攻略船団発見さる／「敵空母発見！」
第七章　しのびよる危機　313
源田参謀との対立／飛行総隊長の重荷／柳本艦長の死生観／利根四号機の発艦遅延

第二部 運命の日

第八章 ミッドウェー島攻撃
第九章 機動部隊上空の戦い
第十章 山口多聞vs南雲忠一
第十一章 三空母被弾
第十二章 空母飛龍の反撃
第十三章 友永雷撃隊の最期
第十四章 刀折れ矢尽きて
第十五章 海戦の終幕
終章 海戦の果てに
あとがき
参考文献

地図・クラップス

ミッドウェー海戦　第一部　知略と驕慢

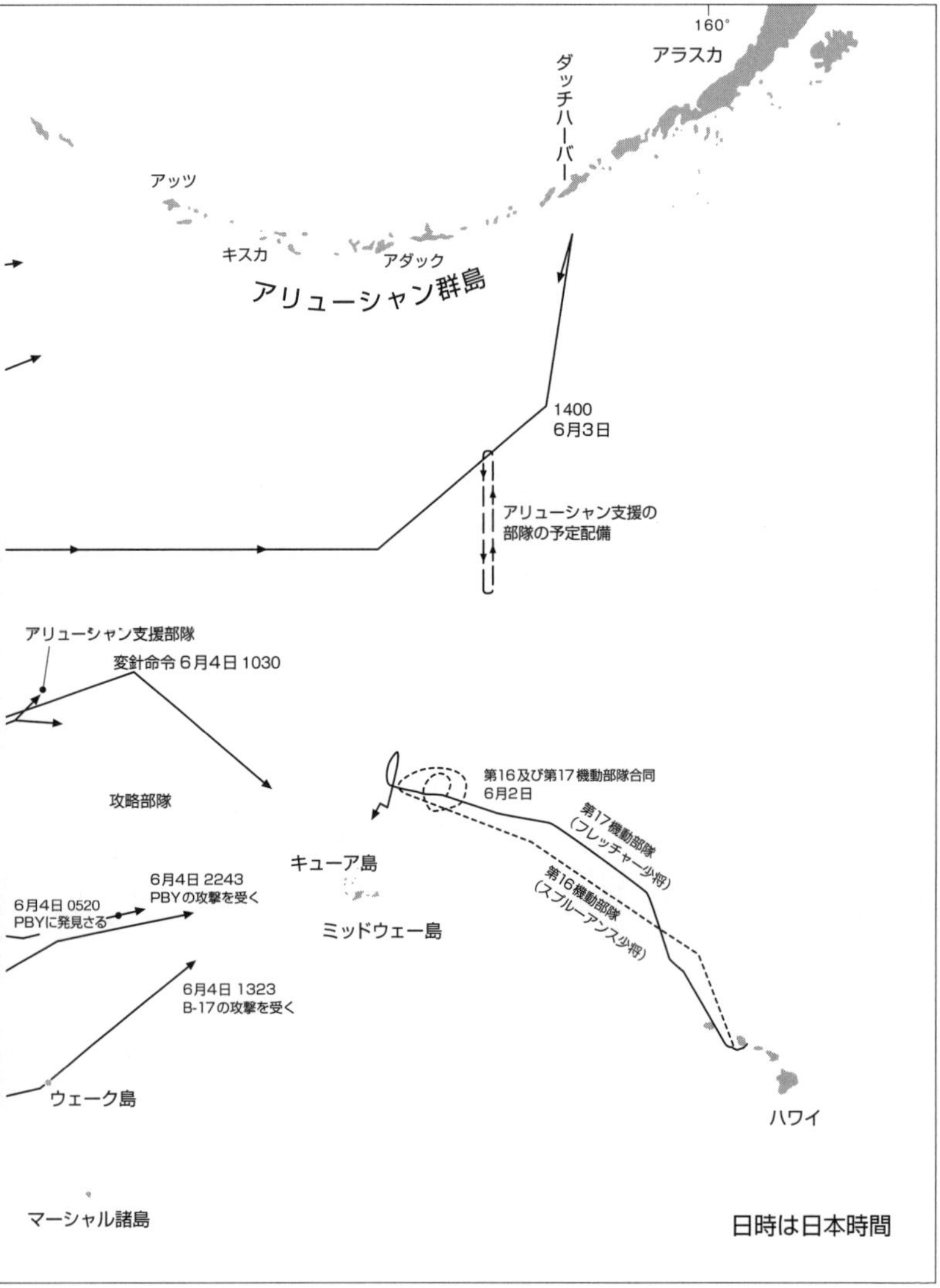
160°
アラスカ
ダッチハーバー
アッツ
キスカ
アダック
アリューシャン群島
1400
6月3日
アリューシャン支援の
部隊の予定配備
アリューシャン支援部隊
変針命令 6月4日 1030
第16及び第17機動部隊合同
6月2日
攻略部隊
第17機動部隊
(フレッチャー少将)
第16機動部隊
(スプルーアンス少将)
キューア島
6月4日 2243
PBYの攻撃を受く
6月4日 0520
PBYに発見さる
ミッドウェー島
6月4日 1323
B-17の攻撃を受く
ウェーク島
ハワイ
マーシャル諸島
日時は日本時間

日米艦隊行動図（日本時間6月4日まで）

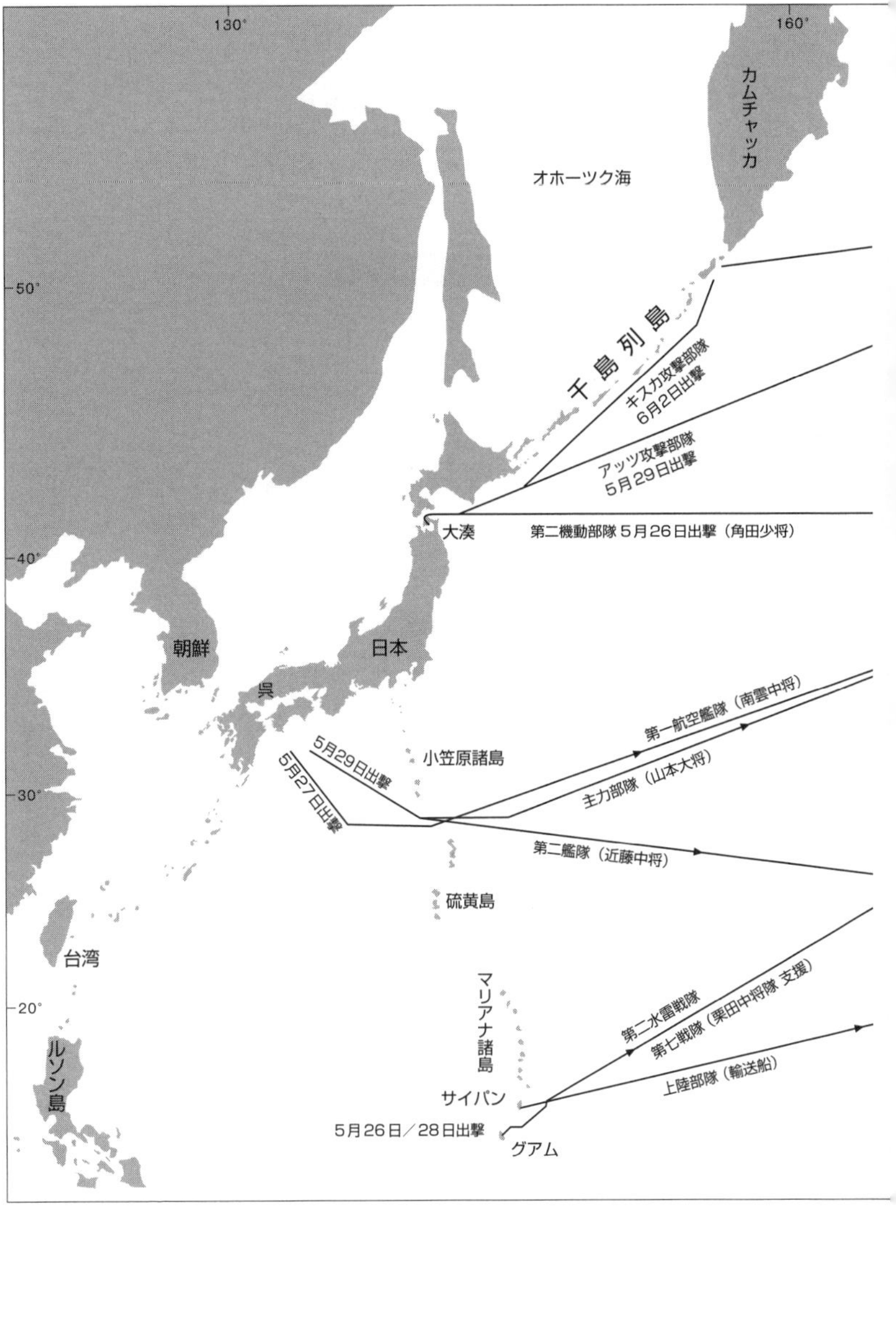
130°
160°
50°
40°
30°
20°
カムチャッカ
オホーツク海
千島列島
キスカ攻撃部隊
6月2日出撃
アッツ攻撃部隊
5月29日出撃
大湊
第二機動部隊 5月26日出撃（角田少将）
朝鮮
日本
呉
第一航空艦隊（南雲中将）
主力部隊（山本大将）
5月29日出撃
5月27日出撃
小笠原諸島
第二艦隊（近藤中将）
硫黄島
台湾
マリアナ諸島
第二水雷戦隊
第七戦隊（栗田中将隊 支援）
上陸部隊（輸送船）
サイパン
5月26日／28日出撃
グアム
ルソン島

《第一航空艦隊（機動部隊）》

第一航空戦隊	赤城	艦長	青木泰二郎	大佐
		副長	鈴木忠良	中佐
		飛行長	増田正吾	中佐
		航海長	三浦義四郎	少佐
		整備長	福田道夫	中佐
	加賀	艦長	岡田次作	大佐
		副長	川口雅雄	中佐
		飛行長	天谷孝久	中佐
		航海長	門田一治	中佐

第二航空戦隊	司令部	司令官	山口多聞	少将
		首席参謀	伊藤清六	中佐
		航空参謀	橋口喬	少佐
		通信参謀	安井鈊二	少佐
		機関参謀	久馬武夫	機関少佐
	飛龍	艦長	加来止男	大佐
		副長	鹿江隆	中佐
		飛行長	川口益	少佐
		航海長	長益	少佐
		工作長	豊田勝弘	大尉
		整備長	三雲武	少佐
	蒼龍	艦長	柳本柳作	大佐
		副長	小原尚	中佐
		飛行長	楠本幾登	中佐

第八戦隊	重巡：利根、筑摩	司令官	阿部弘毅	少将
第三戦隊第二小隊	戦艦：霧島	艦長	岩淵三次	大佐
	戦艦：榛名	艦長	高間完	大佐
第十戦隊	軽巡：長良	司令官	木村進	少将
第四駆逐隊	嵐、野分、萩風、舞風	司令	有賀幸作	大佐
第十駆逐隊	風雲、夕雲、巻雲、秋雲	司令	阿部俊雄	大佐
第十七駆逐隊	磯風、浦風、浜風、谷風	司令	北村昌幸	大佐
	その他、給油艦4			

日本海軍首脳

軍令部	総長		永野修身	大将
	次長		伊藤整一	中将
	第一部長		福留繁	少将
	第一課長		富岡定俊	大佐
	第一課部員	全般	神重徳	大佐
	第一課部員	編成	佐薙毅	中佐
	第一課部員	対数ケ国作戦対支作戦	山本祐二	中佐
	第一課部員	航空	三代辰吉	中佐
	第一課部員	潜水艦	井浦祥二郎	中佐
	第一課部員	対米、対蘭、対ソ作戦	内田成志	中佐
	第一課部員	対英作戦	華頂博信	少佐

⬇

連合艦隊	司令長官	山本五十六	大将
	参謀長	宇垣纏	少将
	首席参謀	黒島亀人	大佐
	作戦参謀	三和義勇	中佐
	政務参謀	藤井茂	中佐
	航空参謀	佐々木彰	中佐
	通信参謀	和田雄四郎	中佐
	航海参謀	永田茂	中佐
	戦務参謀	渡辺安次	中佐
	水雷参謀	有馬高泰	中佐
	機関甲参謀	磯部太郎	機関中佐
	機関乙参謀	市吉聖美	機関中佐

⬇

第一航空艦隊司令部	司令長官	南雲忠一	中将
	参謀長	草鹿龍之介	少将
	首席参謀	大石保	中佐
	航空甲参謀	源田実	中佐
	航空乙参謀	吉岡忠一	少佐
	航海参謀	雀部利三郎	中佐
	通信参謀	小野寛治郎	少佐
	機関参謀	坂上五郎	機関少佐
	機関長	田中実	機関大佐

日本軍の兵力・編成

連合艦隊　司令長官：山本五十六大将				
主力部隊	主隊		山本直率	大和など戦艦3、軽空母1（15機）、潜水母艦1、水上機母艦1、軽巡1、駆9
	警戒部隊	第一艦隊	指揮官： 高須四郎中将	戦艦4、軽巡2、駆9
攻略部隊		第二艦隊	指揮官： 近藤信竹中将	戦艦2、重巡8、軽空母1（24機）、軽巡2、駆21、水上機母艦1、設営部隊、第二連合特別陸戦隊（約3000）、陸軍一木支隊（約2000）、輸送船18
機動部隊		第一航空艦隊	指揮官： 南雲忠一	空母4（戦闘機84、艦爆84、艦攻93）、戦艦2、重巡2、軽巡1、駆12、給油艦4 【前々ページ参照】
北方部隊		第五艦隊	指揮官： 細萱戊子郎中将	重巡3、軽空母2（63機）、軽巡3、駆11、潜水艦6
先遣部隊		第六艦隊	指揮官： 小松輝久中将	軽巡1、潜水艦23、潜水母艦5

アメリカ軍の兵力・編成

太平洋艦隊　司令長官：ニミッツ大将		
母艦攻撃部隊	指揮官： フレッチャー少将	
第16機動部隊	スプルーアンス少将	空母2（戦闘機54、艦爆76、艦攻29）、重巡5、軽巡1、駆9
第17機動部隊	フレッチャー直率	空母1（戦闘機25、艦爆37、艦攻14）、重巡2、駆6
ミッドウェー島守備隊	指揮官： シマード大佐	
	首席参謀： ローガン・ラムゼー中佐	
海軍航空部隊	指揮官： シマード大佐	PBY飛行艇32、TBF機6
第22海兵航空隊第2群	指揮官： キムス中佐	F2A機20、F4F機7、SB2U機11、SBD機16
第7陸軍航空部隊分遣隊	指揮官： ヘール少将	B26機4、B17機19
地上部隊		
第6海兵防衛大隊	指揮官： シャノン大佐	
第1魚雷艇戦隊	クリントン・ マッケラーJr大尉	ミッドウェー島に魚雷艇8、キューア島に2、他小型哨戒艇4

アメリカ太平洋艦隊

		司令長官	チェスター・W・ニミッツ	大将
		情報参謀	エドウィン・T・レイトン	少佐
		「ハイポ」班長	ジョセフ・J・ロシュフォート	少佐
		「ハイポ」班次長	トーマス・H・ダイヤー	少佐
《母艦攻撃部隊》		司令官	フランク・J・フレッチャー	少将
第十七機動部隊		司令官	フランク・J・フレッチャー	少将
第五群（母艦群）		司令官	エリオット・バックマスター	大佐
ヨークタウン		艦長	エリオット・バックマスター	大佐
	航空隊	指揮官	オスカー・ペダーソン	少佐
第二群（巡洋艦群）		司令官	ウィリアム・W・スミス	少将
アストリア		艦長	フランシス・W・スカンランド	大佐
ポートランド		艦長	ローレンス・T・ドボーズ	大佐
第四群（警戒駆逐艦群）	第二水雷戦隊	司令官	ギルバード・O・フーヴァー	大佐
ヒューズ		艦長	ドナルド・J・ラムゼー	少佐
モーリス　ハマン　アンダーソン　ラッセル　ダーウィン　：　計6隻				
第十六機動部隊		司令官	レイモンド・A・スプルーアンス	少将
		参謀長	マイルズ・R・ブラウニング	大佐
		作戦参謀	ウィリアム・H・ブラッカー	中佐
第五群（母艦群）		司令官	ジョージ・D・ミュレー	大佐
エンタープライズ		艦長	ジョージ・D・ミュレー	大佐
	航空隊	隊長	クラレンス・W・マックラスキー	少佐
ホーネット		艦長	マーク・A・ミッチャー	大佐
	航空隊	隊長	スタンホープ・O・リング	少佐
第二群（巡洋艦群）		司令官	トーマス・C・キンケード	少将
ニューオーリンズ		艦長	ウォルター・S・デラニー	大佐
ミネアポリス		艦長	フランク・J・ローリー	大佐
ヴィンセンス		艦長	フレデリック・L・リーンコール	大佐
ノーザンプトン		艦長	ウィリアム・W・チャンドラー	大佐
ペンサコラ		艦長	フランク・L・ロウ	大佐
アトランタ		艦長	サミュエル・P・ゼンキンス	大佐
第四群（警戒駆逐艦群）	第一水雷戦隊	司令官	アレキサンダー・R・アーリー	大佐
フェルプス　ウォーデン　モナガン　エイルウィン　バルチ コニンハム　ベンハム　エレット　マウリー　：　計9隻				
潜水艦部隊		司令官	ロバート・N・イングリッシュ	少将

序章　その日の山本五十六

長官私室

1

山本五十六は長風呂を好んだ。俗にいう「女の長風呂」の類いである。とくにぬるま湯が好きで、入浴時間が半時間を超えることがあった。

連合艦隊司令長官としての山本には、専任の従兵が二人ついた。従兵とは海軍士官たちの身の回りの世話をする若い水兵たちのことで、ふだんは夜明け前の「総員起こし」の直前から司令部につめかけていて、部屋の掃除整頓、肌着、衣服等のクリーニング出し入れ、食事の世話など身辺雑事を片づける。手早くいえば、ホテルのボーイ役である。

連合艦隊参謀長には従兵一名、一〇名の司令部幕僚には三名、合計六名の従兵がいた。従兵長は海軍生活一〇年の古参一等兵曹近江兵治郎。

長官私室は旗艦大和の右舷中央部にあり、広さは現在でいえば一流ホテルの一部屋ほどである。寝台とソファ、小机とタンスが備えつけてあるのは旗艦が戦艦長門から移される以前と同じだが、新造の巨艦大和に移ってからは長官私室、公室、作戦室など、すべてがゆったりと幅広くなった。

従兵といっても、彼らは艦内各科から選ばれた優秀な水兵たちであり、司令部従兵とは誇り高い名誉ある職であったことはいうまでもない。山本は彼らに好かれており、それはたとえば相手が最下級の一水兵であったとしても、敬礼すればかならず相手の眼を見てしっかり答礼する——司令部の宇垣纏《まとめ》参謀長などは見向きもしない——といった上級者にしては珍しい気配り、礼儀正しさを見せるばかりでなく、小柄だが、筋肉質の堂々たる体軀、威厳にみちた物腰、鋭い眼光など、最高指揮官にふさわしい魅力と存在感をそなえていたからである。

私室のアコーディオン・カーテンに仕切られた奥に、厠《かわや》と個人用浴室がある。長官従兵たちは山本が入浴しているあいだに寝具を整え、じっと息をひそめて浴槽から出てくる瞬間を待つ。浴室内からは音もせず、「長官は何をしておられるんだろう」と従兵たちはいぶかしく思うことがあったが、それも作戦命令の起案や重要書類の決裁に長官のサインが必要な幕僚たちが浴室外でじりじりと待ちうけるためで、しかし真珠湾攻撃作戦いらい「海の巨人」と内外で称《たた》えられる山本五十六の前では、参謀のだれも不平を洩らさない。

山本は、こうした司令部幕僚たちの不満に気づいていない。

もともと山本は長湯でなく、それを好むようになったのは少し裏話があるようである。郷里長岡の知人で、出身の長岡中学の後輩反町《そりまち》栄一の回想によると、こんな山本らしい気遣いがあった。東京・南青山の自宅は夫人と四人の子供たち、お手伝いの女性との七人暮らし。主は精力的な人物で、朝五時には起床。自分で雨戸を開け、お手伝いの女性が起きてくるころには読書にかかっていた。彼女に対する気配りも細やかで、海軍省勤務時代には「お上《かみ》の御用でおそくなるから」と帰りを待たずに夜一〇時には寝るように、と命じた。

自分は夜更けに帰宅すると、ぬるくなった湯につかり、深夜まで書類に目を通していた。どうやらぬるま湯は、このときからの習性となったものらしい。省内での彼の立場を思い合わせてみると、せまい一人だけの浴室空間で、山本は海軍の行方についてあれを思い、これを思いで沈思黙考していたのではあるまいか。

この日も同じように、山本はゆったりと浴槽に身体を沈めていた。長湯となるのはむりもなかった。一九四二年（昭和十七年）五月二十七日夕刻、ミッドウェー島攻略をめざす第一航空艦隊（注、一航艦と略称。以下同じ）の空母四隻の出撃日である。

2

その日、午前四時、軍楽隊が奏でる「軍艦行進曲《マーチ》」に送られて、まず第十戦隊旗艦長良が行動を起こした。つづいて同戦隊所属の駆逐艦一二隻が単縦陣となってそのあとを追う。広島県呉軍港沖、柱島《はしらじま》泊地に碇泊していた第一機動部隊がいよいよミッドウェー島攻略にむけて出撃するのだ。

指揮官は南雲忠一中将。第十戦隊の出撃に引きつづき、第八戦隊の重巡利根、筑摩、第三戦隊の戦艦榛名、霧島が錨をあげ、機動部隊の主役、第一航空戦隊（一航戦と略称。他も同じ）の空母赤城、加賀、第二航空戦隊（二航戦）の飛龍、蒼龍がゆったりと動き出した。戦艦二、重巡二、軽巡一、駆逐艦一二、随伴タンカー四隻。その核となるのは真珠湾から南東方面、インド洋を駆けめぐった南雲機動部隊四隻の正規空母群である。

山本はいつものように柱島に碇泊する戦艦大和の後部上甲板に出て、黒の第一種軍装に身をかためて史上最強の艦隊を見送った。すでに賽《さい》は投げられたのだ。ミッドウェー島攻略部隊を護衛する第二水雷戦隊（二水戦）は行動を起こし、明日にはミッドウェー島攻略をめざす陸軍一木《いちき》支隊、海軍陸戦隊がサイパン港から出撃を予定している。攻略部隊を支援する本隊第二艦隊の空母瑞鳳、戦艦二、重巡四、軽巡一、駆逐艦八隻も二日後には広島湾を進発する。

同時に、北方のアリューシャン列島のアッツ、キスカ両島攻略部隊が出撃することになっている。二十六日、北方部隊の第五艦隊は重巡那智を旗艦とし、駆逐艦二、タンカー二、輸送船三隻で大湊港を出発し、これに攻略部隊の本隊軽巡三、駆逐艦二、水上機母艦一、潜水艦六隻が加わった。空母部隊として第四航空戦隊（四航戦）の隼鷹《じゅんよう》、龍驤《りゅうじょう》、重巡摩耶、高雄が随伴する。山本が坐乗する旗艦大和はじめ戦艦七、軽巡三、駆逐艦二一、空母鳳翔、タンカー四隻の主力部隊の出撃日は二十九日である。

参加艦艇数一四五隻。日本海軍はじまっていらいの大作戦が開始されようとしているのだが、なぜか山本の顔色は晴れないでいる。MI作戦（ミッドウェー作戦計画の略称）の計画は完成し、連合艦隊司令部を悩ませていた海軍中央＝軍令部との対立も解消し、いまや攻略作戦の成功を期するのみだが、作戦意図は山本の真意と大きくはずれていた。

夜になって、作戦参謀三和義勇《よしたけ》大佐が東京・霞ヶ関の軍令部作戦課から柱島へもどってきた。三和はワシントン駐在武官の経験があり、航空畑出身の参謀として山本が寵愛《ちょうあい》した人物である。昭和六年、海軍大学校甲種学生となり、赤城、加賀の飛行隊長、飛行長、横須賀航空隊（横空）飛行長などをつとめている。

「ただいま帰りました」

三和は山本にあいさつし、「やはり敵の機動部隊が出てくる気配はありませんよ」とかたわらにいた宇垣参謀長に慨嘆してみせた。自室にもどった三和は、この日の日記にこんなことを書いている。

「今は唯よき敵に逢はしめ給へと神に祈るのみ。敵は豪州近海に兵力を集中せる疑あり、かくては大決戦は出来ず、我はこれを虞《おそ》る」

連合艦隊司令部の外部への交渉役は、この日は三和大佐がつとめた。ミッドウェー作戦計画時には戦務参謀渡辺安次中佐が窓口となり、軍令部作戦課の情報をもたらしている。一人ひとりが伝達する海軍中央の情報が、その都度変化して山本の耳にとどくのである。

奇妙なことに、山本は情報参謀を持たなかった。全海軍の作戦計画を立案する軍令部第一部（作戦）と海軍戦備、人事を掌握する海軍省、作戦計画を実行に移す連合艦隊司令部とのあいだに、意志の疎通を欠いては問題が大きいとして開戦直前の一九四一年（昭和十六年）十二月、新たに政務参謀藤井茂中佐をおいた。藤井は軍令部、海軍省軍務局第一課（軍備）、第二課（政策）を担当した優秀な海軍官僚である。

だが、戦争相手の米国海軍、とくにハワイにある米太平洋艦隊司令部の動向、艦隊の実情、対日抗戦の企図についての情報は、通信参謀和田雄四郎中佐、航空参謀佐々木彰中佐の二人が各部隊からの通信諜報、とくに軍令部第一部長、特務班長といった情報部門からの断片的な報告をつたえるだけで、それを専門的に体系化、情報処理、分析する専門の担当幕僚がいない。

和田、佐々木両参謀もそれぞれの職務を持ち、したがって山本司令部はこれら逐次的にもたらされる情報によって、司令部の首席参謀、参謀長が米国海軍の動向について判断を下すのである。当然のことながら、情報分析の訓練をうけていない部下のシロウト参謀たちが直感と経験を頼りに口角泡を飛ばして論議に加わるのだから、人によって判断に濃淡が生まれる。ミッドウェー海戦時には、この情報誤断により、まちがった推論が下された。

そしてはじめて情報が重視され、この弊害があらためられ、情報参謀が設置されたのはミッドウェー海戦後、新しく第三艦隊司令部が誕生した折のことである。

山本が作戦室を出て私室にもどり、浴槽に浸ってからまた半時間がすぎている。

三和が報告した通り、米機動部隊はミッドウェー島攻略を知らず、出撃してこないかも知れない。ハワイから出撃してきたとしても、ミッドウェー攻略後のことだろう。もし出撃してこなかった場合、それでは米空母部隊撃滅という当初の企図とは異なる。

山本は、深い失望感を味わっていた。彼はもともとミッドウェー攻略作戦に反対しており、それを強引に認めさせたのは首席参謀黒島亀人大佐である。少し異相の、海軍兵学校、海軍大学校と優秀な成績をおさめているが、発想は奇抜で、常識を超越した部分がある人物だ。

ひそかに真珠湾攻撃を計画していた山本はこの「変人参謀」を面白がって、司令長官となって二ヵ月後の昭和十四年十月、参謀たちのトップ、先任（首席）参謀に迎え入れた。

真珠湾攻撃の成功により、山本司令部の頭脳として黒島の声価は高まり、黒島は「海の巨人」の威を借りて傍若無人に振舞うようになった。山本はそれをたしなめるでもなく、許している。「長官はなぜあんな男を〝猫可愛がり〟するんだ」と軍令部作戦課員たちは息巻くが、山本の厚い信頼の前では何もいえなくなる。

ほんらい山本の右腕となるべき参謀長宇垣纏少将は、いったんは山本が着任をこばんだ人物である。一八九〇年（明治二十三年）、岡山県生まれ。五十二歳。ドイツ派で三国同盟締結に賛成した砲術科のコチコチ戦艦主兵主義者として名高い。艦隊派の超エリートだから、航空主兵の山本とは肌が合わない。

代わって如才のない福留繁少将が参謀長として就任したものの、日米開戦がせまって福留が軍令部第一部長に就任すると、山本は二度目の宇垣参謀長案を断われなくなった。結局、宇垣人事は成立したが、この背景には何としても山本の〝お目つけ役〟を送りこみたいという艦隊派の明らかな意図があった。

宇垣は性癖として傲岸不遜《ごうがんふそん》なところがあり、優秀な頭脳を持っているもののニコリともせず、人にはつっけんどんな対応しかできないところから「鉄仮面」、「黄金仮面」とアダ名されていた。宇垣は日本の敗戦直前、九州大分基地から特攻機に乗りこんで出撃、沖縄伊平屋《いへや》島海岸に突入戦死するのだが、遺稿として膨大な日誌『戦藻録《せんそうろく》』全一五巻を遺している。

日米開戦の直前から敗戦まで、作戦部隊の中枢にいた首脳の日録として貴重な文献ではあるが、一歩しりぞいて考えてみると、参謀長の激職にありながらよくそんなヒマがあったものだな、と思われてならない。宇垣は山本司令部では長官に相手にされず、浮いた存在であったが、頑固一徹誇り高い彼は、一ページたりとも納得できない書類が自分を通り越すことは許さなかった。航空作戦の主務参謀佐々木彰が提出した作戦計画を、とことん納得が行くまで問いただしていた参謀長の姿が、近江従兵長の記憶に残っている。

書類決裁については長官の山本にとどけられるまで、参謀長の手もとにおかれる時間が長い。決裁に時間がかかることでは首席参謀黒島亀人も同様で、司令部機能としてはいちじるしく停滞し、山本長官戦死後、新たに参謀副長を設けて司令部決定を迅速に進めるよう討議の対象となった。のちに参謀副長となった高田利種大佐の言によれば、副長設置案にたいしては「(山本司令部の) だれも異論を差しはさまなかった」とのことである。

こうした山本の絶大な信頼を背景に、ミッドウェー作戦計画は黒島首席参謀が強引に決定させた。計画立案から成立までわずか三週間あまりという荒っぽさである。山本は黒島の、この強圧的な交渉手法については、何も承知していない。結果的には事後承諾という形となり、ミッドウェー作戦計画の序幕は、自分がえらんだ変人参謀によって、きわめていびつな形でスタートしたのである。

ハワイ占領計画

1

山本の真意はミッドウェー島攻略ではなく、さらに一歩進めたハワイ攻略作戦にあった。

軍政家でもあった山本五十六大将はハワイ攻略によって戦術的な勝利だけでなく、早期講和の有力な条件として戦略的優位に立とうと企図していた。真珠湾攻撃の翌日、山本は黒島に命じてセイロン島（現・スリランカ）攻略、ハワイ攻略両作戦の研究を命じている。

前者はベンガル湾に展開する英国東洋艦隊との対決、海上覇権の確保が目的であり、後者は同島占領によって米国民へ精神的打撃をあたえ、早期停戦への道筋をさぐるという和平解決の目的があった。これは短期決戦、積極作戦のみが対米戦争を有利に導くとの彼の信念にもとづいていた。

米ハーバード大学に学び、駐米大使館武官の経験をもつ山本は、米国の対日艦艇建造力四倍半、飛行機生産力六倍、鋼鉄生産力一〇倍の力量にたいしては、連続攻撃によって叩きつぶすしか活路は見出せないと悲壮な覚悟を秘めていたのだ。

東に西に、アメリカ太平洋艦隊が動くかぎり、短期決戦でこれを叩いて行く。米国艦隊が日本に来攻してくるのを待っていては巨大な生産力が動きはじめ、対米艦艇比の現行七割ラインが五割、四割と低下し、やがては戦力比で圧倒されることは確実だ。じっさい軍令部が予想した航空機生産力は開戦三年後の昭和十九年には日本が一二、〇〇〇機にたいし、米国は一〇〇、〇〇〇機であった。

これでは、従来から日本海軍が描いてきた対米決戦——来攻する米国艦隊を邀《むか》え撃って艦隊決戦で勝敗を決する——戦法が成り立たなくなるのではないか。米国の巨大な生産力が動き出す前に米国艦隊を再起できないまでに叩いておく。日本内地が戦勝気分で浮かれているなかで、山本はひとり冷めていた。いやむしろ、焦りにあせっていたといったほうが良いだろう。山本の視線の先には、絶望的な未来が見えていたのだ。

この山本構想に真向から反対したのが海軍作戦の中枢、軍令部第一課である。

軍令部は全海軍の頭脳ともいうべき中心部署で、作戦、軍備、情報など基本方針のすべてを担当する。第一課長は富岡定俊大佐、第一部長は福留繁少将。富岡は黒島とほぼ同世代で、兵学校、海大では一期下だが、成績は海大では富岡がトップで、天皇から表彰される「恩賜の軍刀組」である。四十五歳。

富岡と首席部員の神《かみ》重徳大佐が対米強硬派として知られている。第一課の作戦主務者は合計七名で、対米作戦は山本祐二中佐、航空作戦は三代《みよ》辰吉中佐が専任だが、会議の中心はつねに神重徳がリードした。

　軍令部の主張する作戦計画は、南方資源地帯の確保にある。ボルネオ、インドネシアの油田地帯および資源地帯に進攻して、ソロモン諸島、ニューギニア、ビルマを占領。外郭線を強固にしながら、米太平洋艦隊の進攻を待つ。その決戦海面をマーシャル諸島、あるいはマリアナ諸島とした。これこそ、明治四十年の帝国国防方針によって日本海軍が熟成してきた艦隊決戦による対米戦争の基本構想である。

　真珠湾攻撃の成功は航空主兵の将来を暗示し、これらの方針を大転換させるはずであったが、軍令部首脳たちは米太平洋艦隊は壊滅したと見て、さらに南東方面での権益拡大をめざした。神首席部員の主張するのは、フィジー、サモア、ニューカレドニア攻略作戦、略称ＦＳ作戦である。

　神の主張はこうだ。

「米国海軍はわが内南洋にそって西進しようとし、米陸軍は豪州を足場としてニューギニアに進出してくるだろう。これらを衝《つ》けば、彼らは抵抗するから決戦が起きやすい」

　すなわち、ニューカレドニア方面を攻略することにより、これを救出しようとする米艦隊は遠くハワイの根拠地を離れて戦うことになり、同時に米国、オーストラリア間の補給路を遮断する日本海軍の戦略目的「米豪交通連絡網の破壊」にかなうことにもなる。

「そして味方基地の航空兵力を展開して有利に戦える条件があり、わが艦隊に勝利の公算が高い」

　ニューカレドニアは東京よりの距離六、八六六キロ、とほうもない遠隔地である。神大佐は鹿児島県生まれのエリート参謀だが、「神さん〝神がかり〟」と陰口される精神論者で、彼と軍務局第二課長石川信吾大佐の二人が、若手海軍軍人を引っ張って日米開戦への道を突っ走った。

ただ軍令部の作戦当事者たちも長期戦となれば日本は敗ける、との認識で一致していた。日米両国の艦隊決戦は開戦後の二年以内に起こる。真珠湾攻撃の成功により米主力戦艦五隻を撃沈破し、他三隻に損傷をあたえたが、これらが修理回復し戦線復帰するまでには多大な時間を要し、また米国の動員能力を計算すれば、本格的反攻に乗り出すのは開戦後一年半後、すなわち昭和十八年度にはいってからのことだろう。

「とにかく二年間は戦える。だが、三年目はもたない」

というのが、開戦前軍令部総長永野修身大将がしばしば口にした戦争期限である。

これは海軍省・軍令部の政策を立案する国防第一委員会があげた数字を根拠とするもので、富岡第一課長もそのメンバーの一人であった。

その数字とは、戦争に要するエネルギー源を石油として、戦争一年目は海軍の消費予測量は三〇〇万トン、陸軍六〇〇万トン、民需二四〇〇万トンとした。合計六〇〇〇万トン。二年目からは海軍側消費量を五〇〇万トン減じ五五〇〇万トン、三年目も制空、制海権は確立するものとみて、同様に五五〇〇万トンと予測する。

一方、戦前の石油備蓄量は九七〇〇万トンで、一年目は戦争状態で石油輸入がとだえるため取得予想は八〇万トン、二年目からは南方資源地帯の占領で油田が確保されるからこれらの輸入を見こんで合計二〇五万トン、三年目は三七五万トン。これで計算上は、二年間は何とか石油に不自由しないという数字になる。

他に艦隊決戦用に五〇万トン必要と見こまれており、これが二度生起すればたちまち石油不足という勘定になる。南方資源地帯の確保がなければ三年目以降は絶望的というお寒い見通しなのである。

じっさいの米軍大反攻は開戦後八ヵ月目、昭和十七年八月七日のガダルカナル島上陸作戦が端緒だから、日本海軍の作戦当事者たちがいかに大甘で、情報不足であり、手前勝手なご都合主義者たちばかりであったかがよく理解できるだろう。

なぜ、福留や富岡、神といった海軍大学校出身の優秀なエリート参謀たちがこのように現実離れした妄想に近い野望に突っ走ったのであろうか。富岡はフランス駐在武官の経験があり、欧州事情通として対米戦回避の役割を期待して軍令部第一課長に送りこまれたのだが、着任すると一転して対米強硬派に転じた。いわば時流に乗ったのである。

彼らが唯一拠りどころとしていたのは、この戦争を「有限戦争《リミテッド・ウォー》」と見立てた楽観論である。

その背景には、日本海海戦によってロシアのバルチック艦隊を撃滅し、米国の仲介により日露戦争の講和が成り立ったという歴史的事実があった。富岡自身も回想録のなかでその事実を認めていて、この戦争が最後まで追いつめられ無条件降伏するというような「無限戦争」とまでは思い至らなかったと告白している。

富岡の説く有限戦争論とは、こうである。

「この戦争は、敵に大損害を与えて勢力の均衡をかちとり、そこで妥結点を見出し、日本が再び起ちうる余力を残したところで講和する、というのが私たちのはじめからの考えであった。だが、そうはいっても、講和の希望にたいする裏付けがあったわけではない」

敗戦後の率直な反省といえるが、あまりにも一方的な思いこみにおどろかされる。国際政治の力学では作用があれば反作用があり、一国の利害がそのまま相手国に受容されるなどとは考えがたい。国際紛争とは対立するエゴの衝突であり、その究極の場合が戦争である。米国大統領ルーズベルトは日本ぎらいで有名で、ワシントンに白旗をかかげるまでは戦うと対日無限戦争を宣言しようとして周囲に止められたいきさつがある。英国チャーチルにして然り。いったいだれが、日米戦争終結の講和の仲立ちをしてくれるのか。

敗戦直前にソ連を仲介とする和平工作が進められたが、冷徹な超現実主義者のスターリンが日露戦争の勝利者のためにどうして骨身を削ってくれようか。それどころか相手が弱体化したとみて、一気に襲いかかってきたのである。

また一方で、この戦争観は欧州戦線におけるドイツの戦勝を前提にしていることを忘れてはならない。三国同盟締結もドイツの進撃を前にして、「バスに乗りおくれるな」と便乗した利権獲得の野心であり、福留第一部長なども、「ドイツのアフリカ進出に呼応して、日本はビルマ、インドに進出。早くドイツと手を握って欧亜に連絡網を確立するのだ」と大風呂敷を広げる始末。何やらチャップリンの喜劇映画『独裁者』の一シーンが思い起こされる。

富岡自身も「欧州でドイツが勝てば、講和のきっかけは、その間に出るだろう」という他人頼みの楽観論をぼんやりイメージしていたようである。仲介国の具体的なあてなど、まったくなかったのだ。

戦前、戦中を通じて対外戦略をもたず、展望のない世界観で、東京・霞ヶ関の一画で小さくまとまっているのが日本海軍の実態であった。この点が山本構想と根本的に食いちがっていたのだ。

2

山本五十六は、このような守勢主義を一顧だにしない。彼の脳裡にあるのはあくまでも米太平洋艦隊であり、その主舞台は太平洋であった。

山本は太平洋上で米国艦隊の来攻を待つといったような退嬰《たいえい》的な伝統戦法よりも、セイロン、ハワイ攻略といった積極作戦でしか活路を見出せないと考えていた。だが、両作戦は陸軍側の猛反対によってつぶされた。反対論の中心は参謀本部作戦課長服部卓四郎大佐。

服部は昭和十四年のノモンハン事件敗北の責任を問われて、関東軍作戦主任を追われた人物である。辻政信参謀も同様だが、理論家の服部と弁舌巧みな辻のコンビが幕僚たちを圧倒して返り咲き、開戦時には参謀本部作戦課長、同作戦班長のコンビとして復活した。いつの時代でも、積極的好戦派が穏健派を追いやって舞台の主役に踊り出るのである。余談だが、戦後辻政信は国会議員となり、服部卓四郎はＧＨＱ（連合国軍総司令部）の対ソ諜報任務についた。

これもまた、奇怪なことといわねばならないが、日米戦争でありながら陸軍は太平洋方面にまったく関心を持っていない。米国海軍と戦うのは日本海軍であり、陸軍は主戦場を大陸方面におく。服部の主張はこうだ。――われわれの主目標はあくまでも対ソ戦であり、南方作戦が完了しだい兵力を満州に引き揚げ、しかるのちにドイツと呼応してソ連を挟撃する。これを、昭和十七年春以降とし、南方占領地域には少数の警備部隊をのこしておくだけでよい。

のちに生起した太平洋上での米陸軍、海兵隊による離島攻防戦など、陸軍参謀本部は想定もしていないのである。そして昭和十七年一月のラバウル攻略作戦では、わずか一個連隊（歩兵百四十四連隊基幹、約二、〇〇〇名）でしかない南海支隊の派遣を出し渋っている。

むろん、セイロン、ハワイ両攻略作戦は服部の反対によってつぶされた。そのために軍令部はFS作戦実施に、連合艦隊司令部は新たな作戦計画の立案に苦しむことになった。

だが、これは少しおかしい。

『大本営勤務令海軍部細則』（昭和十六年五月三十日改正）によれば、軍令部第一部の勤務分担は「戦争指導に関する一般事項」であり、第一課はその「作戦、編制、所要兵力」を立案する役割を負っている。まず、軍令部が「作戦方針」を立て、それにもとづいて連合艦隊はその「作戦方針」を具体化する。

したがって、一方が「戦争指導」の役割を負うとすれば連合艦隊はその目的を達成する実戦部隊、いわば戦闘集団にすぎないのだ。つまり、人間の身体でいえば「頭脳」が軍令部であり、手や足となって動きまわるのが連合艦隊なのである。

連合艦隊司令部は軍令部の作戦方針にしたがうのが建前だが、その背後にいる「海の巨人」山本五十六の存在が両者の力関係を一変させた。山本は永野軍令部総長を頂点とする艦隊派の派閥人脈をきらっており、逆に永野は海軍将官としての山本の実力を評価していて、山本に遠慮があった。昭和十年、第二次ロンドン軍縮会議の本会議に永野が全権となって渡英した折、山本に随行を頼んで断わられた、といういきさつがある。

真珠湾攻撃いらい、軍令部と連合艦隊司令部の位置が逆転した。宇垣参謀長以下一一名の連合艦隊司令部参謀が、軍令部第一課の職務を代行する強大な権限を有する組織に肥大化した。その中心にいたのが首席参謀黒島亀人大佐である。

黒島は広島県出身。宇垣より三歳年下の四十九歳。山本と同じ砲術科出身。いわゆる「鉄砲屋」で、第五戦隊、第二艦隊各参謀をつとめ、海大教官となった。

とにかく、エピソードに事欠かない人物なのである。参謀時代の特徴は熟慮型で、部屋を真っ暗にして香をたいてひたすら瞑想する。従兵がノックしても応じず、たまたま扉が開いていてのぞきこむと、上半身裸でじっと腕組みをしてあらぬ方向を見つめている。灰皿は煙草の吸い殻で山のようになり、片づけても片づけてもまた一杯になる。

部屋も散らかし放題。服装にもまったく無頓着なので、「私室を出るときはかならずワイシャツに着替えさせるように」と近江兵曹長が従兵たちに注意するほどであった。そのため、いつのまにか「変人参謀」のアダ名がつけられるようになった。

この黒島の変人ぶりは、じつは日露戦争当時の日本海軍の名参謀秋山真之を気どったものというがった見方があり、そういえば兵学校時代の黒島生徒の逸話からはそのような奇矯《ききょう》な振舞いはきこえてこない。

連合艦隊参謀時代の部下であった佐薙毅《さなぎさだむ》によると、同僚たちはそんな黒島を「カタツムリ」と

呼んでいて、

「とにかく偏屈《へんくつ》な男でしたな。常軌を逸するアイデアの持ち主でしてね。そういう変りダネを山本長官は気に入ったんだ」

という、いささか突き放した評価となる。

佐薙はのちに軍令部第一課に転じ、航空作戦担当として三代辰吉中佐の後任となっているが、彼の思想には南方作戦＝艦隊決戦の伝統的戦術があり、黒島にたいするきびしい評価もその分、割り引いて考えねばなるまい。

ともあれ、山本は偏愛とまでいわれるほどに黒島亀人の才能に賭けた。作戦参謀三和義勇、航空参謀佐々木彰、戦務参謀渡辺安次、政務参謀藤井茂など、いずれも「山本一家」とも称される幕僚たちが集められ、その頂点に黒島が立って君臨していたのである。

「わたしが連合艦隊司令長官であるかぎり、ハワイ奇襲作戦はかならずやる」

山本の強い決意を背景にして開戦前、黒島首席参謀は軍令部作戦課に乗りこみ、

「もしこの案が受け入れられなければ、山本長官は職を辞する覚悟だ。われわれ全幕僚もそうである」

と爆弾発言をしたのは、よく知られている話だ。この段階で永野総長は山本長官を罷免し、連合艦隊司令長官を交代させる権限を有していた。しかし彼はそれができず、「山本に自信があるなら、やらせてみようではないか」と一歩ゆずった。同部次長伊藤整一中将、福留第一部長も官

僚的従順さで抵抗せず、上司の決定にしたがった。これ以降、海軍作戦の中枢は霞ヶ関の赤レンガでなく柱島の旗艦大和へと移されたのだ。

こうして真珠湾攻撃が決定したが、半年後のミッドウェー作戦でも同じ黒島の強攻策がくり返されることになる。

3

連合艦隊司令部が黒島亀人を中心として、ようやく次期作戦構想をまとめ上げたのは一九四二年（昭和十七年）三月三十一日のことである。幕僚会議での最終検討のあと、作戦参謀三和義勇大佐が長官公室を訪れ、作戦計画の承認をもとめた。

三和の説明は、ミッドウェー島およびアリューシャン列島の要地を攻撃して米艦隊を誘い出し、これを撃滅。そのうえで、わが防衛線を東に二、〇〇〇カイリ（約三、七〇〇キロ）拡大して東方からの脅威を除くというものであった。これは山本の早期決戦、帝都防衛の強い意志にかなうものであり、その延長線上に五月上旬にはニューギニアのポートモレスビー攻略、ついで六月上旬のミッドウェー作戦実施のあと七月中旬、ＦＳ作戦、十月を目途《めど》としてハワイ攻略の準備を進めるという計画案となった。

山本はハワイ攻略が陸軍および軍令部の大反対によって見送られたことをよく知っている。陸軍兵力の抽出がなければハワイ島上陸が不可能であり、そのためには次善の策としてのミッドウェー島攻略も止むをえまい。「十月を目途としてハワイ攻略の準備」が、唯一彼の戦略をかなえる希望であった。

四月一日、FS作戦を「攻略」でなく「攻撃破壊」と修正し、次期作戦構想がまとまった。あとは霞ヶ関の軍令部との折衝である。


「この案が通らなければ、山本長官は連合艦隊長官の職を辞するといわれている」

声の主は、戦務参謀渡辺安次である。

軍令部作戦室は東京・霞ヶ関の海軍省南側三階にあり、富岡第一課長の後ろ側、北側から唯一の出入口を通って室内にはいることができる。海図をひろげられるだけの大机が二つ隣り合わせにならんでおり、黒板が一つ。窓は一面にしかなく、暗幕を閉じると外部からはそれと知れない完全な密室となる。この殺風景な部屋が意味をもつのは、ここで海軍の主要作戦のほとんどが決定されたからである。

四月三日、この席に連合艦隊側から、首席参謀黒島亀人は姿を見せていない。軍令部側の抵抗を予想して三和作戦参謀を待機させているが、本人はハワイ作戦時のようにみずから顔を出して説明するつもりはない。次期作戦の折衝はほんらい彼の役割だが、代役を立ててすませようとするところに黒島のケレン味があり、彼の傲岸さの特徴がある。

渡辺参謀が決定的ともいえる最後の切り札を使ったのは案の定、富岡以下軍令部全員の猛反対を食ったからである。反対論者の急先鋒はやはり首席部員神大佐で、これに穏健派の対米作戦担当山本祐二が加わり、渡辺と兵学校同期生、航空作戦担当の三代辰吉も猛反撃した。

三代は連合艦隊案がＦＳ作戦を「攻撃破壊」にとどめていて、なぜ「攻略」でないのかと渡辺を攻めたてた。

その論旨は、以下の通り。

「ミッドウェーのような太平洋上の小島を攻略して、どのような戦略的価値があるのか。その結果、敵が正面から全滅を覚悟して決戦をいどんでくるとは考えられず、わが方はこのちっぽけな島を維持するために膨大な補給を必要とし、そのために他方面の航空作戦が犠牲になってしまう。その点、ＦＳ作戦なら基地航空兵力の掩護も得やすく、出動してくる米空母部隊の捕捉撃滅、要地攻略も容易ではあるまいか」

渡辺は立往生したが、黒島に指示された通り一歩も退くことはない。彼はとっておきの手を使った。山本五十六の名前である。

「山本長官が承認された案を」と、渡辺がいった。「作戦課の反対だけで引っこめるわけにはいかない。上層部の意見もきいてみたい」

「よしわかった。部長のところへ行こう」

三代がおうじて、二人で第一部長室へ出向いた。福留は前任が連合艦隊参謀長で、山本の下で一年五ヵ月、仕えた関係がある。

三代が説明をはじめると福留は途中でさえぎって、「せっかくの連合艦隊の要望なのだから、ひとつ研究してみようではないか」と取りなすようにいった。

議論は翌日も果てしなくつづき、五日になって次長伊藤整一、福留繁はじめ第一課全員が顔をそろえて最終決着をはかることになった。

伊藤中将は駐米大使館勤務時代、山本の部下であった体験があり、その確固たる信念と行動力に敬意をはらっていたから、渋面をつくり困り顔である。福留少将も腕組みをしながら、一言も発しない。

午前八時からはじまった議論は一時間もたたないうちに暗礁に乗り上げ、堂々めぐりの論争となった。

「これでは、いつまでも結論が出ない。軍令部の意見について、司令部の判断をきいてみなければなりません」

渡辺が議論を打ち切り、勢いよく立ち上がった。

軍令部の一隅には連合艦隊司令部に通じる直通電話がある。柱島の旗艦大和の浮標《ブイ》から直通ケーブルが引かれていて、呉鎮守府交換台の直通回線につながる。

作戦室の入口にある電話口に出たのが、黒島参謀である。

二人のやりとりを耳にしていた三代の回想では、渡辺は最後にウン、ウンと大きくうなずいたように見えた。そして、席にもどってきた渡辺は、切り札として山本長官の辞任を持ち出したのだ。

長官辞任の強硬論を耳にすると福留は動揺し、伊藤次長に「山本長官におまかせしましょうか」と伺いをたてた。「そうですな」と伊藤がおうじた。

これで、ミッドウェー作戦の実施がきまった。永野総長は伊藤の説明をきいただけでまったく異をとなえなかったし、福留が加わった三者会談であっさりと決まった。

前掲の佐薙毅によると、

「総長も次長も、作戦をよく勉強しておられるとは思えない。幕僚がお膳立てしたプランをただ了承するだけ」

という存在になる。日本型リーダーの典型ともいうべき指揮官たちである。

この決定に軍令部側の富岡は、「長官辞職はいつもくる手なんです。こういわれると私なんかどうしようもない」と語り、三代も「私は思わず無念の涙があふれるのを止めえず、さしうつむいて顔もあげなかった」と不満をのべている。

「総長は『山本がいうんだから、やらしてみようではないか』という返答でした。といって、作戦室のわれわれの議論をききにきたことは一度もない。国家の一大事なんだから、どういう反対理由なのか問いただし、自分で結論を出すべきですよ。永野さんは決断力がなかった」

というのが、三代辰吉部員の永野評である。

ところで、じっさいに軍令部の要求通りFS作戦を実施していたら、どうなっていたか。三代部員の回答。

「ニューカレドニアの攻略を完遂して、できうれば豪州北東岸の一部を占領したい。そうすれば、米豪遮断は完全なものになりますし、ひょっとしたら豪州が手をあげることにならんともかぎらん、とも考えたくらいです。私はいまでも、FS作戦に未練を持っとります」

これもきわめて楽観的な予測だが、作戦計画通りに攻略が進められた場合を考えてみると、現実離れした上陸作戦であることが即座にわかる。同年七月、占領地のニューブリテン島ラバウルを出発して陸兵を満載した鈍足の輸送船団がサンゴ海を渡って行く。ニューカレドニア攻略に用意された兵力は、陸軍南海支隊約二、〇〇〇。これに対するに同島守備の米陸軍兵力一六、〇〇〇、航空要員二、〇〇〇名、戦闘機四〇機、現地仏軍一、四〇〇名。日本側では、これを約三、〇〇〇名の小兵力と見ていた。明らかに日本側は劣勢である。

それでも果敢に上陸作戦を強行すれば、のちのガダルカナル攻防戦における陸軍一木支隊の運命と同様に、南海支隊の将兵に部隊全滅の悲劇が待ちうけていたであろう。軍令部の作戦案も、ほとんど夢想に近い。

次期作戦構想をめぐって、統帥側の軍令部と、作戦を実施する連合艦隊司令部がこうして戦略目的を対立させたまま結着をつけるのは、いかにも不幸な事態といえる。またミッドウェー作戦自体も短期間に大いそぎで書き上げられたために、慎重さを欠く攻略プランとなった。

じっさいに作戦計画が準備されて行くにつれ、その無理なつじつま合わせに思わぬほころびが生じてくる。

山本はこういう形で、渡辺参謀が軍令部を恫喝《どうかつ》したとは知らないでいる。これがまさしく黒島の指図であり、山本は事後承諾の形で、この全体計画を承認した。戦後史家のすべてが、山本はハワイ作戦と同じくミッドウェー作戦を強行突破したと解釈しているが、山本としては不本意であろう。彼が胸中に秘めているのはあくまでもハワイ攻略であり、ミッドウェー島攻略などはその前哨戦にすぎない。

だからこそ、山本五十六はミッドウェー作戦実施にあたって、傍観者の立場をとった。作戦実施中も、なぜか彼は積極的な戦闘指導をおこなっていない。そのために自動的に肥大化した作戦計画はいたるところで混乱を生み、齟齬《そご》が生じた。だが山本は頑固なまでに黒島という異才に采配を託し、すべてを彼の器量と才覚にまかせた。

おそらく山本は軍政家らしく、じっと沈黙を守って事態が進展するのを待っていたものと思われる。ハワイ攻略作戦について山本五十六がどのような構想を抱いていたか、具体的な資料は残されていないが、真珠湾攻撃起案時のような「私の信念である」とまでいい切った説得を周辺に試みていないのは、いったんそれを口にすれば麾下幕僚たちでさえも猛反対に転じることが明らかであったからだ。

——国力の限界をこえる作戦。

かつて陸軍が口にし軍令部が反対した作戦内容はたしかに常軌を逸しているが、山本は戦争の将来に何の幻想も抱いていなかった。「長期持久態勢」など、二年後の米国の巨大な生産力の前では吹き飛んでしまう甘い夢である。山本はミッドウェー攻略、FS作戦実施後に自動的に高まるであろうハワイ攻略作戦実施をひたすら待った。

では、ハワイ攻略作戦とは具体的にどのように進行するものなのか。次期作戦計画にもとづいて陸軍参謀本部が命じた研究によると——。

ハワイ攻略に要する陸軍兵力は第二、第七、第五十三師団あわせて三個師団、陸兵四四、〇〇〇名。運搬する船舶約六〇万トン。これら膨大な兵力を無事海上輸送するあいだ太平洋全域の制空、制海権を日本側艦隊が一手に掌握しておかなければならない。

鈍足の輸送船団の強敵は米国の空母部隊で、海を渡って往く途中の米潜水艦群その他、米太平洋艦隊のすべてを事前に日本海軍は撃滅しておく必要がある。

ハワイ攻略によって、何が生まれるか。

第一に、軍以外の住民だけでも約四二万人。これらが日本軍の手に落ちるだけでも、米国内にあたえる精神的打撃は大きい。第二は、太平洋艦隊の拠点を失うことにより、米本土西岸が直接脅威をうける。さらに攻略作戦にともなって米艦隊主力を撃滅すれば、日本軍が太平洋の全域を支配することができ、ワシントンは日本との長期戦を覚悟するより日本にとって有利な講和をはかってくる可能性がある。これが、軍政家としての山本の大胆な戦略だ。

山本は、ハワイ攻略を東太平洋における制空、制海権掌握という軍事的勝利ではなく、早期の戦争終結の材料として使おうという戦略目的を考えていたのだ。

米戦史家サミュエル・E・モリソン博士は「私自身も個人的には、この理論に何らの誤謬《ごびゅう》も認めない」と評している。

すなわち、

「日本は一九四二年（昭和十七年）の中にアメリカの太平洋艦隊を撃滅しなければならなかった。

さもなければ一九四三年より一九四四年には、抗し難いような大反攻を蒙らねばならなかったのである」

　だが、その戦略目的を達成するためには陸軍側、軍令部側の同意を得なければならず、彼らを宥《なだ》める形で比較的容易と思われるミッドウェー作戦を先行させ、十月末のハワイ攻略の足がかりとしたのだ。

　そのために、山本長官は黒島の独走を黙認し、その無理な計画のつじつま合わせが、思わぬ情勢変化によって少しずつ作戦計画の歯車を狂わせて行く。

山本五十六の恋文

1

長官私室の浴槽から上がると、山本五十六は浴衣に着替え、舷窓の下にある小机にむかった。戦艦長門時代はそのままぶらりと作戦室に顔を出し、渡辺安次や政務参謀藤井茂と将棋の対局を愉しむことがあったが、さすがに戦艦大和のような近代巨艦では浴衣姿は慎しんでいる。

　小机には硯箱と筆がそろえられていて、山本が入浴中に従兵が気をきかせて墨をすってある。そして、山本が使いなれた罫線のはいった榛原《はいばら》製の和紙用箋がさりげなくおかれてあった。

長官付の従兵たちは長官公室、私室をちり一つ落ちていないような清潔さに保つばかりでなく、山本が毎日欠かさず入浴する浴槽を競ってピカピカに磨き上げた。

山本はよく手紙を書いた。海軍の先輩、知己、友人ばかりでなく、郷里の友人反町栄一、母校阪之上尋常小学校や全国各地の一小学生にいたるまで、ていねいな手紙を筆書きでしたためた。

文章に工夫をこらすようなことはない。時折、「アッキァ、オラ何時《いつ》だって矢っ張り高野のオジだがに」などと、長岡の方言をまじえて書いたりした。「オジ」とは、弟の意味である。

現在、各地にのこされた遺墨をみると、武骨だが、どこか繊細なこの人の神経を感じさせてくれる。字配りに大胆な、枠にとらわれない勢いがあるが、字からうける印象はむしろ女性的である。書は人なり、という点からみれば、鋼鉄のような強い意志を感じさせるこの人物の内奥に、情にもろい、非情に徹しきれない心の弱さを隠しもっていたといえようか。

この日、山本には出撃前にどうしても手紙を書いておきたい相手がいた。二週間前、大和が呉軍港へ修理と補給のため入港したさい、病気の身体をだましだましわざわざ東京から夜行で逢いに来てくれた彼の愛人、河合千代子あてである。

彼女は芸者名を梅龍《うめりゅう》といい、新橋の置屋から座敷に出ていた。昭和八年、第一航空戦隊司令官時代の山本少将と知りあい、無口で酒をたしなまない男とのんべェで自由奔放な芸者とがどんなウマが合ったものか、関係が生じた。

山本五十六、四十九歳。河合千代子、二十九歳。仕事熱心で精力的に軍務をこなしているが、山本は自分の心境をめったに語ることはない。日本海軍の最高指揮官がどのような精神的情況におかれていたのか、彼女あてに書かれたわずかな書簡を頼りに推しはかる以外に、現今ではその方法がない。

戦艦大和の長官私室で、山本五十六は河合千代子あてにこんな手紙を書いた。

「あのからだで精根を傾けて、会いに来てくれた千代子の帰る思いはどんなだったか。しかし、病勢を日々克服してゆく千代子の気力は本当におどろくべきものですね。

私の厄を皆ひき受けて戦ってくれている千代子に対しても、私は国家のため、最後の御奉公を傾けます。その上は——万事を放擲《ほうてき》して世の中から逃れてたった二人きりになりたいと思います。

二十九日にはこちらも早朝出撃して、三週間ばかり洋上に全軍を指揮します。多分あまり面白いことはないと思いますが。

今日は記念日の晩だから、これから峠だよ。アバよ。くれぐれも御大事にね。

うつし絵に口づけしつつ幾たびか

千代子と呼びてけふも暮しつ

五月二十七日夜」

甘いが、ずいぶん孤独な文面でもある。大艦隊出撃の日にふさわしくない、重い沈んだ気持が感じられる。ミッドウェー作戦は最高の軍事機密だが、山本は無防備にあっさり禁を破っている。

山本は彼女の前では、本当の素顔をさらしていたのだ。

2

昭和五十年代のはじめ、筆者は山本五十六の海軍時代、心を許した数少ない友人の一人を訪ねたことがある。榎本重治、元海軍省書記官。当時八十七歳。

私は榎本に、真珠湾攻撃を企図した山本が対米戦争をどのように進めて行くつもりであったのか、また勝算があって戦争に踏み切ったものかを問うために、東京渋谷区神山町にあった榎本宅を訪ねたのである。

戦前からの建物らしく天井の高い、瀟洒《しょうしゃ》な洋館であった。待っていると、ひょろりと背の高い、面長の老人が姿をあらわした。応接間に入ってきたときはやや猫背気味であったが、ソファに腰を下ろすと背筋がピンと伸び、元海軍省書記官らしい凜《りん》とした姿勢になった。

榎本の回答はこうだ。

「勝てる見こみなんてありませんよ。海軍軍人だから、そんなことははじめからわかっていた。(山本)五十六は頭の良い男ですからね。軍令部の一部の馬鹿者は勝てると思っていたかも知れんが、いずれは負けると思っていた。

山本としては、半年や一年は何とかする。そのあいだに、(和平の道を)何とかしてくれという気持だったんでしょう。ダメならダメとしても、何とか勝利して、とにかく引き伸ばそうと必死だった」

榎本は、山本が連合艦隊旗艦大和のあった広島県呉沖の柱島泊地から上京してくると、私的に顔を合わせ、その表情が苦悩に沈んでいるのをたびたび目撃した。

「真珠湾攻撃も、あれ以外に米国と戦うすべはなかったでしょう。もしこれがなかったら、最初から負けつづけですよ。真珠湾作戦だって完璧とはいえない。帰途にミッドウェーを残したし……」

ミッドウェーを残した――とは、ハワイ作戦を命じられた機動部隊指揮官南雲忠一中将が帰途にミッドウェー島攻撃を下令され、悪天候を理由に命令をこばみ、そのまま内地に帰投してしまったことを指す。

南雲の参謀長草鹿龍之介少将は、「横綱をやぶった関取に〝大根を買ってこい〟というつもりなのか」と不満をのべているが、こうした消極的対応も攻撃中止の背景にあったようである。真珠湾攻撃の奇襲成功にもかかわらず第二撃の戦果拡大をおこたったり、南雲采配の不徹底により、山本の目的は中途半端におわってしまったと榎本は指摘する。

よく知られているように、山本は日米戦争を招来するものとして日独伊三国同盟締結に反対であった。有名なエピソードとして昭和十五年九月、同盟成立の時期、近衛文麿首相の招きで荻窪の近衛の別邸「荻外荘《てきがい》」で会談したさいの山本談話がある。

「日米戦争となった場合の見こみはどうか」

との質問に、山本はこう返答した。

「それは、ぜひやれといわれればはじめ半年や一年のあいだは、ずいぶん暴れてごらんに入れる。

しかしながら、二年三年となればまったく確信はもてぬ。三国条約ができたのはいたしかたがないが、かくなりましては日米戦争を回避するよう極力努力ねがいたい」

山本は本気だった。自分の率直な真情を近衛に吐露《とろ》すれば、海軍は日米戦争に展望を持てないと理解して戦争を止めてくれると思ったのだが、榎本によれば「まったく逆の結果が出て、かえって戦争準備をいそがされることになった」という。

「半年や一年は暴れてみせる」

と連合艦隊司令長官が約束したのだから、その間に南方資源地帯を確保し、長期持久態勢を固めるとの対米強硬派の主張に利用される口実となったのだ。

榎本の怒りはこうだ。

「山本は戦争は勝てない、といってるんですよ。米国に対して六、七割の戦力しかないのに、英米二国相手に束になっても勝てる見こみはない。三国同盟といったってドイツ海軍は当てにならない。それで何とか半年か一年といってるんでね。海軍のトップができないといっているのに、無理矢理やらせたんですよ、あの戦争は」

榎本重治は大正六年、山本が軍務局第二課員時代からの古いつきあいで、昭和五年、山本が第一次ロンドン海軍軍縮会議次席随員として渡英した折にも、同じ随員として参加している。

榎本は山本代表が交渉相手の英米両国よりも日本国内の、とくに海軍部内の強硬派の猛烈な反対運動にさらされ、苦境に立っていた状況をじっさいに見聞きしていた。

たしかに第一次ロンドン軍縮会議交渉では、海軍部内を二分する過激な派閥抗争が存在していたようである。

発端は、それに先立つワシントン軍縮会議にあった。大正十一年、英米日の海軍主力艦比率五・五・三が決定し、これでは戦争はできぬと激昂《げきこう》した海軍部内の強硬派、いわゆる艦隊派（反条約派）が昭和五年の第一次ロンドン交渉では補助艦（注、大型巡洋艦、潜水艦など）の比率を七割に引き上げよとの強硬な突き上げをおこなったのだ。

海軍部内の艦隊派の中心は加藤寛治軍令部長、末次信正同次長らで、彼らは海軍の重鎮東郷平八郎元帥、軍令部総長伏見宮博恭王を巻きこんで国内世論の反対をあおった。条約賛成派の若槻礼次郎全権は、これ以上の軍備拡張は日本国内の経済破綻を招くとして反対し、それでも予備交渉にあたっては何とかして七割の数字に近づけようと努力したが、英米側の結束は固く、大型巡洋艦の比率は対米六〇・二パーセント、かろうじて総トン数で六九・七五パーセントの保有率にまでこぎつけた。

帝国代表団の若手に艦隊派の山口多聞がおり、また海軍省軍務局に南雲忠一がいて、山本らの意に反し、ともに強硬な反対論をぶっていたのは皮肉なことである。

山本と同じ条約派は海軍省内での次官山梨勝之進、軍務局長堀悌吉のコンビで、とくに堀は山本の兵学校同期生であり、いずれは日本海軍の将来を託せる人物として山本が信頼を寄せていた切れ者であった。

ロンドン軍縮会議では昭和五年四月に軍縮条約が正式調印されたが、五年後に期限がくる。ワシントン条約の期限も、同十一年。山本は同九年に予備交渉帝国代表に選ばれて、ロンドンに渡った。国内では艦隊派の加藤寛治大将、末次信正中将を中心とした海軍部内の勢力が帝国議会の野党政友会を巻きこみ、反対勢力を利用して国民運動をよそおう工作をしていた。

このとき「統帥権」を持ち出して艦隊派の扇動に乗ったのが、戦後になってハト派首相で売った鳩山一郎である。

山本は渡英直前に堀悌吉の将来を守るため、何としても軍務局長の座にとどめてもらいたいと、軍令部総長邸に懇願に出むいている。

伏見宮は父親が陸軍大将貞愛《さだなる》親王で、明治二十二年に海兵予科から海軍兵学校入りした。皇族を陸海軍の要職につけるのは多分に名誉職の意味があり、伏見宮軍令部総長就任は閑院宮陸軍参謀総長に対抗する皇族人事でもあった。

だが、宮様の〝お坊っちゃん〟総長は海軍人事に多大な関心を持ち、しかも艦隊派に同調して条約派をことごとく要路からはずす工作に加担した。黒幕・加藤寛治大将一派に大海軍の危機と吹きこまれると、単純に軍縮条約承諾などまかりならぬと激昂するのである。結局、伏見宮は昭和八年十月から同十六年四月まで、こうした激動の時代のなかで海軍部内の実権を握りつづけた。

山本は伏見宮邸を訪れ、「宮さまの力によって、堀局長を何とか怪我のないように取りはからってもらえないか」と頭を下げて、必死に頼みこんでいる。山本としては渡英中の部内政変に気が気でなかったのである。

伏見宮の返事は、ニベもなかった。

「自分は、海軍人事に関係しないから……」

皇族が陸海軍部内で権力を握り、じっさいに派閥抗争の後ろ楯として巧みに権威を利用されたのは、語られざる陸海軍史の秘話である。伏見宮は軍令部総長として、その後も海軍のトップとしてつねに君臨し、山本の兵学校同期生嶋田繁太郎大将が東條英機開戦内閣の海軍大臣として登用された背景にも、伏見宮の力強い後押しがあった。また、天皇の弟宮である高松宮が軍令部第一部作戦課に籍をおいていたことも、『高松宮日記』が公開されるまで世情に知られていなかった。

ロンドン会議予備交渉では、こんな逸話があった。ある朝、榎本が「今日、堀さんの夢を見ましたよ」というと、山本の顔色がさっと変わった。

「なに、堀、やられたな！」

あまりの形相に、榎本もあっけにとられたという。何かの異変をつげる夢であったのか、事実そうなって、後で山本はがっくりと気を落としていた。

「何のために伏見宮邸に行って、あれほど熱心に堀の功績、日本海軍の将来について語ったのか、と。何もきいてもらえなかったのですよ。まあ、宮さまなんて頭がからっぽでね。もう海軍はイヤになったと、山本は故郷へ帰っちゃいましたよ」

軍務局長堀悌吉は昭和九年十二月、中将昇進と同時に待命となり、予備役に編入された。加藤、末次コンビが下野するのと引き換えに、山梨勝之進も次官の座を去った。

大角岑生《おおすみみねお》海相は、喧嘩両成敗の判断で部内人事の公平をはかったつもりだったが、このとき日本海軍は将来の有望な人材を二人も失ったことはたしかである。

3

山本五十六の郷里は新潟県長岡である。一八八四年（明治十七年）生まれだから、榎本の六歳年上になる。

旧長岡藩士高野貞吉の六男。山本は貞吉が五十六歳のときに生まれ、養子として長岡藩家老山本帯刀の家をつぐことになった。当主は戊辰《ぼしん》の役のさい、軍事総督河井継之助とともに大隊長として戦い、河井が長岡城下で斃れたあと長岡藩の総指揮をとり、のち捕えられて斬殺された。七十七歳の祖父高野貞通も敵陣に斬りこんで、討死した。父貞吉、長兄、次兄ともにそれぞれ傷を負い、彼らはその後敗残兵として生き、明治中期にいたるまで東北地方を転々と移り住んだ。

明治新政府が長州の陸軍、薩摩の海軍によって支配されたのとは裏腹に、「賊軍」長岡藩からはしばらく知事、陸海軍の将星が誕生しなかった。山本の胸の底には、維新後の近代化におき去りにされた長岡人士たちへの深い思いがあり、郷里への愛着も人一倍強いものがあった。

昭和十年二月、山本はロンドンより帰国し、海軍省出仕兼軍令部出仕という閑職におかれた。海軍を罷《や》めるかも知れないというウワサが流れ、事実彼は何度も省内から姿を消した。故郷の長岡へ旅立っていたのである。

榎本の執務室は海軍省の正面二階、大臣室の隣りにあり、山本と堀の姿が消えた省内で海軍の逸材を失った孤立感をひしひしと感じたことであった。

その後、同年十二月、閑職とされていた海軍航空本部長となり、翌年海軍次官となってからの山本の活躍については、よく知られている通りだ。

榎本は、山本一家とも近所づきあいの親しい交渉があった。山本五十六の自宅は青山南町にあり、元は海軍の先輩で、駐米大使となった野村吉三郎一家が住んでいた。

彼は晩婚で、堀悌吉が紹介役となって見合い結婚し、二男二女が生まれた。夫人は旧会津藩士の娘であったから、たがいに明治新政府から同じ「朝敵」の汚名をあびた地方出身という似通った境遇が二人を結びつけたのかも知れない。

山本は子煩悩《こぼんのう》な、家族思いの主であったようである。自宅は狭く、古ぼけた日本家屋であったが、休日には庭いじりをしたり、手製の小池の金魚の世話をした。息子のために、器械体操用の鉄棒を作ってやり、自分もそれで運動したりした。

「夫人は頑固な女性《ひと》だったねえ……」

と榎本は苦笑する。勝負事にも強かったらしい。

家族ぐるみのつきあいだったから、艦隊勤務で留守がちな山本に代わって夫人は土、日曜日には歩いて神山町まで遊びにきた。とくに榎本や堀悌吉たちを相手にマージャンに熱中していたという。山本の戦死後、四人の子供たちを抱えて戦後の混乱期に保険外交員をして生活を支えて行ったわけだから、気丈な性格であり、負けん気も強かったのだろう。

日米開戦直前の十二月三日に青山南町を出たきり、旗艦大和の艦上にあって山本は自宅にもどっていない。一年五ヵ月後、昭和十八年四月十八日、南方戦線のブイン基地上空で前線視察中の山本は戦死する。同年六月五日、国葬がおこなわれた。

このとき榎本は、思いがけない山本五十六の後始末に追われることになる。

山本が新橋芸者梅龍こと河合千代子に強く惹《ひ》かれるようになったのは、なぜだったのか。青山の自宅での家族思いの日常を知るだけに、榎本にとっても五十男の初心《うぶ》な恋情は理解しがたいものがあった。

榎本重治が語った談話の内容を、直接引いてみよう。

「飲んだくれの芸者でね。芸のない芸者で、ただ酒を飲んで酔っぱらうだけ。乱暴な口をきくしね。五十六はそういうところが好きで面白がっていたな。堀(悌吉)さんなんかも困っていたが、五十六は憎めない男ですからね。何くれとなく山本のことをかばい、われわれもウワサが広がらないようにごく一部で止めて、知っているのは幕僚と知人たちのごく少数でした。あれこれ書かれるようになったのは、戦後のことですよ」

山本の恋情は少年のようにはげしく、性急であった。河合千代子のほうでも、齢五十に近い男の純情に気圧されるかのように、無垢な少女時代の燃える心にもどる。前述の山本との出逢いのあとの彼女の日記。

「あの駅頭のお別れはどうしても私は帰るのがいやでございました。あのまま汽車から飛びおりてあなたのそばにいたかったのですのに。……汽車が動き出したとき力一ぱい握りあったあの手が私には離したくなかったのですのに。あのとき私はちょうど弱った体のために思うように力が出せなかったのに、あなたはずいぶん強い強い力で、私の手を握って下さいましたね。
どこまでも私の手を離さないでつれていって下さいませ」

山本は、妻を呉に呼びよせることをしなかった。海軍軍人と寄港地の芸者との関係は、現在と公娼制度のあった戦前とでは倫理感に大きなちがいがあり、多少は割り引いて考えねばなるまい。山本にも各軍港で艶聞の一つや二つもあり、決して聖人君子の器ではないが、河合千代子と知り合ってからは夢中になって彼女によく手紙を書いた。

後世に生きるわれわれ世代はその残されたわずかな遺文によって、先の大戦で戦死した海軍最高指揮官の胸の奥を知ることができるのみである。

ロンドン軍縮会議の第二次本格交渉は昭和十年十二月に開始され、首席代表に軍事参議官永野修身大将が選任された。会議は各国代表の利害が衝突して不成立となり、日本も途中から脱退を表明し、無条約建艦競争の時代が到来した。山本の必死の労苦は報われなかったのだ。

帰国後の海軍航空本部長とは、閑職である。当時の海軍省庁舎では軍務局、人事、教育各局、艦政本部などが幅をきかせ、海軍航空本部長は二階大臣室の後方の、三つある小部屋の一つに押しこめられていた。むろん山本本部長は、前歴の航本技術部長の三年間をふくめて海軍航空の発展に尽力し、九六式陸上攻撃機（九六陸攻）や零式戦闘機（零戦）の誕生に画期的役割を果たすのだが、艦隊派全盛の海軍部内では条約派の山本にたいしてはあくまでも対応は冷淡であった。

この時期の河合千代子への手紙。鬱屈《うっくつ》した当時の山本の心情が読みとれる。

「ロンドンに行くときは、これでも国家の興廃を双肩にになう意気と覚悟をもっておりましたし、あなたとの急速なる交渉の進展に対する興奮もありまして、血の燃ゆる思いもしましたが……（中略）

自分はただ道具に使われたに過ぎぬような気がして、誠に不愉快でもあり、また自分のつまらなさも自覚し、実は東京に勤務しておるのが淋しくて淋しくてならぬのです」

そして山本の恋情は少年のように稚く、弱々しい。

「それで孤独のあなたをなぐさめてあげたいと思っていた自分が、かえってあなたの懐《ふとこ》ろに飛びこみたい気持なのですが、自分も一個の男子として、そんな弱い姿を見られるのが恥ずかしくもあり、また、あなたの信頼にそむく次第でもあると思って、ただ淋しさを感じるのです」

末尾になってふとわれに返って、二人が禁断の恋であることに念を押す。「こんな自分の気持は、ただあなたにだけはじめて書くので、どうぞ誰にも話をなさらないで下さい」

山本は彼女の前では、無防備に自分の素顔をさらけ出している。おそらくは妻や家族の前では口にできぬ心の鬱積を、どこかに吐け口をもとめてさまよっていたのかも知れない。初期のころ、山本はこんなはかなく切ない思いを手紙に託している。

「ゆうべ夢をみました。どうしてこんな夢をみたか自分でも不思議に思います。一緒に南欧のニースの海岸をドライブした夢をみました。これが実際だったら、どんなに喜ばしいだろうと思いました」

芸者梅龍には、彼女の生活の面倒をみる後援者《パトロン》がいた。その人物の世話で芸者の妓籍をぬき、昭和十二年に四、五人の芸妓をおく置屋「梅野島」の女将《おかみ》となった。別に彼女は芝の神谷町に自宅をかまえて、山本はそんな男の存在を知ってか知らずか、しばしばここに通うようになった。真珠湾攻撃直前の昭和十六年十一月末、山本五十六は河合千代子を宮島の厳島神社詣でにさそっている。紅葉の渓谷美で名高い旅館「岩惣」で二日間をすごし、冬の一日、時に二人で散歩に出て、林の中を子鹿が餌を求めて近づいてくるのを珍しげに頭を撫でてやったりしている。

十二月五日付の山本五十六の手紙。

「此の度はたった三日でしかもいろいろいそがしかったのでゆっくりも出来ず、それに一晩も泊れなかったのは残念ですがかんにんして下さい。それでも毎日寸時宛でも会えてよかったと思います。出発のときハ折角心静かに落ちついた気分で立ちたいと思ったのに、雄弁女史の来襲で一処に尾張町まで行く事も出来ず残念でした。汽車は少し寒かったけれど風邪もひかず今朝六時数分かに宮嶋に着いて、とても静かな黎明の景色を眺めながら迎いに来て居った汽艇で八時半に帰艦しました。

厳島の大鳥居の下で子鹿がクウクウといっとったからウ・ヨシヨシと言ってやりましたら、後から大きな鹿が飛び出してきて頭で臀の処をグングン押して来ようとしたけれど、艇まで一浬《かいり》バかり距離があったので駄目だったよ。

薔薇《ばら》はもう咲きましたか。其一ひらが散る頃は嗟呼《ああ》、
どうぞお大事に、みんなに宜しく、
十二月五日夜　五」

「薔薇が咲く」「其一ひらが散る頃」の意味するものは、戦争発起である。山本は何の警戒心もなく千代子に国家の一大事を打ち明ける。

ミッドウェー出撃が決まり、大和が修理、補給のため呉軍港に入港した五月十三日夕刻にも、山本は千代子を呉駅に呼びよせている。ぐっとこらえてきた鬱屈を解きはなってくれる相手が欲しかったにちがいない。

彼女は病身であった。三月十九日に肋膜炎と診断され、絶対安静の状態がつづいていた。五月にはいっても症状は回復せず、一時は呼吸困難で医者が駆けつけるほどであった。

彼女の日記がある。五月十日付。

「呉よりしきりに電話くるけれど咳多く出ずるため、電話にて話すことできず、ただただ心あせるのみにて涙とめどなく出ずるのみ」

山本は千代子の存在を、とくに幕僚たちに隠し立てしなかった。「梅野島」は置屋兼料亭であったから、参謀長の宇垣をはじめ黒島、渡辺や三和各参謀たちを引き連れて会合用にしばしば利用した。米内光政や堀悌吉なども、同行している。

渡辺安次中佐は戦務参謀でありながら山本の秘書のような役割をこなしていたので、事情を心得て大和から内火艇《ないかてい》（内燃機関を搭載したボート）で上陸し、「梅野島」の千代子に催促の電話をかけた。彼女も再三にわたる電話で山本五十六出撃の何らかの兆しを感じとったのであろう。「死んでもいいから」と病床から起き出して、医者のつきそいで東京駅午後一時発の寝台列車に乗りこんだ。

翌十四日午後、呉線回りの急行列車で到着。ホームに人目をはばかり、眼鏡をかけ、マスクをした山本が出迎えていた。彼女を背負い反対側の改札口までブリッジを渡り、待たせてあった人力車に運びこむ。旅館「吉川」へ。

二日間を二人ですごし、艦隊にもどって長官私室で出撃前に彼女あてに書いた手紙が、「うつし絵に口づけしつつ」と書いた恋文である。これが、二人の最後の逢瀬となった。

4

山本五十六の戦死後、彼が後事を托して海軍省次官室金庫に預けてあった金品、「述志」と記された書類二通などが堀悌吉中将を通じ、未亡人の手もとにとどけられた。

国葬は六月五日に決まった。その折、軍神として祀られるようになった山本元帥の愛人への手紙が公になってはマズイという声が周辺から起こり、堀と榎本の二人が神谷町の河合千代子宅を訪れた。

堀の説得で、彼女は仕舞ってあった山本からの手紙を差し出した。封書で、両手に抱えるほどの量があった。

「これで、全部ですか」

と堀。

「少しは残しておいてほしい」

と泣きくずれる千代子。マア、マア、いったん預かるだけだからと榎本が保証人となる形で全部を持ち帰り、海軍省の副官金庫に保管した。

その後、千代子は海軍省の榎本を訪ねてきて、「一通でも返してもらえないか」と泣きながら訴えた。榎本も閉口して、「とにかく国葬がおわるまでは……」と言いふくめて、彼女を帰した。

国葬のあと、やはり山本の手紙が問題となり、「全部を燃やしてしまえ」との強硬論も出たが、山本の心情をよく理解していた堀が「書いたことは事実だし、消すわけにもいかないよ」と取りなして、全部の手紙が河合千代子のもとに返されることになった。だが、

「すべてを焼却せよ」

との条件つきであり、彼女の証言によれば「大切な一九通だけを残し、あとはマッチで火をつけて焼いた」とのことである。その一部が、戦後になって公開されたのだ。

敗戦後、河合千代子は沼津で料亭を営んでいた。訪ねてきた客との話がきっかけになって、昭和二十九年四月十八日号『週刊朝日』記事「山本元帥の愛人――軍神も人間だった――」のスクープとなった。彼女の日記もその折、自分から公開したものである。

当時、記事発表をめぐってジャーナリズムの一騒動となり、海軍軍人山本五十六の生涯がスキャンダルまみれになったことは、山本を愛した友人たちの心を深く傷つけたようである。とくに海軍部内強硬派に抗して対米和平に身をけずっていた山本五十六の辛苦を知るだけに、榎本重治は友人の名誉失墜を防げなかった己の失敗を悔んでも悔みきれなかった。

「あのとき、手紙を全部焼いておけばよかった」

と榎本老人がしみじみと語った言葉が、筆者の印象に深い。

山本の私生活は別として、榎本からみれば開戦前山本五十六は一貫して対米和平の道をさぐり、必死の形相で戦争回避への努力をつづけていた憂国の士、愛国の友であった。そして万策つきて、最高指揮官として立案したのが真珠湾攻撃という大勝負であった。

海軍省次官室金庫にあった「述志」とは、日米開戦にあたって書いた遺書である。

「述志

此度は大詔を奉じて堂々の出陣なれば生死共に超然たることは難からざるべし
ただ此戦は未曾有《みぞう》の大戦にしていろいろ曲折もあるべく名を惜み己を潔くせむの私心ありて
はとても此大任は成し遂げ得まじとよくよく覚悟せり
されば
大君の御楯とただに思う身は
名をも命も惜まざらなむ
昭和十六年十二月八日　山本五十六」

はじめて「述志」に目を通したとき、「妙なものを書いたな」と榎本は思ったそうである。たしかに遺書だが、直感的に思ったのは「これは負け戦のときの遺書だな」という思いであった。

最後に榎本重治はこんな感懐を洩らした。

「戦えば、かならず日本は負ける。そんなことは山本はよく知っていた。だからこそ、早期和平実現のために身をけずり、一身を犠牲にして南の空に果てた。可哀想な男でしたよ」

第一章　運命の出撃

部下思い

1

掌《しょう》航海長田村士郎兵曹長の位置から見ると、艦橋にある司令官山口多聞少将の小肥りで、やや猪首《いくび》の横顔はちょうど斜め後ろからのぞきこむ形となった。

航空母艦飛龍の頭脳ともいうべき艦橋は飛行甲板上の左舷にあり、羅針儀の背後に航海長長《ちょう》益少佐、その右側に艦長加来止男大佐、反対側に副長鹿江隆中佐の姿がある。

艦長の後方に山口司令官が立ち、背後に第二航空戦隊司令部の首席参謀伊藤清六中佐以下五人の幕僚たちがひかえている。

わずか六畳ほどのせまい空間に航海士、信号員長、艦長伝令などもつめかけていて、他に飛行長、飛行隊長などの出入りもあったから、大勢の人間でごった返す息苦しさがあった。

一九四二年（昭和十七年）五月二十七日夕刻、南雲忠一中将指揮する第一機動部隊二一隻は第十戦隊を先頭に豊後水道をぬけ、太平洋上に出た。

「潜水艦音ナーシ」

水中聴音室からの幾分緊張のゆるんだ声が加来艦長の耳にとどく。午後三時すぎ、豊後水道を通過し外洋に出たあたりで「敵潜水艦発見！」の一騒動があったが、空母蒼龍の対潜哨戒機が駆けつけると姿を消してしまった。

「見張りをしっかりやれ！」

加来大佐が太い声で対潜警戒の指示をするのを、田村は身がまえてきいている。海軍生活一四年。昭和三年に佐世保海兵団入りして艦隊司令部、海兵団教員配置などを数多く体験した航海科のベテラン兵曹長である。

掌航海長とは航海長の補佐役で、兵科特務士官あるいは准士官が担当する。田村はつねに艦橋幹部たちの背後に陣取り、艦の操舵、信号を担当する航海科員たち――かつて海兵団教員時代の教え子が多い――を指揮する立場にいた。いわば、艦橋当番の番頭役だ。

田村の半メートルほど前に、山口多聞少将の後ろ姿がある。二航戦司令部一行が僚艦蒼龍から移ってきたのはつい半月前、五月八日のことだが、田村は着任後の山口の一言でたちまち司令官の魅力のとりこになってしまった。何よりも大胆率直な、ざっくばらんな口のきき方に魅了されたのだ。

田村が掌航海長としてあいさつに出向いた折のこと。山口は童顔の眼を大きく見開いて、

「きみは司令部の勤務が多いね」

と机上の軍履表を見ながら、温顔で語りかけた。笑うと子供のような顔になるな、と一瞬思ったが、「はい、そうであります」と緊張に顔をこわばらせながら答えた。

すると山口は表情を一変させ、有無をいわさぬはっきりとした口調でこうつづけた。

「視覚信号については、参謀を通さず直接きみにいう場合があるから、そのつもりでいてくれたまえ」

これは、おどろくべき指示であった。司令部には通信参謀がいて二航戦司令部から命令あるいは連絡文を発信する場合、まず通信参謀が起案し、首席参謀がそれをチェックし、司令官が承認のサインをする。これを通信参謀から艦の通信長の手をへて発信する。

この手つづきは電信文の場合だが、隊内信号灯で各艦あて、上級司令部あて連絡する場合、これらの面倒な手つづきをいっさい省略し、直接司令官から掌航海長に命令しようというのである。

田村は、まことに誇らしい気分になった。永い海軍生活で、このように部下を信頼し心を開いてくれる司令官の登場ははじめての経験であった。軍隊といえども官僚組織であり、徹底した統治機構であることはまちがいない。緊急事態が発生した場合、これらの面倒な官僚的手つづきをいっさい省略して、司令官が独自の采配をふるうというわけだから、いかにも勇猛果敢で鳴る山口少将らしいと田村はあらためて感じ入ったことである。

艦長加来大佐も同様で、航空畑出身の豊富な体験を有しながら司令官としての山口の力量に敬意を抱いていて、艦橋では山口の良き女房役に徹していた。

二人の指揮官それぞれに、N-2日（注、N日＝ミッドウェー島攻略予定日）を六月五日としたことに大いなる不満を抱いていた。加来艦長のそれは、海軍中央が戦勝一段落として艦内乗員、飛行機隊ともども大幅な人事異動を断行して一気に戦力を低下させたことにあり、山口多聞にとっては、二航戦司令部幕僚の交代人事、また自艦の乗員交代による二航戦の訓練不足が頭痛のタネとなっていた。これでは赤城、加賀の一航戦精鋭部隊に匹敵するご自慢の二航戦部隊の実力を、最初の一歩から鍛え直して行かねばならない。

二航戦司令部の新任航空参謀として、四月二十日付で橋口喬《たかし》少佐が着任した。前任は空母加賀飛行隊長で、真珠湾攻撃時には水平爆撃隊指揮官として戦艦カリフォルニアを爆沈させた体験を有している。

ハワイ作戦参加後、ラバウル、ジャワ両攻略作戦に参加。一ヵ月前に二航戦司令部に転任して、「こんどはミッドウェーをやる」と耳打ちされたものの、前任者との引きつぎにはじまって、飛行機隊編制、航空作戦の細部の打ち合わせなど、席の温まる暇もないいそがしい日々を送っている。

艦と人に慣れることも一仕事だ。

二航戦司令部には幕僚が五名いて、航空参謀のほかに首席参謀伊藤清六、通信参謀安井鈊二《しんじ》、機関参謀久馬武夫、機関長篠崎磯次で新司令部を構成していた。このうち伊藤中佐は前年八月に着任、安井少佐も四月六日付で来艦という按配《あんばい》で、航空参謀も新入りとあっては司令部のチームワークもまだしっくりこない。しぜんと山口司令官の陣頭指揮、孤軍奮闘という形になる。

橋口は二航戦司令部入りとなってはじめての幕僚勤務に緊張していたが、どうやらこの司令部は他艦とちがうぞと思いはじめたのは、まず最初に山口少将をかこむ食事のテーブルについたときであった。

驚嘆させられたのは、食事の量の多さである。昼食時、出されたコロッケがあまりに大きいので思わずナイフとフォークを止めていると、機関参謀の久馬武夫が、

「ウチの食事は量の多いのが有名で、何でも大きいと司令官がニコニコしておられるんだ」

と教えてくれた。そういえば、橋口が山口少将の供をして旗艦大和を訪れたさい、フルコースの昼食をふるまわれたが、帰りに舷梯《げんてい》を降りるとき、

「大和の食事は上等だが、おしむらくは量がたりないね」

と、こっそりささやいたことがある。橋口は満腹気分でご機嫌だっただけに、思わずにが笑いしたものだ。

おどろかされたことは、まだあった。とにかく個性的で型破りな、むしろ天衣無縫ともいうべき将官であった。

その一は、寄港地の佐世保から宮崎県富高《とみたか》基地、あるいは軍令部との打ち合わせで上京したさい、山口少将はかならず一等車を選び、最上級の旅館に泊った。随伴の幕僚たちも同様にさせ、充分な旅費、手当ては支給されたがそれでも支払いに足が出てしまうほどのぜいたくさである。

こんな出来事もあった。

富高基地を視察した折、橋口たち幕僚は山口とともに有名な地元農園の見学に招かれた。よく手入れされた広大な田圃を見せられたあと、園主の家で茶菓を接待された。

縁側に腰をかけて一行が見事な庭園に目を走らせていると、園主が、

「記念に、司令官に一筆揮毫《きごう》を」

といい出した。

なみの将官なら、得意気に筆を走らせるところで、事実それが恒例になっているらしい。

ところが、山口は、

「おれは書かぬ」

とあっさり断わってしまった。

「どうしても」と頼みこむ園主に、穏和な性格の伊藤首席参謀が「司令官はいっさいお書きにならない方だから」となだめたが、「一筆だけでも」と食い下がる。

すると山口は、

「そんなにいうなら、おれは帰る」

と、あわてて止める伊藤たちをふり切って、スタスタ帰ってしまった……。

前者のエピソードについて橋口は、これは司令官のぜいたく趣味ではなくて、楽に気持よく旅行する目的を充分にはたすことが第一で、幕僚たちに旅の疲れなどあってはいかんという思いやりの気持だった、と回想している。

後者については、これはもう山口多聞の育ちの良さ、お坊っちゃん気質という他はあるまい。

強烈な個性の、しかも天衣無縫な司令官の行動に当初橋口はおどろかされるばかりであったが、それは部下と同じ気持を抱き、喜び、遊ぶという山口の無欲無心の純粋な気持から発しているものと気づいた。「人情味豊かなその人柄に、たちまち心酔した」と橋口は回想している。

着任一週間にして橋口は、山口少将の航空戦隊司令官としてのおそるべき力量を痛感させられることになった。

山口は航空母艦作戦について何でも知っていて、艦隊行動、作戦要領など、どれ一つをとっても完璧に職務をこなし、参謀たち以上に行動のエキスパートであった。

豊富な知識量にもおどろかされている。たとえば、「〇〇作戦の行動要領はどうなっていたか」と司令官が考えこみながら不意に問いかけて、担当幕僚たちが答えに窮してモタモタしていると、すかさず自分の記憶をたぐりよせ、いつのまにか回答を引き出しているという按配だ。

航空参謀の任務についても山口は知りつくしていて、「司令官に早手回しに教えてもらうこともたびたびあった」と橋口はさっそく飛行機乗りらしい要領の良さを発揮して、未熟な参謀仕事を助けてもらっている。

だがその背景には、橋口も知らないこんな秘話があった。

山口多聞が二航戦司令官として中国戦線から転任してきたのは昭和十五年十一月一日のことだが、同日付で興亜院調査官であった大橋恭三も二航戦首席参謀を命じられた。

いきなり航空戦隊参謀とはとんでもない人事だとおどろき、一方の山口も陸上航空基地の司令官から空母部隊指揮官とははじめてで、おたがいにとまどいと不安を隠せない異動であった。

「きみは飛行機を知っているのか」

「いえ、知りません」

というような二人の珍妙なやりとりが、着任前の横須賀軍港桟橋でおこなわれた。山口は海軍大学校の教官、大橋中佐はその教え子という顔馴染みである。

海軍桟橋で母艦への内火艇を待っているあいだに、山口は彼らしい積極的な提案をした。一ヵ月間、艦橋内の司令部で司令官と首席参謀の二人はだまって他の幕僚たちの仕事を見ていようではないか、というのである。その間、山口は艦隊指揮を、大橋は航空戦術や飛行機隊の訓練要領などの実務を徹底的にマスターする。

大橋は逗子の自宅に書類を山ほど抱えて猛勉強したものの、さすがに手に負えず音《ね》をあげたが、山口は持ち前の旺盛な闘志をフル稼動させて航空母艦の作戦、訓練、行動要領のほとんどを徹夜で頭に叩きこんだ。そして一ヵ月後——。

それまで参謀たちが持ちこんでくる書類にだまってサインばかりしていた司令官が、突然艦橋で矢つぎ早やの命令を発した。

「参謀連はみな、あっけにとられていましたね」

と大橋は笑う。

その日から、山口は最高指揮官としてみごとな作戦采配を披露した。艦隊行動、航海計画、戦隊間の緊急事項などにテキパキと指示を出し、その命令は的確で無駄がなく、またその判断を誤らなかった。

ハワイ作戦を目前にして大橋が新設された五航戦参謀に転じ、代わって首席参謀として伊藤清六がきた。航空参謀の鈴木栄二郎少佐との三人の作戦コンビで、真珠湾攻撃成功までの猛訓練を達成させたのである。鈴木は山口司令官の腹心としてその後の空母作戦すべての知恵袋となったが、ミッドウェー作戦を前にして橋口と交代させられた。

山口としては、片腕をもがれた思いであったろうが、剛気な彼はこの理不尽ともいえる人事異動にたいして、一言も不平を洩らしていない。

橋口喬、三十六歳。事前の情報では米空母部隊は豪州にむかっており、今次作戦では機動部隊同士の決戦は見こめないとのこと。たかがミッドウェーのような太平洋上の小島では攻略に造作はあるまい。

部下として、ヘマをしてもビクビクせずにすむという安心感があり、それでこそ新任の航空参謀として「この人のためなら」と存分に腕を振るえる意気込みになった。そして、このとき彼は、九日後山口多聞を中心とした二航戦司令部が海戦の主役となって躍り出る運命になるなどとは、夢想だにしていない。

2

空母飛龍が二週間余のインド洋機動作戦をおえ、母港である九州・佐世保軍港のドック入りしたのは四月二十二日のことである。

帰港を待ちかねたように、中肉中背の少しくだけた感じの海軍士官が型通りのあいさつをして、艦長室を訪ねてきた。

「願います」

艦長加来大佐が声の主に視線をあげると、見おぼえのある顔が双頰をくずして微笑みながら立っていた。

「おお、君か。よく来てくれたな」

加来は二日前の辞令で、川口益《すすむ》少佐が空母龍驤飛行長から転任してくることを知っていた。加来は将来自分の手足となって働く新飛行長がかしこまった表情でいるのを見て、少し笑った。川口はかつて霞ヶ浦航空隊教官をしていたころの飛行学生で、さんざん叱咤して鍛え上げた偵察将校出身者であったからだ。

川口は偵察学生時代の几帳面な表情とは異なり、前線帰りの野性味の加わった精悍《せいかん》な顔つきに一変していた。すでに最前線の空母飛行長として開戦時の比島ダバオ攻略作戦、レガスピー空襲、シンガポール、ジャワ両攻略作戦など南方各作戦に参加している。アンダマン、カルカッタ（現・コルカタ）の通商破壊にも従事して、いったん内地の佐伯湾に帰投してきたところで、「補軍艦飛龍飛行長」の辞令を受けとったのだ。

川口は一九二一年（大正十年）、第五十二期海軍兵学校入校。昭和三年、第七期偵察学生となって海軍航空一筋の道を歩んできた。そんな彼にとって、一〇、六〇〇トンの軽空母龍驤から蒼龍型正規空母の二番艦、一七、三〇〇トンの飛龍飛行長に任じられることは限りなく名誉であり、誇らしい出来事に思われた。

「君はすぐ富高基地へむかってくれ。飛行機隊が一足先に進出して、目下訓練中だから」

加来は、気ぜわしい口調でいった。艦長として三日後にせまった次期作戦（第二段作戦）打ち合わせのための上京準備と残務整理で忙殺されていて、しかも艦内の大幅な人事異動で新旧乗員があいさつのため相ついで艦長室を訪れることになっている。

「飛行隊長も代わったから、歓迎会は少し先で落ち着いてからやろう」

と加来はいった。ふだんなら母港の佐世保料亭街でさっそく新飛行長歓迎の祝盃をあげるところだが、戦時下でもあり、悠長な平時の行事のようには運べない。とにかく人事交代がはげしくて、近く整備長が転出する予定だし、工作長も交代。そして飛行機隊幹部では、新飛行隊長のほか戦闘機隊に新任の分隊長がくる。

この段階で、加来大佐はまだミッドウェー作戦計画について何も知らされていない。出撃までに一ヵ月余。上京した加来は第二段作戦がミッドウェー島攻略と知らされ、その結果、人事交代による戦力低下、艦内の人心掌握という難題に直面し、第一線空母艦長として人知れぬ心労を重ねることになるのである。

「では、すぐ出発します」

川口は敬礼し、艦長室を出て、同じ右舷側のあてがわれた飛行長室にむかった。

飛行長室は艦長私室と同じ、艦首側にあった。小机と寝台、洗面台とタンスが備えつけられてあり、従兵が一人つく。川口は手まわり品をおくと、身軽な姿になってトランクを片手に、すぐ艦を離れた。

佐世保駅から日豊本線まわりで、富高駅（現・日向市駅）へ。

宮崎県富高飛行場は日向灘に面した塩見川の河口にあり、全長六〇〇メートル×幅六〇メートル、同七〇〇メートル×六〇メートルの二本の滑走路があった。この地に、飛龍飛行機隊の全機が集結し、練成訓練にはげんでいるのだ。

川口が指揮所の士官用テントに顔を出すと、折り椅子に腰かけていた飛行服姿の男がめざとく彼に気づいて立ち上がった。

同じ四月二十日付で、新飛行隊長となった友永丈市大尉である。

「南支作戦いらいだな。元気そうじゃないか」

と声をかけると、

「はあ」

と懐かしそうな表情になった。

二人は初対面ではない。友永丈市は海軍兵学校五十九期で、七期下。同じ中国戦線での戦闘体験がある友永は空母加賀の艦攻隊操縦員として昭和十二年十二月、広東攻略作戦に参加。搭乗機は旧式の九六式艦上攻撃機（九六艦攻）を使用し、南シナ海洋上で作戦行動している。乗員三名の機長操縦員である。

「飛行隊長とは大任だな。こんどはおれも一緒だ。しっかりやってくれ」

「はい。宇佐空、霞ヶ浦で訓練飛行ばっかりやっとりましたからね。腕が鳴りますよ」

と友永は嬉しげな表情になった。

中国戦線での実戦体験といっても、翌十三年六月一日までと、わずか六ヵ月間にすぎない。後はひたすら兵学校卒業後の飛行学生、下士官兵たちの操縦練習生（操練）相手の訓練飛行ばかりである。酒豪で知られ、基地外の料飲街で日ごろの憂さを晴らしているが、大陸戦線での陸攻隊の華ばなしい活躍をきくたびに、誇り高い九州人の気性が傷つけられた。

――腕が鳴る。

とは、彼の常套句《じょうとうく》であった。

友永丈市は一九一一年（明治四十四年）、大分県別府に生まれた。九州男児とはいっても武張ったところがなく、きわめて鷹揚《おうよう》な性格の持ち主である。大声を出してどなりつけたり、感情にまかせて目下の者を叱りつける短慮さもない。

実戦派の強烈な性格というより、むしろ人心掌握型の教官タイプに適性があったのだろう。館山航空隊での教官生活一年四ヵ月、宇佐航空隊で約二年、霞ヶ浦航空隊（霞空）で半年と、練習航空隊を渡り歩いた。「友永教官」は部下たちに慕われたが、しかしながら本人はそれに満足していない。

兵学校当時は、柔道、相撲、短艇競技などスポーツ万能といわれ、五種競技ではクラス代表をつとめた。身長一六五センチ、筋肉質の偉丈夫で、水泳は特級。別府湾の海育ちのせいか、とくに高飛びこみ競技は得意で、二回転宙返り、背面飛びなど、彼の右に出る者はいない。

「純良、正直」
とは兵学校時代の級友三浦武夫の友永評だが、こうした彼の不正や虚飾を好まぬ性格も、教官としては欠かせない資質である。だが、霞空では空のヒヨコたちを相手に九三式中練（通称「赤トンボ」と呼ばれる複葉の練習機）による初級訓練、宇佐空では実用機に移っての実戦用慣熟訓練が主で、いずれも同じ課業のくり返し。退屈な任務であることはまちがいない。

年齢もすでに三十一歳。練習航空隊の飛行隊長に昇進しても、同じ猛訓練にはげんだかつての同僚たちは第一線の飛行隊長として前線に出て、華ばなしい活躍をなしとげている。後方内地にあって、誇り高い彼は歯がみするほどの口惜しい思いを抱いている。

飛行学生二十五期出身者のうち、兵学校一期上の村田重治は空母赤城飛行隊長、兵学校同期生の新郷英城は台南空戦闘機隊長、相生高秀は空母龍驤戦闘機分隊長、小松良民は千歳空飛行隊長と、それぞれ最前線の活躍が風のうわさできこえてくる。真珠湾攻撃やマレー沖海戦など、開戦当初の華麗な戦果が日本内地で喧伝されていたころだから、同じ飛行隊長の立場として、一歩先んじられた口惜しい思いがあったろう。

川口飛行長の眼から見ても、友永丈市の張り切り方は強く印象に残った。

「しばらく前線に出とりませんが、なあに二、三ヵ月もあればすぐに慣れますよ」

と、友永は豪快に笑った。

「そうだな。頼みにするよ」

とうなずきながら、川口も同じ思いでいた。

南方作戦を経験したといっても、米機動部隊との決戦は未知の世界である。米空母の攻撃隊はどれほどの威力を有するものか、一刻も早く飛龍とともに出撃して対決してみたい。一抹の不安と猛烈な戦意とがないまぜになった、昂《たかぶ》った気持に駆られていた。

3

空母飛龍には、飛行隊長友永丈市の下に艦上戦闘機隊（艦戦隊）では零式艦上戦闘機二一型一八機（補用三機）、搭乗員一八名がおり、艦上爆撃機隊（艦爆隊）は九九式艦上爆撃機一八機（補用三機）、一八組三六名、艦上攻撃機隊（艦攻隊）は九七式艦上攻撃機一八機（補用三機）、同一八組五四名。総計一〇八名の搭乗員がいる。

これらの大半は日米開戦時からの熟練組で、彼らの戦歴からみれば中国戦線での古強者隊長など、鎧《よろい》、兜に一本槍を引っ下げて銃弾飛びから戦場に飛び出してくる時代おくれの武者の印象がなくもない。彼らの新参隊長は、すでに四年も戦場から遠ざかっているのだ。

友永は日華事変の功績により、二つの勲章を受けていた。

「功五級金鵄勲章
勲五等双光旭日章」

である。

金鵄勲章は軍人にとって最高の名誉であり、神武天皇の東征神話にちなんで勲章に金鵄と古代兵器が形どられているのが特徴だ。当初は終身年金制であったが、昭和十六年五月になって一時賜金にあらためられた。

隊員たちがその叙勲を知り、「事変ではどんな活躍をされましたか」と水をむけても、「いや、大したことはしとりゃあせん。あれは従軍のおまけみたいなものさ」とテレ臭そうに笑って答えなかった。四年も前の戦場譚だからつい話も大げさで自慢話になりがちだが、そうした大言壮語を彼はひどくきらったのである。

「情の濃い、俠気《おとこぎ》のある上官」

というのが、部下たちによる友永隊長評である。

たとえば、中国戦線でも彼のこんな指揮官ぶりが部下たちの話題になった。友永の下士官兵をかばう細やかな配慮である。


昭和十二年冬、友永は南シナ海洋上の空母加賀から中国大陸の南昌、漢口にむけての航空作戦に従事していた。中国軍機とこれを支援する米国の国際義勇飛行隊の義勇軍パイロットたちの抵抗で作戦は難航し、少なからぬ犠牲者が出た。鈍足、旧式複葉機の九六式艦上攻撃機では攻撃効果があがらず、その上航続距離の短い当時の九六式艦上戦闘機は護衛に飛び立つこともできず、丸裸に近い状態で艦攻隊は出撃しなければならなかったからである。

しかも、はっきりとした作戦目的がなく、現地司令部からの命令による「〇〇作戦支援」とか「〇〇基地爆撃」といったあいまいな形の爆撃行が多い。出撃して中国軍飛行場を攻撃爆破してもいたずらに土煙を立てさせるだけで、引き揚げると中国軍によって人海戦術でさっさと埋めもどされる場合が多い。まるで攻撃しては埋めもどす、日中両軍のいたちごっこである。

友永はこんなとき、部下をやみくもに出撃させ洋上での困難な帰投飛行で無駄に戦死させるよりも、無事に帰投させる途を選んだ。

自分が分隊長として出撃した場合でも、「天候不良のために引き返す」、「エンジン不調のため、反転」と電報を打ち、あっさり全機で母艦にもどってきた。当然のことながら、上層部の評判は悪くなる。

それでも友永は平然と、無言の反抗をつづけた。意味のない戦死など真っぴら、という彼の強い意思のあらわれであったろう。

一方、中国国民党政府が四川省重慶の奥地に逃げこみ日本軍が漢口基地に進出したさいにも、友永のようなあからさまな抵抗を試みる指揮官たちがいた。まだ零式戦闘機が出現せず、最新鋭の九六式陸上攻撃機（九六陸攻、中攻とも呼ばれた）による単独爆撃行がくり返された時期である。

漢口から重慶までは四二〇カイリ（七七八キロ）、約七時間におよぶ長距離往復飛行である。一機あて五名の乗員たちはこの九六陸攻のみの爆撃行のくり返しで、みな疲れ切っていた。四川省付近は天候が悪く、途中の高々度飛行では機中温度零下一〇度。到達しても待ちうけているのは、中国戦闘機群の猛烈な抵抗である。

中攻隊員たちにとっては、肉体的にも精神的にも疲労が重なる戦場であった。漢口基地を飛び立つと途中の山岳地帯に防空砲台、見張り台が設置されており、無電あるいは狼煙《のろし》でつぎつぎと重慶へと連絡がゆく。日本機が到着するころは基地はもぬけの殻で、かえって帰途に上空から不意に襲われて被害が出るという始末であった。

途中の山岳地帯は霧が発生して、しばしば霧中飛行をせざるをえなくなる。そんなとき、天候不良を理由に基地にもどってくる名の知られた指揮官がいた。

「〇〇反転」

とアダ名された兵学校出の分隊長のことである（注、〇〇は人名）。何でもすぐ「反転！」と命じて基地にもどってくる指揮官のことで、むろん部下搭乗員仲間でいう〝行き足のない奴〟という冷やかしの意味がこめられている。

「〇〇揚子江」

というのは、往きも帰りも揚子江上空にそって飛ぶ指揮官にこっそり名づけられたアダ名である。大河の上なら対空砲火をいっさいあびることがないという安全策だが、戦意昂揚の時代であったから、決して部下たちのホメ言葉とはいえない。

逆に、こうした悪条件下でも果敢に出撃し、任務を着実に遂行した得猪治郎、三原元一、入佐俊家といった名隊長たちの存在があり、友永や他の指揮官たちのこうした反転行動がはたして無言の抵抗とばかりいえたものかどうか。むしろこれを戦意不足、卑怯者と見なす上級司令部の指揮官たちがいた。

その代表的な人物が山口多聞少将である。

「人殺し多聞」

1

「人殺し多聞」

とは、中国戦線で搭乗員たちがひそかに悪態をついた司令官山口少将への批判である。

二航戦司令官に赴任する以前の山口少将は第一連合航空隊（一連空）司令官で、昭和十五年一月十五日、第五艦隊参謀長からはじめてこの航空隊指揮官に転じた。

ほんらいは水雷畑の潜水艦士官エリートコースを歩んでおり、大陸戦線の戦火拡大にともなって航空部隊の指揮官不足が深刻となり、砲術科、水雷科などの出身を問わず将官クラスの人事異動がひんぱんにおこなわれるようになった。勇猛で鳴る山口少将もその人事の一環として、中国奥地の漢口基地に送りこまれたのである。

山口多聞は一八九二年（明治二十五年）、東京に生まれた。父宗義は二百石取りの旧松江藩士で、若いころから才智の誉れ高く、藩から選抜されて東京大学の前身、大学南校に入学している。卒業後、新政府で大蔵省、日本銀行入り。日銀理事、同監査役にまで昇進し、兄は三菱銀行理事という毛並みの良さである。

母は九州小城藩士の娘で、教育家。葉隠の佐賀育ちという気風のせいか、表向きは富裕円満な家庭だが、内実はちがってきわめて質実剛健の家風であった。

多聞とは古風な名前だが、これは父が楠木正成の幼名多聞丸にあやかって名づけたもので、南北朝時代に後醍醐天皇に仕えて足利尊氏を破り、最後には弟正季《まさすえ》とともに湊川で自刃する忠勇武烈の武士に学べ、という意味がこめられている。

幼いころから、父宗義は名前の由来を息子にたびたび言ってきかせ、山口多聞も子供心にその意味を自覚していたようである。東京・九段の富士見小学校時代は丸々と肥って健康的で、「まんじゅう」とアダ名されているが、身体をきたえることに熱心で、相撲が無類に強かった。

神田淡路町の開成中学校入りしたときはすでに目的意識がはっきりしていて、父の「お前は武士の子。海軍軍人になるためには泳ぐ術にも長じなければならぬ」との教え通り、大曲の水泳場に通い、講道館の柔道場にも連日出かけて行って朝稽古した。

よく知られているエピソードに、厳寒の朝稽古は午前三時に起き、牛込北町の自宅からお茶の水の講道館まで歩いて行った話がある。父宗義が「おい、起きろ！」と声をかけると、寝ぼけ眼の山口少年がパッと飛び起き、寝巻きを着替えて柔道着を片手に真っ暗な戸外へと飛び出して行く。

「多聞丸の名前をはずかしめてはならぬ」

との父の声がその背中に投げかけられる。

また、こんな逸話があった。

開成中学時代、いたずら盛りの生徒たちが評判の悪い教師への腹いせに、答案用紙に全員でまともな解答を書かず、ただ○《ゼロ》を書いて出してやろうということになった。教師がどんな顔をして怒り出すのか見ものだ、という冷やかし半分の気持である。さて、試験当日、教師が姿をあらわすとだれもが尻ごみしてモゾモゾしている。すると、山口少年はいきなり答案用紙に大きく○を書き、さっさと教室を出て行ってしまった。

彼だけが、級友との約束を忠実に守ったのである。信義に篤《あつ》い、いったん心に決めたらかならず実行するという、彼の強い意志の力をあらわした逸話である。

当時、東京では市内電車が走りはじめたばかりで、中学生たちは競って電車通学をしたがったが、山口多聞はわれ関せず、雨の日も風の日も往復を徒歩で通った。外套も着ず、冬も足袋ははいていない。何とも尋常一様でない、少年の克己心である。

明治四十二年、海軍兵学校第四十期生となった。中学校四年修了時に入校したため、同期生のなかで最年少の十七歳。身長五尺三寸（約一六一センチ）という小兵であったから肉体的ハンディも相当あったと思われるが、スポーツ万能で、撃剣、柔剣道、乗馬と何でもござれ。夏は登山、冬はスキー、当時は珍しいゴルフも手がけた。

兵学校同期生福留繁（のち軍令部第一部長）によると、山口生徒は小柄で肥り肉で血色のよい、きめの細かな美少年という印象であったが、

「どこにこんな気魄《きはく》が蔵されているのかと驚くほどはげしい気性をもっていた」

という。

「五〇パーセントの成算があれば断行すべきだ」

とは、つねづね山口が級友福留に語っていた言葉だが、これは信念を曲げず、理屈よりも行動だという彼の敢闘精神を物語っていよう。

その言葉にたがわず、海軍兵学校名物の棒倒し競技ではまっ先に相手陣地に突入。着ている作業服はズタズタ、敵味方の鼻血でどす黒く汚れ、「満面朱をそそいで強敵を選んで取っ組んでゆく山口の武者振りは、今も眼前に彷彿《ほうふつ》たるものがある」と、この同期生は懐かしんでいる。

その分喧嘩早く、入校早々の外出日にさっそくトラブルを起こして、両頬を紫色に腫れ上がらせた山口生徒が帰ってきて、級友たちをおどろかせている。どうしたのかと教官がきくと、「喧嘩をしました」と山口が悪びれないで申告する。同期生とささいなことで口論となり、相手がラムネ瓶をもって殴りかかったのでポカポカやり返したのだという。向う意気の強い、激情家の性格でもあるのだ。

後年、ロンドン軍縮会議のさい、山口少佐（当時）は全権随員として軍令部から派遣されたが、水雷科代表として潜水艦保有を削減する英米の主張に真っ向から反対し、何とか妥協して国費の削減をしようと条約締結をはかる日本政府代表団、大蔵省側の随員賀屋興宣らとはげしく対立。激怒した山口が、例によってポカポカやってしまった。ちなみに、賀屋は戦後池田勇人内閣のときの法相である。

明治四十五年、兵学校を卒業。成績は一四四名中の二番で、恩賜の短剣組となった。それも同期の宇垣纏（前述）、大西瀧治郎（のち軍令部次長）、醍醐忠重（同第六艦隊司令長官）、寺岡謹平（同第三航艦司令長官）といったそうそうたるメンバーを追いぬいての卒業成績である。

2

艦隊勤務のあと、海軍大尉任官と同時に率先して水雷科士官の道を選んだ。

ワシントン軍縮会議で主力艦の保有比を英米日五・五・三に制限された日本海軍は補助艦、すなわち潜水艦による漸減《ぜんげん》作戦によって艦隊決戦前の敵兵力を減殺する苦肉の戦法をとることにした。そのための猛訓練を潜水艦隊に課し、山口も水雷科士官として、この決死戦術に大いに闘志を燃やしたのである。

戦場には、第一次大戦から参加した。

巡洋艦筑摩乗組としてドイツ軍艦エムデン号の捜索に加わり、地中海での英国海軍との協同作戦では駆逐艦樫分隊長。大戦後、戦利品としてドイツ潜水艦〇六号が供与されることになり、回航員として特別潜水艇乗員に任命されている。潜水艦士官として、山口は無事米国ポートランドから独潜水艦を回航させ、この大役をみごとに成功させている。

大正十年、米国駐在武官となった。プリンストン大学に留学し、スタンフォード大学にも籍をおいた。二十八歳の山口が二十歳前後の米国人学生たちにまじって学業、スポーツに奮闘し、卒業時にはやはり抜群の成績をおさめている。山本五十六も米国留学の経験があるが、山口も知米派の海軍軍人の一翼をになって、

「彼のこの二年間の米国生活は、アメリカのフロンティア精神を体得したもの」として貴重であったと、これは兵学校同期生寺岡謹平の評だ。

帰国後、当時築地にあった海軍大学校甲種学生となり、ここでも恩賜の長刀組となった。といって、山口少佐はいわゆるガリ勉タイプではない。「トップをねらおうとすれば、いつでもなれた」とは福留繁の評だが、山口は教室以外では少しも勉強せず、答案などもさっさと書き上げて提出、外に出てスポーツに興じていた。それでも、試験成績はいつでも二、三番は下らなかった。

——以上は、山口多聞の人なみはずれた能力、情熱、旺盛な意志を物語ってあまりあるエピソードだが、じっさいの彼は自分の任務、立場について人一倍の勉強、周到な事前の準備を怠らなかった努力家なのである。山口はそれを高言せず、決して驕り高ぶることもなかった。東京育ちの、都会っ子らしいテレもあったのだろうか。

だが、現実の戦場では旺盛な闘志と自分の努力だけで戦局は好転せず、航空戦では山口はかえって最高指揮官としての統率力を問われるきびしい試練の場に立たされたのだ。

3

一連空司令官の辞令をうけた山口少将は昭和十五年一月から、日本内地で鹿屋航空隊、高雄航空隊両隊の訓練をはじめ、五月上旬に漢口基地に進出。ここでは同期生の大西瀧治郎少将の二連空部隊（一三空、一五空）がすでに展開しており、両部隊を司令官＝山口、参謀長＝大西で統一指揮することになった。総数一二〇機の一大航空勢力である。

漢口の夏は暑い。炎天下などは耐えがたい熱気で、

「屋根のスズメが暑さにおどろいて、転がり落ちると焼き鳥になっていた」

と冗談に語られるほどの暑熱である。

司令官宿舎にはいると、山口は早朝から褌《ふんどし》一本になりプールに飛びこむ。そのあと縄跳びを一〇〇回。暇を見つけては乗馬を楽しむというスポーツマン司令官らしさを発揮した。

ただし、彼の猛烈な指揮官先頭精神は不変である。漢口基地で、新司令官はさっそく全隊員を集め、激越な訓示をした。

「敵蔣介石は四川省の奥地重慶に逃れた。いまや、わが航空兵力を集中して国民党政府を崩壊せしめることが必要である。そのためには、一連空兵力が全滅することもあえて辞さない！」

これは剣聖千葉周作の一刀流の極意にもある言葉だ、と山口はつづけた。「肉を斬らせて骨を切る戦法、その覚悟で前線部隊は戦ってほしい。自分もその覚悟で第一線に立つ」と全員の前で誓いを立てた。

多聞丸の名にふさわしい、闘志にみちた訓示であった。当時、蔣介石の国民党政府は四川省奥地の峻険な山岳地帯にかこまれて日本陸軍の地上部隊は近づくことができず、攻撃は海軍の航空部隊に頼るしか方法がなかった。また、重慶には外国人居留地が多く、外国公館地帯もあり、目標も限定されて爆撃効果はあがらない。

戦線は膠着状態になっており、泥沼状態の中国戦線にいわばお手上げの状態で、局面打開に山

口多聞、大西瀧治郎といった積極型指揮官両エースを日本海軍は送りこむ形となったのである。海軍中央は太平洋上の日米危機にそなえる必要があり、重慶政権は一刻も早く屈服させねばならなかった。

山口は、一連空司令官としての立場をよく理解していて、そのために部下を叱咤激励する挙に出たのだが、着任早々の性急な訓示はかえって最前線搭乗員たちの反発をまねいた。彼の、一身を投げ出してまでも国難に立ち向かうという精神論は、最前線航空部隊では空まわりした。

航空機による中国軍基地爆撃は、前述のように「いたずらに敵飛行場の土を掘り返すだけ」という徒労感が航空部隊搭乗員側にある。司令部から「飛行場を破壊せよ」と命じられて実行しても、情報を察知されて中国軍機は上空から避退して捕捉できず、たとえ撃墜したとしても国際義勇飛行隊の名のもとにソ連側、米国側の援助でパイロット、機材、物資が補充され、いつのまにか元の兵力が復活してしまう。すでに近代戦の特徴である航空消耗戦がはじまっていたのだ。

軍事目標はすでに日本軍が破壊しつくした。残るは四川省の重慶のみだが、悪天候にはばまれ気象条件に難があり、作戦行動に制約がある。それでも新任の山口少将はくり返し積極的な昼間空襲を命じた。彼が宣言した通り、「一連空が全滅することもあえて辞さない」戦法である。

山口の失敗は、水雷戦闘での決戦主義を航空戦に持ちこんだところにある。水上決戦で果敢に突進する勇猛心は勝利に欠かせないものだが、航空戦に一回ごとの決戦を持ちこんでも結着はつかず、つぎつぎと航空機を消耗させていくのみである。事実、掩護戦闘機を持たない九六式陸攻隊指揮官機に、少なからず犠牲が出た。これでは、補充が満足におこなわれていない味方機はいずれジリ貧状態になってしまう。

それでも、山口司令官は容赦はしない。途中から天候障害を理由に反転してくる陸攻隊指揮官にたいして、飛行長が「了解」と返事すると、山口はそれを押しとどめ、

「待テ、極力攻撃ヲ続行セヨ」

とむりやり打電させた。

何と無理解なことだったかと、その場に居合わせた鹿屋空飛行隊長勝見五郎大尉の回想録にある。山口の闘魂と現場指揮官とのあいだに、決定的な感情の対立がめばえた。そして、山口多聞の評価を一気に下落させる出来事が起こった。その後の彼の訓示である。

「中攻隊の士気が衰えているのは、なぜか！」

山口は、全隊員を集めてふたたび叱咤した。

「おれは、飛行機のことはよく知らん。だから、かえって言いにくいこともいえるのだ。たかが天候不良などと、すぐ反転帰投してくる飛行機がめだつ。これでは戦争は戦えん！　わが軍は攻勢につぐ攻勢で、敵の息の根を止めるのだ」

山口が満面朱をそそいで力説しても、指揮官たちの心を動かすことはできなかった。彼が「人殺し多聞」とまで酷評されるのは、この当時のことである。

「司令官は、中攻だけで重慶を陥落させられると思っておられるのだろうか」

訓示をきいた帰り道、木更津空飛行長佐多直大少佐（開戦時、加賀飛行長）がつぶやいた一言が、現地指揮官たちの気持を代弁したものといえるだろう。

こうした山口の窮地を救ったのは、同年七月末の漢口基地への零式戦闘機デビューであった。長大な航続力と高い格闘戦性能、そして強力な二〇ミリ機関銃の武装により、いままで不可能であった陸攻隊の「重慶定期便」爆撃行にも往復掩護の零戦隊が随行するようになり、陸攻隊の被害も激減した。

戦史上名高い「一三対二七」の空戦が重慶上空で戦われたのは、昭和十五年九月十三日のことである。この戦闘で零戦隊は二七機全機撃墜の戦果をあげ、その後重慶上空には中国軍戦闘機の姿が見当たらなくなった。国民党政府は日本軍戦闘機との対決をさけ、基地を四川省のさらに奥地、成都に引き下げた。これ以降の航空戦の主体は二連空部隊となり、山口の一連空は鹿屋、高雄それぞれの原地に復帰することになった。

中国戦線での戦場体験が、山口を航空部隊指揮官として成長させたことはまちがいない。飛龍最期の出撃行に当たっても、彼は司令官としてのみごとな戦闘指揮をとった。その沈着、冷徹果敢な航空攻撃はこの中国戦線での経験をぬきにしては語れないだろう。

漢口基地では、山口多聞らしい出来事がもう一つあった。大西瀧治郎との「無差別爆撃論争」である。

大西は海軍航空隊の草分けですでに斯界の大御所的存在だが、中国戦線では山口に一歩ゆずって参謀長に甘んじた。彼が主張したのは、国民党政府を屈服させるためには現行のようなまだるっこしい限定爆撃でなく、重慶を丸ごと壊滅させてしまえという無差別爆撃論である。積極攻撃派の山口だが、さすがにウンとはいわなかった。

在外公館や民間人居宅を爆撃しては国際世論を敵にまわすことになり、これだけは許すことができない。第三国とのトラブルは避けようというのが海軍当局の最高方針であり、外国世論に敏感な山口の立場からみれば国際法違反の無差別爆撃は断じておこなってはならないのだ。

山口は闘志あふれる戦場指揮官だが、あくまでも一般感覚のモラルを捨ててはいない。

「山口、おれの言うことをきけ！」

「いや、きかん！」

と二人は激論になり、酒席でそれこそ徳利は飛び盃が投げられる騒ぎとなった。それでも山口は一歩も退かず、大西の圧倒的な迫力にも押し切られることはなかった。この断固たる姿勢で、日本海軍は当初、重慶無差別爆撃＝国際法違反の汚名を回避することができたのだ。


山口司令官が空母飛龍の艦橋に立ったとき、同艦の新任飛行隊長がかつて中国戦線でどのような避戦的行動をとったかは承知していない。

友永はわずか六ヵ月の空母加賀における第一線任務で、実戦部隊指揮官から教育部隊の館山航空隊分隊長へ更迭された。この短期間での人事異動は、上層部が戦意不足と判断した結果であることに他ならない。その意図はどうあれ、彼自身としては不本意な出来事であったろう。

責任感の強い、生一本の性格の友永は搭乗員はしょせん消耗品と自認しながらも、部下をむだに死なせたくないと考えていた。指揮官としての「敵前反転」は卑怯な性格のせいではなく、彼なりの反骨精神のあらわれであったことは、ミッドウェー沖での彼の果敢な最期の行動を思えば容易に理解できることだ。

飛行隊長の艶聞

1

富高基地での飛行訓練は、まず飛行機隊の編成からはじまった。飛龍では友永の指揮下に三隊あり、艦上戦闘機（艦戦）、艦上爆撃機（艦爆）、艦上攻撃機（艦攻）の三隊それぞれに分隊長がいて、先任分隊長、後任分隊長の上下区分がある。その序列は兵学校の卒業成績、通称ハンモック・ナンバーによって決まり、その後の戦績によって先任、後任の順序が上下することがある。

航空母艦では、機体重量の軽い順に艦戦、艦爆、艦攻と飛行甲板上にならべられる。上空直衛の戦闘機はこれら搭載機のさらに前方に配置され、攻撃隊発進前にまっ先に飛び立つ。

艦攻の機種は九七式三号艦上攻撃機一二型で、直径四五センチの八〇〇キロ航空魚雷、またはこれに相当する爆弾をもって攻撃にむかうもので、対艦船用の砲弾を改造した徹甲弾（通常爆弾と呼称）と陸上施設を攻撃するために炸薬量を多くした陸用爆弾の二種類を目的によって使い分けられる。搭乗員三名。

昭和九年、急降下爆撃のできる艦上爆撃機が採用され、機は約五〇～六〇度の角度で四〇〇～

六〇〇メートルの低高度から爆弾を投下するため、命中率がきわめて高く、開戦当時は九九式艦上爆撃機一一型が機動作戦の主力として搭載された。搭乗員二名。

艦攻による魚雷攻撃、水平爆撃は真珠湾攻撃でめざましい戦果をあげ、九七艦攻は艦隊航空の花形となったが、対空兵器は後部座席の七・七ミリ旋回機銃一梃で防禦力にとぼしく、九九艦爆も後方七・七ミリ旋回銃一梃、機首固定銃二梃で空戦能力は高かったが、空戦専門の戦闘機には防禦の面で劣るところがあった。

艦戦は零式戦闘機、米側呼称ゼロ・ファイター登場で、空戦能力、驚異的な航続力で一躍有名になった。二〇ミリ機銃×二梃、七・七ミリ機銃×二梃、合計四挺の重武装によって、緒戦の南雲機動部隊快進撃の立役者となっている。

艦戦隊では、友永と同日付で新任の分隊長がきた。空母瑞鳳から転任してきた森茂大尉で、高知一中卒。兵学校では五期下だが、小柄で、いかにも戦闘機乗りといった機敏な雰囲気をみせている。彼の後輩、後任分隊長は真珠湾攻撃いらいのベテラン重松康弘中尉。

艦爆隊は、小林道雄大尉と山下途二大尉の先任、後任両分隊長がそのまま。

艦攻隊では、飛行隊長楠美正少佐が空母加賀飛行隊長に横すべりして、友永がその後任。同隊先任分隊長は菊地六郎大尉、後任分隊長は角野博治大尉。

富高基地では、友永自身がすべてを細かくチェックするわけではない。彼らしく鷹揚に艦爆隊の訓練は小林道雄、艦戦隊は森茂両先任分隊長にまかせた。

友永は艦攻隊の練成にあたり、三個中隊のうち直率の第一中隊六機を自分が、第二中隊六機を菊地六郎、第三中隊六機を角野博治が指揮する編成とした。

その艦攻隊練成作業で、彼の補佐役をつとめたのが飛行士橋本敏男中尉である。橋本は兵学校では七期下。大正五年、石川県金沢の生まれで、二十五歳の偵察将校だ。

飛行士とは、飛行長の補助的作業をする任務をいい、飛行長には他に掌飛行長、弾薬庫員、軽質油《ガソリン》庫員、通信伝令員、記録員などが直属部下としてついていた。

「友さん！」

富高基地の指揮所で最初に懐かしげに声をかけてきたのが、橋本であった。

「宇佐空ではお世話になりました。やっと戦地に来られましたね」

「おう」

友永はたちまち教官時代の顔にもどって、

「貴様《きさま》も、あれからよくがんばっとるようだな」

と頰をくずして笑いかけた。

橋本たち兵学校六十六期生が飛行学生となったのは、昭和十五年四月のこと。その後一年間、霞ヶ浦航空隊（霞空）での初期訓練、宇佐航空隊での実用機訓練をへて、橋本は飛龍艦攻隊に着任した。宇佐空時代には、友永が教官となって実用機九七艦攻の手ほどきをしてくれたのだ。

「友永さんは飛龍乗組となって、本当に張り切っておられました。宇佐航空隊では、支那事変の英雄として貫禄がありましたが、やはりそれだけでは満足できなかったのでしょう。こんどはやるぞ、と意気ごんでおられましたね」

と橋本は当時の印象を語る。

また、宇佐空時代の友永教官には艶聞があって、料飲街の芸者によくモテたようである。宇佐基地の北西、大分県中津の城下町に料亭街が栄え、芸者置屋、飲み屋などが明治中期からの繊維、製材などの産業成長にともなって繁栄を誇った。「友さん」は、そんな花柳街の人気者であった。

宇佐基地から中津市内までは士官専用の青バスが出ていて、中津市内に住宅をもつ航空隊幹部の送迎に使われていた。橋本たち飛行学生は土日の休暇になると、飲み仲間と連れ立って海軍士官たちが利用する料亭にむかった。

若い士官たちが芸者遊びをすることを海軍隠語で「S《エス》プレイ」(注、Singer の意)といったが、しょせんは先輩を見習って酒を飲み、わいわい騒ぐだけのことである。

何しろ兵学校教育で一般生活から遮断され、いきなり外界に放り出されて毎月の俸給のほか航空加俸、手当が加算されるぜいたくな身分であったから、いきおい「エスプレイ」でどんちゃか青春を発散するばかりの独身生活となる。

それ以上の芸者との個人的関係が進むことを「インチ」(注、Intimate の略)といい、その場合は芸者への花代、料理、宿泊費をあわせて相当の出費を覚悟しなければならない。また、海軍士官の結婚は海軍大臣の認許が必要で、当時の情勢できびしい身元調査がおこなわれるから、二人の恋愛がそのまま婚姻へと発展することはない。

「友さんには、インチがいるらしい」

飛行学生の一人が情報をききこんできて橋本につげたが、「ああ、そうかい」と受け流すだけで気にもとめなかった。そんな話は海軍の先輩士官たちによくある話で、軍港ごとに「インチ」のいる豪の者がいる話もよくきいていたからだ。

だが、友永教官がそのことで深い悩みを抱えていたことに、若い橋本中尉は何も気づかなかった。

2

友永は部下搭乗員を二手に分け、それぞれ別個の訓練体制をとることにした。新入り搭乗員と真珠湾攻撃組の技倆レベルが、あまりにちがいすぎたからである。

母艦未経験者には、空母加賀一艦のみが使用された。赤城、飛龍、蒼龍の空母三艦は母港でのドック修理が必要とされたため、三月上旬のパラオでの座礁事件で内地に帰投し、佐世保工廠で修理成った加賀艦上を使って発着艦訓練が実施された。

四空母の新搭乗員たちが加賀一艦のみを使って、発着艦訓練をくり返すのである。ふつう一人前の艦隊搭乗員となるにはまず母艦上からの発艦、つづいて擬接艦《ぎせつかん》、いわゆるタッチ・アンド・ゴーをくり返し、着艦、薄暮訓練、夜間訓練へと練度を上げて行く。ここまでに約一年、熟練度を上げるには二年を要するとされたが、交代をやりくりしながら五月末までに到達したのは、ようやく離着艦可能というていどの技術レベルである。

引きつづき、旧搭乗員組にたいする薄暮訓練が開始された。しかしながら、これも約半数が参加したただけで薄暮着艦一回を経験したのみにおわった。

海戦後、これらの訓練状況について記述した『第一航空艦隊戦闘詳報』の「作戦準備」の項に、以下の記述がある。

「……相当広範囲の転出入ありし為、各術科共基礎訓練の域を出でず、特に新搭乗員は昼間の着艦漸《よう》く可能なる程度に達したるに過ぎず、夜間攻撃に対しては旧搭乗員も漸時技倆低下せると。又連合訓練の機会なかりし為、触接隊、照明隊、攻撃隊の連繋意の如くならざる為、到底《とうてい》成果を期待しえざる情況なり」

要するに、搭乗員たちの一般レベルは実戦にたえない初歩的段階だと、指摘しているのである。まして、照明弾を投下しての夜間攻撃隊出動など不可能とまで断言しているのだ。

じっさい、訓練成果はなかなか上がらなかった。友永は飛行隊長として艦攻隊の雷撃訓練と水平爆撃訓練を手がけ、前者では九七艦攻を二隊に分け一隊は高度三〇メートルから、別の一隊は反対舷の高度八〇メートルから同時にはさみ射ちにする形で魚雷を投下する戦法を指揮した。

後者では九機編隊による編隊水平爆撃で、先頭に爆撃嚮導《きょうどう》機をおき、その機の照準によって後続機もいっせいに投下する。投弾による逆三角形の散布界を形成する典型的な攻撃法だが、これを実施する時間的余裕がなく、早ばやと打ち切られた。

一航艦司令部調査の数字によると、ハワイ作戦直前の昭和十六年九月、空母加賀雷撃隊は、

「昼間魚雷発射命中率　九〇〜一〇〇パーセント
夜間　〃　〃　　七五パーセント」

という精度をあげ、水平爆撃隊では、

「静止目標　八〇〜一〇〇パーセント」

急降下爆撃隊では、

「動的目標（標的艦摂津）　平均命中率四〇パーセント　最高五五パーセント」

の実績をあげている。


これにたいして、五月中旬、飛龍をふくめた第一航空艦隊所属の四空母雷撃隊員たちが横須賀航空隊職員の調査におうじて艦隊への雷撃擬習を実演してみせ、一部実射をふくむ実戦そのものの訓練があったが、「成績はきわめて不良」。

五月十八日にいたって、さらに高速走行中の第八戦隊重巡利根、筑摩にたいする雷撃実射訓練がおこなわれたが、両艦は三〇ノットの速力、わずかに右、左、四五度ていどの回避運動にもかかわらず、またしても講評は「成績不良」。水深四〇〜五〇メートルの海面では、魚雷の約三分の一が沈没し海底に突きささってしまった。

半年前の真珠湾攻撃では、水深一二メートルの海面で九〇パーセントの命中率をあげているにもかかわらず……。

部下たちに技倆不安がありながらも、飛行隊長として友永は中途で訓練を打ち切らねばならない。彼は川口飛行長より極秘裡にミッドウェー作戦実施を知らされ、各分隊長のみその内容をつたえたが、当時の彼らの理解は米空母部隊は南太平洋上にとどまって出撃してくる気配はなく、作戦目的は太平洋上の小島ミッドウェー島の攻略確保にあるというものであった。

新飛行長、飛行隊長をむかえて富高基地での猛訓練が再開されたころ、二航戦司令官山口多聞少将が幕僚をともなって基地激励に訪れてきた。司令部幕僚五名のうち、航空参謀、通信参謀二人が交代している。

山口が基地を訪ねた夜、川口と友永の二人が宴席に招かれて、司令部主催の初顔合わせとなった。

川口飛行長にとっては、中国戦線で猛将と謳われた山口少将と直接言葉をかわすのはこれがはじめてであった。少し緊張気味に宴席を見守っていると、山口は屈託なくよく食べ、よく飲み、参謀たちの話に上機嫌で耳をかたむけていた。

話題の中心はいつも司令官で、早くも「山口一家」ともいうべき固い結びつきが感じられた。二航戦司令部は、山口を同心円の中心として動いているように感じられた。そして、川口と友永があいさつに司令官の前ににじり寄ると、

「二人とも新任で、さぞかし苦労の多いことだろうが、部隊の練成に極力はげんでもらいたい。しっかり頼むぞ」

とはげましの言葉をかけてくれた。

友永は黙々と盃を重ねていた。あまり多弁ではなく、黙って酒をあおるだけであったが、性格

は明るくよく笑い、また司令官の前だからといって格別に遠慮する風もなかった。宴席にも慣れているようで、旅館の女将が盃をすすめてもうまくあしらい、冗談口をきいたりした。途中から加わった芸者にも、愛想がよい。

兵学校同期生の田中正臣によると空母加賀乗艦時、別府の料亭「鳴海」での士官宴会のさい、興にのってワイシャツ一枚になりとつじょ柱をよじのぼって一気に欄干《らんかん》を駆けぬけるという珍芸を披露して、思いがけない彼の一面をのぞかせたことがある。

さすがにこの夜は司令官の面前なので大人しくしていたが、練習航空隊暮らしで髀《ひ》肉《にく》の嘆《たん》をかこっていた友永にとっては、久方ぶりの美酒の宴であったろう。

第二章　誇り高き艦長

怒りの鉄拳

1

何とも気ぜわしい出撃行であった。飛龍艦橋の航海科にも人事異動があり、交代要員として新乗員が補充されてきたが、いちおうの艦内行動ができるまでは最低三ヵ月間の猛訓練がいる。掌航海長田村士郎兵曹長の場合でも、航海科の下士官が転出し、代わって現役兵一二名が出港直前になって配属されてきた。しかしながら、作戦行動中となるとじっくり訓練しているヒマがない。

いちおう見張員の配置に入れ、

「しっかり見ておぼえろ！」

とベテラン本直員の見習いとして二人交代制としたが、彼らに艦橋の上、防空指揮所にある一二センチ大型望遠鏡を使いこなすことはとてもできない。

これを存分に使いこなすにはまず三年かかるといわれているが、本直員のそばで小型望遠鏡をのぞき、緊張した面持ちで勤務している新乗員たちを見ていると、何を発見してもとっさに「敵発見！」の声は出んだろうな、というのが掌航海長としての実感であった。

艦長加来止男大佐は、ミッドウェー作戦実施に大反対であった。山口司令官が「あと一ヵ月の猶予がほしい」と直接連合艦隊司令部にかけあった話もきいているし、艦長としてこんな未成熟の航空母艦を最前線に投入するなどとは、米国海軍の実力を過小評価するにもほどがあると憂えていた。加来は航空戦の将来を「航空屋」の経験と洞察力をもって見透していたし、アメリカ海軍は強敵だという畏敬の念も忘れなかった。

だが、人事を担当する海軍省当局や作戦を起案する軍令部は真珠湾攻撃により米太平洋艦隊の主力は壊滅したとして、一年有余は再起できないと高をくくっている。一方、無傷で残った米空母部隊は二月のマーシャル諸島攻撃を皮切りに、同月ラバウル、ウェーク島空襲、三月には南鳥島、四月には陸軍爆撃機を搭載して帝都空襲におよんでいる。恐るべき機動作戦であった。

加来はこれらの戦況から、ミッドウェー作戦では米国海軍のはげしい抵抗に遭うだろうと覚悟していた。油断のならない相手だ。

かつての教え子であった川口飛行長の評によると、こうした加来大佐の姿勢は航空戦のエキスパートであり、霞空教官時代から早くも航空戦の未来を予測していた「革命的な教官」の先見性によるものだ、という。その意味では、山口司令官にとって良き航空戦指揮のアドバイザーであった。

加来は戦艦主兵の時代に抗して、何度も艦隊決戦主義からの脱皮を海軍当局に訴えている。その半生は、海軍の風雲児のそれといって良い。

加来止男は一八九三年（明治二十六年）生まれだから、四十八歳になる。山口多聞の一歳年下だ。

熊本県八代中学から海軍兵学校に入り、卒業後は砲術学校高等科学生として弾道学を研究した。もともとは「鉄砲屋」の砲術科出身だが、大正七年、海軍航空が次期世代の中心だと確信して航空術学生に転じた。二年前、帝国議会で予算が下り横須賀海軍航空隊（横空）が誕生したばかりだから、まことに草創期のパイロットということができる。

川口が霞空で偵察学生となったのは、時代が下って昭和三年になるが、当時でもまだ海軍の主流は砲術科で、飛行科の「航空屋」は肩身のせまい思いをした。「われわれの世代は卒業時に志望するのは、砲術、航海、水雷の三科がほとんどで、まれに潜水艦志望がいるだけの状態だった」と川口は回想する。

そんな時代、加来教官は伝統的な海軍思想にとらわれない、型破りな人物として登場した。教官は川口たちに海軍航空の将来を説き、近代戦は航空機が主役になると熱心に語りかけた。すでに、日本海軍では世界初の航空母艦鳳翔が完成し（大正十一年）、赤城、加賀がそれにつづき、昭和三年四月一日付で第一航空戦隊が編成され、赤城、鳳翔が連合艦隊付属となっていた時期である。

加来は理論家であり、航空術教官の先輩山県正郷大佐（のち大将）とともに日米戦の未来を想定し、いずれ航空母艦を中心とした航空戦力の時代がくると鋭く予言した。加来が海軍大学校教官になったのは昭和九年十一月のことだが、二ヵ月前には軍令部の要求によって大和、武蔵両艦の新主力艦計画がスタートしていたところだから、敢然と彼は時代に棹差していたわけである。

加来はひるまない。

頑丈な体軀と持ち前のねばり強さ、天性の行動力を発揮して、部内で声高に「戦艦無用論」を説いてまわった。彼の主張する未来の日米戦争とは、以下の通り。

「一、アメリカ海軍は航空機による支配、制空権下における主力決戦を企図している。したがって戦略的守勢をとるわが海軍は、まず航空戦による勝利を得なければならない。

二、それゆえに将来の海上戦では、艦隊は有力な敵の航空機と潜水艦による大打撃を覚悟しなければならない。

三、結論。日米艦隊が海上で決戦する機会は生じない。わが方としても有力な航空基地を建設し、来攻する米艦隊を攻撃し、これを減殺させるのが得策ではないか」

卓説というべきだろう。その後の航空界の推移を見てみると、ほぼ加来の予期した通りの航空母艦主体の戦闘が海戦の中心舞台となっていることがわかる。

だがこの先見性に対して、海軍部内では「無鉄砲」、「直情径行の性格」と問題を個人的なものとすりかえる者もいた。そんな批判にもめげず、加来はさらに一歩深く踏みこんだ。

「独立空軍」の構想である。

共同提案者は陸軍大学校航空戦術教官の青木喬少佐で、正式文書として加来と二人は陸海軍大学校長に提出した。

すなわちそれは、陸海軍が相争うことなく統一空軍を編成し、空軍として一体化すれば予算、訓練、用法で効率的に運用できるという合理的な発想によるものだが、『日本海軍航空史〈用兵篇〉』によると、「空軍独立問題は海軍部内ではほとんど問題にならなかった」という。一蹴されたのだ。

だが一部の航空関係者には、航空本部教育部長大西瀧治郎大佐のように、

「戦艦大和一隻の建造費で戦闘機一千機ができるから、戦艦をやめて飛行機をつくれ」

と軍令部第一課長の福留繁にせまったり、航空本部長であった山本五十六が大和型戦艦の設計に没頭していた福田啓二造船少将に、

「君らは一所懸命にやっているが、大和なんか造っても、いまに役に立たなくなって失業するぞ」

と、まじめに話しかけたりする先駆者仲間がいた。

また山本五十六は、ロンドン軍縮会議予備交渉より帰国後、軍備担当の軍令部第二部長古賀峯一（注、山本の後任、連合艦隊司令長官として戦死）のところにやってきて、「戦艦建造計画を止めるように」としばしば提言したが、砲術科出身の艦隊派、戦艦主兵主義者の古賀は「飛行機は実績がない」としてしりぞけてしまった。

大西瀧治郎の強烈な申し入れに対しては、調整型軍官僚の福留は、

「当分は戦艦も飛行機も必要だ」

と強硬論も受け入れる形で結論をウヤムヤにし、大和型戦艦の建造をそのまま継続させた。結局「戦艦無用論」の加来も定期の人事異動の名目で海軍大学校から出された。昭和十一年十二月、

「補大湊航空隊司令」

がその辞令である。

加来は青森県下北半島に追われた。彼の先見的な建言は、巧みに葬り去られたのだ。

2

中国大陸で戦火が拡大すると、海軍は加来の才能を必要とした。日華事変では木更津航空隊司令、水上機母艦千代田艦長を歴任したあと、昭和十六年九月に航空技術廠総務部長から空母飛龍艦長に転じた。日米開戦の三ヵ月前である。

ところで、加来艦長時代に作られた、

「飛龍儘忠録」

なる小冊子がある。ハワイ海戦から二月のポートダーウィン空襲時までの戦死者八名、戦傷者一名の戦闘状況、遺家族の連絡先、家族構成までをていねいに記した記録帳である。

これは、加来が母親の影響をうけて仏教に帰依していたことと大きく関係しているようである。

彼は出撃のたびに、鎌倉市大町にある日蓮宗本山妙本寺参りを欠かさなかった。戦場における部

下の死を悼む気持と、法華経が説く「つねに仏のごとくあれ」と思う発心からであったろう。
二十五歳のとき、加来は父親を亡くしている。八人兄弟の四男坊として生まれながら、父親代わりに四人の弟妹たちの面倒を見、母親を鎌倉の自宅に引きとって一緒に暮らした。

母スモは熱心な日蓮宗信者で、月一回の妙本寺法話会出席を欠かさない。親孝行の加来は、いつも介添役でついて行く。何度か法話会に出席しているうちに、加来は蒙古襲来を予言し国難来ると警告を発しつづけた日蓮の教えと昭和の動乱との、時代の危機感に共通するものを感じた。

鎌倉時代は地震や洪水などの天災、疫病などの流行で不安があったが、昭和初期にも同じような金融恐慌、農村不況による社会不安があったから、仏法による立正安国を説く日蓮の教えに共鳴するものがあったのだろう。

加来艦長は、部下の無事生還に心をくだいた。中国戦線では、部下機の出撃のたびに法華経のお守りを手渡し、「ムダに死ぬなよ」と母艦への生還を祈念した。昭和十四年十一月の南支作戦では千代田艦長として陸軍の欽州湾上陸作戦に協力し、支那方面艦隊司令長官より感状を授与されている。

だが、部下の戦死を悼む気持も強く、翌年三月の彼岸会では中国戦線戦死者供養を、遺族を招いて妙本寺で挙行している。

ミッドウェー海戦直前、加来は妻花子、母親との三人で妙本寺を訪れている。

住職が不在と知ると、「それは残念」と加来は言葉を失ったように立ちつくし、「こんどまた遠方へ往くので、しばらくはお目にかかれないと思う。今日お会いできないのはまことに残念です」と名残り惜しげであった。

住職島田勝存によれば、「どうぞ母親をよろしくお願いします」と万が一の場合を考えて頼んでおくのが恒例であったから、その思いを託すことができずに出撃するのは心残りであったろう、ということである。

温情家としての一面ばかりではない。加来は艦長としての峻厳な貌《かお》を見せたことがある。ガンルーム若手士官たちへの鉄拳制裁だ。


ドゥリットルによって帝都東京が初空襲をうけ、空母飛龍が全速力で沖縄近海まで北上をつづけていたこの四月十八日、米空母の追撃不能となって艦は巡航に速度をゆるめた。

飛行隊長楠美正少佐の命令で、戦闘飛行で傷ついた搭載機の修理完了をたしかめるためのテスト飛行がおこなわれることになり、インド洋帰りの長い航海で無聊をもてあましている若い分隊士四人に声がかかった。

「だれかやってくれんか?」

飛行隊長の声にさっそくおうじたのが、艦攻隊偵察分隊士の橋本敏男中尉である。テスト機種は九九艦爆と零戦が対象で、むろん他にベテラン下士官たちも参加することになっている。

「俺は九九艦爆に乗ったことがないから、後席(偵察兼電信員席)に乗って技術認定で空戦をやってみたい」と橋本がいうと、零戦のテスト飛行を予定している同期生の重松康弘が「それはおもしろいな、やろうじゃないか」と戦闘機乗りらしい向う意気の強いところを見せた。

重松は東京・府立八中（現・小山台高校）出身で、ふっくらと女性的な優しい顔だちだが、中国戦線ではすでに華ばなしい戦果をあげている実力者であった。

「それじゃあ、弾丸をぬいて二人でやろう」

と橋本が持ちかけると、

「いや、戦闘機はつねに非常事態にそなえているから、弾丸はぬかん。ダメだ」

重松は頑としていうことをきかない。

「何を生意気な！」

「生意気とは何だ。おれは当たり前のことをいっただけじゃないか！」

「それじゃあ、弾丸をぬかずに空戦しよう」

兵学校生徒時代丸出しの口ゲンカとなった。ニヤニヤ笑いながら二人のやりとりをきいていた飛行隊長の楠美が、「まあ、そんなことは内地へ帰ったらいくらでもできるから……」と取りなしてくれたが、事はそれだけでおさまらず、結局整備長の命令でテスト飛行がその日のうちに実施されることになった。

重松の零戦が発艦し、橋本と同期生近藤武徳が操縦する九九艦爆二機が離艦した。偵察員橋本の前席操縦員は同期生下田一郎中尉である。上空では、しぜんと兵学校六十六期仲間の三機が相寄る形となった。

「天候悪化に気をつけろ」

出発前に、天谷《あまがや》孝久飛行長から気象条件の悪化を注意され、「早めに帰ってこい」と警告をうけている。

艦の位置、行動予定を重松が航空図板に記入していたので、おくれてきた橋本が「いま俺たちはどの辺りだ?」と搭乗員待機室でたずねると、重松はさきほどの口ゲンカのつもりなのか、「教えないね」とプイと横をむいた。

それでも気がとがめたらしく、「位置に迷ったら、北上すれば九州のどこかに着陸できるさ」と言い捨てて、飛行甲板に上がって行った。重松も、まさかその後に天候激変するとは思ってもいなかったにちがいない。

——子供っぽい奴だな。

橋本は苦笑しながら、うかつにも航空図板は白紙のまま何も記入せずに九九艦爆の偵察員席に乗りこんだ。

下田が母艦上空で試験飛行に取り組み、雲の上に出て急降下、宙返りなどスタント(曲芸飛行)の各種を橋本と冗談口を叩きながらあれこれと試した。飛行学生の昔にもどった愉しい飛行で、重松との空戦のことなどすっかり忘れていた。

「こりゃ、いかん。母艦を見失ったぞ!」

下田の声にふと気がつくと、同高度にあった重松機の姿が消え、見えていたはずの飛龍の艦姿が洋上のどこにも見当たらない。天候が悪化して雨が降り出し、同航していた近藤武徳の九九艦爆ともはぐれて、いまは単機だ。

橋本は動転した。いまさらながら艦の位置を図板に書きこんでこなかった自分の怠慢が悔まれた。「とにかく雲の上に出よう。このままじゃ何も見えん」と下田につげ、雨雲から脱出することにした。十五分ほど飛びまわっているうちに、雲の切れ間から遠く南大東島らしき島影を発見した。位置を確認して、ようやく母艦あて隊内無線で連絡をとる。

「母艦を見失いました」

「どうしたんか！　空戦をやったんか？　重松も帰ってきとらんぞ」

レシーバーから楠美少佐のどなり声がきこえた。橋本はあわてて弁解する。

「冗談じゃありません。そんなことはしません」

「すぐ帰ってこい！」

隊長の安堵する声がきこえた。艦橋でも彼らの行方を相当案じていた様子がうかがわれて、橋本は帰艦したらどうわびようかと胸苦しくなった。無線誘導で帰路につく飛行中に、重松機から連絡があり、荒天のため北上して九州の大分基地にむかうとの報告があったことが隊内電話でつたえられた。

母艦上空にたどりつくと、すでに夕暮れとなっていた。着艦すると、下田と二人で艦橋へ駆け上がった。天谷飛行長に報告すると、「艦長が心配しておられたぞ。すぐ艦長室へ行ってあやまってこい」と叱られた。二人であわてて艦橋下へ。

加来大佐は夕食をおえ、私室でくつろいでいる様子であった。少し酒を飲んだのか、頬が赤い。

「艦長、ご心配かけて申し訳ありません」

「おお、帰ってきたか」

といいながら、加来は立ち上がって仁王立ちになり、若い中尉たちの前に立った。眼に怒りの火があった。加来は五尺七寸（一七三センチ）、二十貫（七五キロ）の偉丈夫であり、立っているだけで威圧感があった。

「貴様たちは本艦の分隊士として、他の下士官兵たちの模範とならねばいかん。にもかかわらず、艦位をたしかめずに離艦し機位を失ってさまよったり、自覚が足りない。本艦の若い士官四人のうち、三人まで喪ったのかと一時は心配したぞ」

加来はさとすように語りかけ、口調をあらためて、その根性をきたえるために「活をいれてやる。足を開け！」と命じた。

橋本の回想談。

「艦長には一発ずつ、力をこめて殴られました。重松も後から帰艦して艦長にやられた、といってました。私はつくづく反省しましたね。これは戦争の死じゃなくて、もし事故で死んだらまったくの無駄死になる。こんなつまらんことじゃあ死ねないぞと、強く心に誓いました」

飛龍が横須賀に帰港して、同期生の下田一郎と艦攻隊の近藤正次郎が転出し、橋本と重松、近藤武徳の三人がミッドウェーに出撃することになった。五月一日付で、兵学校六十六期生は海軍大尉に進級し、それぞれ分隊長の責任ある立場になっている。

3

基地撤収の日がきた。飛行科に配属された新入り搭乗員たちもまたたく間に訓練期間をおえ、母艦飛龍に乗りこむことになった。

友永艦攻隊に配属された浜田義一一等飛行兵（一飛）は富高基地を発つ五月二十四日朝、父の面会をつげられた。郷里の徳島から、何も知らずに父が訪ねてきたのだ。追い返すわけにもいかず、若年兵の彼は困り果てる。

浜田は四国の山村、徳島県那賀郡立江町（現・小松島市立江町）の農家の育ちである。六人兄弟の四男坊。青年学校に通いながら野良仕事をつづけているうち、満二十歳となり召集令状がきた。昭和十四年六月、佐世保海兵団入り。最下級の四等水兵からスタートし、航海学校、通信学校をへて重巡羽黒乗組。そのとき、「一般水兵でも偵察員なら飛行兵になれるぞ」ときかされて、必死に勉強して偵察練習生を受験。せまき門であったが、何とか合格し、昭和十五年には鈴鹿航空隊へ。

父は航空兵となった息子の身を案じてか、日曜日の面会日になるとよく面会に訪れてきた。土浦、鈴鹿、大分と航空基地が変わるたびに行く先々へ、遠い山村からはるばるやってきた。といって、大した話があるわけではない。「来なくていいよ。大丈夫だから」と瀬戸内海を渡り、汽車を乗りついで訪ねてくる父親の苦労を思って制止したが、やっぱり面会日に父の姿があった。

「おまえの元気な姿を見るだけで、わしはええんじゃ」

と父はポツリといった。

富高基地の居住区では、一等飛行兵すなわち最下級の搭乗員で、その下の階級である二等、三等飛行兵は教育部隊で訓練中の身であり、ここには配属されていない。搭乗員仲間では、最下級の若輩を「ジャク」と呼び、浜田一飛たちジャクは、出発前の家族との面会などとても許されそうもない雰囲気であった。

ところが、思いがけないことが起こった。浜田の父親の来訪をつげた基地員が、こうつづけたのだ。

「隊長がお呼びです。すぐ隊長室へ来るように」

あわてて士官室の一画に駆けつけると、隊長室の中央に友永大尉が立ち、恐縮している父親の姿があった。「せっかく見えられたんだから、少し話して行け」と友永はいい、さあどうぞと父に椅子をすすめた。

わずか四、五分間の面会にすぎず隊長も立ち会ったままであったが、友永は終始ニコニコと微笑みながら親子の会話に耳をかたむけていた。

「友永大尉の温情を忘れることはできない」

と浜田一飛は懐かしげに語る。

その後、浜田が友永雷撃隊の一員として出撃し、運命の海戦の頂点を体験した奇しき因縁から思えば、この日の肉親との別離は二十三歳の青春の思い出として生涯の記憶に刻まれることになった。

行先はつげず、これから基地を出発すると父に語ると、「飛行場の端から見送っている」と教えてくれた。浜田は第二中隊長菊地六郎大尉の列機である。

友永大尉に引きつづき、菊地隊の順番となった。四番目に浜田が離陸すると、最後部電信席の彼の位置から滑走路ぎわに立ち、息子の飛行機の姿を探し求めている老いた父の姿が見えた。

空母飛龍に着任して一ヵ月たらず。飛行兵の常でこれが父にとって息子の見おさめになるやも知れず、浜田は電信席の風防をあけてさかんに手を振ったが、つぎつぎと離陸して行く多数の機にまぎれて、父親が自分に気づいてくれたかどうかはわからなかった。

五月二十四日、飛龍の全飛行機隊は豊後水道上空を北上し、佐伯湾で母艦に収容された。翌朝、飛龍は抜錨し、柱島泊地にむかう。すでに旗艦赤城をはじめ、空母加賀、僚艦蒼龍の三隻が集結していた。

飛龍士官室では飛行科士官たちが一挙に押しかけてきたので、ふだんは機関科や航海、砲術、主計など在艦の連中で占拠されているテーブルを各飛行機隊分隊長、分隊士が占めるようになった。静かな艦内が一気ににぎやかになる。

その夜は、飛龍壮行の宴となった。

海軍士官や准士官は二〜三人用の私室、四〜五人用の私室が割り当てられているが、大尉以上の食堂兼会議用の公室を「士官室」、中、少尉用を「第一士官次室」＝通称〝ガンルーム〟（注、英国海軍の例をとった＝Gun Room）、下士官から尉官に昇進した特務士官用を「第二士官次室」、各科兵曹長用を「准士官室」とよぶ。

主計長浅川正治も士官室の片隅に追われた一人だが、その中心人物は新任の飛行隊長友永丈市大尉である。友永はさっぱりとした性格で明るく、たちまち夕食後の「酒保開ケ」で浅川と盃をかわす仲になった。「性格が奔放で、しかしむっつりと酒を飲むさまは眠狂四郎のようだった」とは、彼の戦後の人物評である。

この日、士官室の話題は新任の飛行隊長が別府駅で若い奥さんの見送りをうけていた、という華やかなものであった。

「友永隊長は新婚アツアツらしいぜ」

とだれがききこんできたのか、浅川に教えてくれた。友永は三十一歳だから、晩婚である。浅川の問いに、去年の一月に式をあげたといい、相手の女性は九歳年下で、

「見合いですよ。周囲がうるさくいうもんだから……」

と、それ以上は何も語らず、言葉をにごした。浅川が友永夫人の消息についてあれこれ知るのは、戦後おそくになってからのことで、彼の記憶はそこで消えている。当夜は、飛行隊長なりのテレ臭さと解していたようである。

川口飛行長も同じ話を耳にしていた。飛行隊長と深く話をせずに基地収容となり、その出発前に彼もまた妻を別府の旅館に呼びよせていたから、新婚家庭の出撃とはそのような甘いものであったなと、ほほえましく思っただけだった。

柱島沖で、飛龍は随伴駆逐艦秋雲に積みこまれたミッドウェー島基地建設のための資材を受けとった。五〇トンの運搬船に、佐伯湾で積載された基地物件である。

浅川も主計科員五〇人全員を動員して、糧食と衣料の受領に当たった。『ミッドウェー島占領後、最低三ヵ月はいるつもり』と司令部からきかされていたから、乗員一、一〇三名分の食料、

ビール、砂糖の類を通路いっぱいに積みこんだ。ビール箱はかさばるので、後甲板に山積みである。

浅川主計長の回想談。

「真珠湾攻撃のときは二度と国に帰ってこれないつもりだから、酒、ビール類をいっぱい積みこみ、単冠湾《ひとかっぷ》の出撃壮行会で一晩で全部飲んでしまった。帰りの航海では飲む酒がなくて、皆こまったもんですよ」

ミッドウェー攻略戦では、主計長としてそんな失敗をくり返さないように帰途の酒保の分もたっぷり積みこんだつもりである。何しろ攻略成功はまちがいないからだ。

まるで物見遊山の出撃行である。

「海軍の乃木さん」

1

柱島を出撃して二日目、この日は天候が悪化して、海が荒れた。飛龍の艦体一七、三〇〇トンが左右に大きく揺れる。

第一機動部隊は第十一警戒航行序列をとり、前路および対潜警戒機をはなちながら堂々たる隊形で進撃していた。先頭に第十戦隊司令官木村進少将の坐乗する軽巡長良が立ち、一航艦司令長官南雲中将の指揮する一航戦の空母赤城、加賀、二航戦の飛龍、蒼龍が単縦陣となってつづき、両翼に第八戦隊重巡利根、筑摩を配し、後方に阿部弘毅《ひろあき》少将の第三戦隊第二小隊戦艦榛名、霧島が続航する。その周囲を取り巻く駆逐艦群は一二隻だ。

これこそ、当時史上最強と謳《うた》われ、真珠湾からインド洋を駆けめぐって連合国軍と航空戦闘をまじえ、向かうところ敵なしと豪語した空母機動部隊であった。

「一同必勝ノ意気ニ燃エ、身ノ引キ締マル思ヲス」

四月末、空母飛龍に着任したばかりの飛行科予備少尉榎本哲は、さっそくその意気ごみを日記に書きつけた。

榎本の飛龍着任は、大学および高等専門学校の工科卒業生を一年間教育し、実施部隊に配属する制度（注、昭和九年度制定）により実現したものである。「短期間の訓練だけで、きびしい艦船勤務に耐えられるだろうか」というのが、榎本の不安である。

富高基地で准士官以上の宴会があり、おそるおそる出席して座敷の末座に小さくなっていると、「おい、そんなところにかしこまっていないで、おれのところに来て飲め」と声をかけてくれた男がいる。初対面の飛行隊長友永大尉であった。なかなか頼もしい豪傑肌の人と、榎本はたちまち気が楽になった。

だがこの日、新参予備少尉は太平洋上の荒波でたちまち船酔いとなった。ガンルームに駆けこんで青息吐息、食事もノドを通らない。艦隊勤務に慣れた兵科将校たちが苦笑して、「今日は船が大いに揺れてハラが空くなァ……」とからかう始末。何とも面目ない初航海であった。

飛龍では、山口多聞が乗員たちの健康にも気をくばっていたようである。彼自身も頑健で、橋口航空参謀に「自分は生まれたときから、病気をしたことがない」と、こんな風に語ったことがある。

「頭が痛いとか、歯が痛むというのがどんな風になるのか、自分にはわからないんだ」と真顔でいった。とりわけ、健康に気をつけているという風でもない。酒は飲まず、飲めば斗酒なお辞せずというほどの酒豪だが、司令官という立場から節制していたようだ。

身体を動かすのが好きな性質だった。朝、飛行甲板で海軍体操がはじまると、艦橋を降りて、乗員たちにまじって「イチ、ニイ、サン!」と身体をほぐした。

その後は、軍歌演習となった。

若い甲板士官が指揮をとり、総員が大声で甲板上を歌いながら行進するのだが、勢いこむと咆《ほう》哮《こう》に近い声になる。

山口司令官が好むのは「第六潜水艇の遭難」の歌である。明治四十三年、海没事故に遭って、だれ一人持ち場を離れず、従容《しょうよう》として死にのぞんだ佐久間艇長以下乗員一四名を悼んだ歌である。

身を君国に捧げつつ
己が務《つとめ》をよく守り
斃《たお》れて後に已《や》まんこそ

日本男子の心なれ
（作詞・大和田建樹）

山口もかつて潜水艦隊に配属された経験がある。水雷科出身の、若き血が燃えたぎっていたのであろうか。

五月二十九日は、夜になってうねりが止み平穏な洋上に月が出た。明夜は満月である。月明かりのもと、山口司令官からの直命で「総員、上甲板に上がれ」の号令がかかった。山口以下全員が海軍体操で身をほぐす。

「真丸ナ月、海上ニ昇リ、月光ヲ浴ビテ総員体操ハ誠ニ気分爽快ナリ」

と榎本予備少尉は日記に書きつけた。

旗艦飛龍の後方を往く二番艦空母蒼龍では、山口司令部の幕僚たちを辟易《へきえき》させた強烈な個性の艦長が艦橋に踏んばり、対潜警戒に洋上をにらんでいた。

開戦いらい同じ艦橋につめかけていた山口司令官以下が飛龍に移り、艦の操艦指揮はただ一人、艦長の手腕に託されている。そして、その采配はますますユニークなものとなった。

2

蒼龍艦長柳本柳作《りゅうさく》大佐はいつものように艦橋を出て艦長休憩室で兵食をすませると、すぐさま元の艦橋配置にもどった。

兵食とは、下士官兵に出される食事のことである。

艦長には従兵がつき、士官室と同様に艦長室で主計科が用意した白米の特別食が提供されるが、兵食は麦飯が半分混じっていて、しかも一汁一菜である。

朝は野菜の煮付け、味噌汁と漬物、昼はいわしの煮物や大根、ニンジンの煮物、夜は冷凍缶詰の魚など、決してぜいたくといえる食事ではない。

――艦長は兵と共にありたい。

というのが柳本のモットーで、三食を欠かさず兵食でとった。以前、二航戦司令部の旗艦が蒼龍に移されたときでも山口少将の招きをこばんで、艦長休憩室での兵食をやめなかった。

困ったのは蒼龍主計長である。兵食はふつう掌主計長が食事点検をして味の具合、その量と種類、衛生管理などをチェックし、主計長、副長も最終吟味をする。といって、三食全部を食べるわけではなく、自分たちは士官室に用意された士官食をとるのだ。ハテ、自分も艦長と同じように兵食をとるべきかどうか。

その悩みは、副長小原尚《ひさし》中佐も同じであった。小原はハワイ作戦直後の十二月二十五日、蒼龍副長を命じられたのだが、新副長としてはじめて母艦勤務となる前にこの異色の、名物艦長のウワサをさんざんきかされていたものだ。

「海軍の乃木さん」

はまだ良いほうで、

「融通《ゆうずう》のきかない、コチコチの石頭」
「兵学校四十四期三聖人の一人」
「軍人精神の権化《ごんげ》」
といった、上官としてはあまり仕えたくない人物のうわさだった。初対面のあいさつを交したときもよくきてくれたと迎える風でもなく、打ちとけて話すでもない固苦しさで、当惑したものだ。

小原は、前身が海軍省水路部員である。主な仕事は各艦船部隊への水路図配布で、日米開戦が近づくにつれ南方方面の水路図誌が大量に要求されるようになり、もしやと戦争勃発の気配を感じとっていた。

兵学校四十八期卒業の同期生三和義勇は連合艦隊、大石保が一航艦各参謀へと実戦配置につき、級友が戦艦霧島副長、同陸奥副長へと辞令が出ていた。小原も蒼龍転任の命をうけ、鎌倉の自宅から呉軍港へ発つときは「これが家族の見おさめ」と、勇躍して汽車に乗りこんだ。

ところが、いざ蒼龍乗組となってみると艦長は何もかも一人でこなし、張り切って乗りこんできた小原に活躍する場所がない。副長職とは艦長の補佐役だから何かを命じてくれれば良いのに、職務に熱心な柳本はさっさと自分で片づけてしまう。

とにかく、異様とも思える艦長の精励ぶりであった。

航海中は厠に立つ以外、四六時中艦橋から離れない。艦橋の中央、羅針儀の右横に艦長用の高椅子があり、通称〝猿の腰かけ〟と呼ばれている。昼間はこの腰かけに陣取っているが、夜になると工作兵に作らせた木製の安楽椅子《デッキ・チェアー》に毛布をかぶって眠る。

そのため、当直に立つ航海長も当直将校もやむをえず私室にもどらず、艦橋下の作戦室ソファーでゴロ寝した。小原も同様にクツだけをぬぎ、軍服のまま彼らにまじって眠ることにした。

艦長の身体が心配だからと、「たまに私室でゆっくり休まれたらいかがですか」と副長らしい気づかいで勧めると、

「いや、いつ敵の空襲をうけるともかぎらんから」

と首を振った。

この人は、一分一秒も惜しまず艦長の職務に精励している生まじめな人——と小原が気づくのに時間はかからなかった。ゆっくり身体を休めるのは罪悪だ、と考えるような努力家なのである。軍服を脱がず、たえず艦橋につめている精勤さは身を挺して艦と乗員を護りたいという彼の熱意のあらわれであり、その決意を実行するために副長の気遣いにも気づかず、艦内作業のすべてに注意を怠らないのだ。

小原はそれが柳本の本質だと知り、艦長におもねって兵食をとるより、士官食堂で各科指揮官との話し合いの場を設けることが自分には第一だと心に決めて、気が楽になった。

そして、柳本艦長の海軍軍人らしい処し方、覚悟を知った瞬間があった。

空母蒼龍が横須賀にもどったある日のこと、所用で艦長室を訪ねた折、背後の棚に神戸湊川神社の護符があり、ハワイ作戦以降の戦死者の遺影がならべられてあるのを見た。その前に小さな

水盃があり、毎日供養を欠かしていない様子がうかがわれた。

つぎの日、小原が訪ねて行くと、艦長室で柳本がじっと銘刀の刀身に見入っている。刀身に神経を集中し、何ごとかを念じながら一心に祈るような後ろ姿……。恐ろしいまでの気迫と緊迫した空気に、小原はたじろぎ、襟を正して艦長を見直す気持になった。

――この人は、生きて還る人ではない。

そう直感したと、小原は回想している。その直感が正確なものであったかは、副長としてまもなく身近に体験することだ。


蒼龍副長小原中佐は艦長と言葉をかわさないまま、最初の一、二週間はぎこちない関係をつづけた。

柳本大佐が艦長を務めるのは蒼龍がはじめてではない。五年前の四十三歳のとき、水上機母艦能登呂《のとろ》の艦長となった。水上偵察機八機を搭載する一四、〇五〇トンの給油艦からの改造艦である。

このときも、艦長としての勤務に精励した。着任は昭和十二年十二月一日、ちょうど日華事変の戦火が拡大しつつあったころだから、軍規にきびしく、謹厳無比の艦長として乗りこんだ。能登呂は南支方面から揚子江下流へ出動。乗艦前には伊勢神宮、橿原神宮、湊川神社に参拝して武運長久を祈るといった意気ごみであったから、むろん艦橋から終日離れることはない。

乗員たちは緊張し、艦長をおそれて近づかなくなった。艦内の士気は上がらず、雰囲気も冷たいものになる。新艦長として張り切って訓示をしても乗員たちの反応は鈍く、さすがの柳本も弱気になった。

「刻苦勉励」

は、柳本の信条である。小学校の成績が五〇名中四五番という目立たない少年が、ひたすら努力をつみ重ねることでつぎつぎと新たな道を開いて行く。それも生半可な精進ではないのだ。

出身は長崎県平戸島。現在では平戸大橋が架かり、平戸瀬戸をへだてて九州本土とつながる。キリスト教布教のためフランシスコ・ザビエルが来訪した縁《ゆかり》の地で、隠れキリシタンの島としても知られる歴史の島だ。

3

柳本は一八九四年（明治二十七年）、松浦郡平戸村二八二番地、父慶吉、母キノの次男として生まれた。加来と同じ四十八歳。男二人、女三人の兄妹である。

家系は伊勢神宮神官の末裔で、旧家の家格で知られたが、父が網元の事業に失敗し、神崎《こうざき》の開拓部落で一家は極貧の生活を送った。兄が一家を支えて農業にはげみ、弟柳作を平戸の猶興館中学に通わせた。

父はあせりの気持もあったのだろう、家運回復を期していろいろな事業に手を出しては失敗し、彼が中学一年生のとき万策つきて割腹自殺した。

父慶吉の自決が、柳本柳作の心にどれほど深刻な影響をあたえたかは想像に難くない。一家のために犠牲となって働く兄、夜なべの手仕事で賃働きをする母親、まだ稚い妹たちの貧しい家族の姿を目にして、何とか一人身を立てたいと強い決意に駆られたことだろう。

神崎から中学校までの二里半（約九・八キロ）を毎日徒歩で往復した。夜おそくまで勉強し、母は息子が眠るまで付きそい、夜食の支度をした。「母子勉強」というのが、夜眠らぬ二人への近所の評判であった。

中学生時代、成績も四、五番。取り立てて目立つ生徒ではなかった。詩人として名を知られた藤浦洸が猶興館中学の三年下で、小説読みの生意気な新入生がはいってきたというので、いわゆる上級生たちによる鉄拳制裁の対象の一人に選ばれた。小柄な藤浦が泣きながら拳をあびていると、いつも無口な柳本が進み出て、「もうよか」と制止した。これで、悲惨な鉄拳制裁の輪から逃れることができたわけだが、不思議なことにだれもこの柳本の「もうよか」に抗議する者がいなかったと、藤浦洸は懐しげに書いている。

乱暴者ぞろいでも柳本には頭が上がらず、

「同級生たちも呼びすてにするものはなく、『柳本さあ』と呼んでいた」

とあり（注、「さあ」とは、「さん」の意）、彼は中学生のあいだで一目おかれる存在であったようだ。

海軍兵学校受験に失敗し、平戸町の尋常小学校で代用教員を一年間つとめたが猛勉強して再挑戦し、大正二年に兵学校四十四期生となった。十九歳。

入校早々、柳本生徒の名を高めた一件があった。江田島から宮島に渡り、厳島神社のある弥山《みせん》山頂まで麓から一気に駆け上がるという新入生徒恒例の登山競走のことである。標高五三〇メートル。いっせいに出発しても途中でバラバラになり、足を休める連中も出た。ただし、落伍は許されない。そんな生徒のあいだをぬって真っ先に頂上まで駆け上がった男がいる。それが、柳本生徒であった。

この抜群の体力で彼は一躍全校生徒にその名を知られたが、しかし彼の非凡さが発揮されるのは全生徒一律の授業、運動の兵学校三年ではなく、卒業して艦隊勤務となってからのことである。

「柳本候補生は夜も寝ないらしい」

というウワサが立ったのは大正五年、柳本が兵学校を卒業して少尉候補生として練習艦常磐に乗り組んだときのことである。日中は天測航法や航海実習などの日課をこなすが、夜になってもハンモックに彼の姿が見えず、こんな日々が何日もつづいた。不審に思った週番候補生が見まわっていると、小さな椅子に腰かけて書物を広げている柳本の姿が眼にはいった。見ると「海軍諸例則」。五〇〇ページほどの厚い本である。

「貴様、こんなものを読んでどうするのか」とあきれてたずねると、「おぼえていると何かと便利だ。昼間はそんな暇がないから、夜の睡眠時間をさくよりほかはない。それで、俺は夜寝ないことに決めたんだ」と、彼は平然として答えた。

体力には自信があった。兵学校時代、棒倒し競技で山口多聞が小柄な身体で猛突進したエピソードを紹介したが、柳本生徒の場合は守備側の陣地で棒を倒されまいと支える「あぐら組」のメンバーに選ばれている。力強く、頑張りがきく特別な身体能力が評価されたのだ。

元より、眠らなければ人間は死にいたる。椅子に坐わったままでも、あるいは昼間当直に立ったままでも仮眠をとる方法を会得したのだろうが、その頑張りは超人的である。

海軍少尉時代、横須賀に入港して乗員たちが東京見物に出かけたさい、『航海ばかりでは運動不足になる。俺は歩いて帰る」と宣言して東京駅から横須賀港桟橋まで約七二キロ、夜明けまでかかって歩き通した。

途中でさすがに歩き疲れて道端で眠りこんだが、そのたびごとに巡査に誰何《すいか》され、

「海軍少尉柳本柳作、用件をおえて横須賀に帰る！」

と不審訊問に答えて、ついに夜が明けるころ横須賀軍港にたどりついた。

艦長も最初はあきれてその無謀さを叱ったが、最後には「大いに元気があってよろしい」と賞めたという。ふだんの彼の不屈の精神からみても納得がゆく所業であったからだ。

戦艦霧島、海防艦新高、敷設艦津軽乗組、砲術学校、水雷学校をへて練習巡洋艦香取の分隊長となった。大正八年、任海軍中尉。


柳本柳作の戦死後、昭和四十二年になって兵学校同期生中堂観恵《ちゅうどうかんえい》が顕彰会を組織し、伝記『柳本柳作』を刊行した。郷里の長崎県平戸市県立猶興館高校を中心とした会だが、その文中に、海軍士官としての柳本は、

「……上陸すれば遠足、山登り、剣道あるのみで、全く清僧のごとき生活であった」

という中堂の一文がある。

航海に出れば加俸がつき、とくに特務艦勤務では南アフリカのケープタウン遠航など特別手当がつく場合があり、他の海軍士官たちは紅灯の巷に出入りする機会も多くなったが、むだ遣いをしない柳本は俸給とももども全額を郷里の母に「家族渡し」をし、柳本家の再興にあてていたという。

「わたしらから見れば、青春を殺した気の毒な生活であった」

と中堂は書き、それゆえにこそ同期生柳本の精勤一途の人生、精進努力に感銘し、戦後になっても期友を忘れず、その追悼録を編んだのである。

絶えざる努力によって、兵学校卒業当時は三〇番ていどの成績が〃ハンモックナンバー〃の先任序列を四、五番に上げるまでになった。その栄誉の頂点が大正十年三月、昭和天皇が皇太子として渡欧の旅に出かけたさい、随員の一人として選ばれたことである。ガンルームの士官として、最高の名誉であった。

そのときの逸話——。

御召艦香取がヨーロッパ各国歴訪をおえて帰途アラビア半島の南、アデン港に立ちよったさい、物売り漁船が二隻、艦側にこぎよせてきた。獲ったばかりの魚を売りに来たものらしい。

士官室の食卓長柳本中尉が主計科員に頼まれて舷梯を降り、身ぎれいな漁師のほうから新鮮な魚を手に入れた。もう一人の漁師は小舟で、身なりも薄汚れていたからだ。籠いっぱいに魚を入れ上甲板に上がってくると、皇太子が艦上からその一部始終を見ていたらしい。

「柳本中尉」

と、皇太子は彼の名を呼んだ。下級の青年士官の名前まで記憶しているらしい。思いがけないことなので緊張して足を止めると、

「あの汚ないほうの漁師からも買ってやれ」

と皇太子がいった。

「なみいる幹部の人々はハッと頭の下がる思いがした」と、このエピソードを紹介した伝記編者の一人澤田健が書いている。これを天皇家の「帝王学」というのであろうか。

統率者たるもの、階級、貧富上下を問わず人は平等に扱わなければならない、と将来の艦長心得としても、何か柳本中尉には感じるものがあったはずである。この体験によって、部下思いの、決して甘やかしたりはしないが気配りのよくきく、上官としての分隊長柳本柳作が誕生し、彼の評判は艦の内外を問わず高まることになった。

だが、能登呂艦長時代はそれが逆に作用したようである。一艦の艦長としての意気ごみが強すぎて、部下の訓練はひときわきびしく、規律違反には容赦なく厳重な処分をした。

そのことで、かえって能登呂乗員たちは艦長をおそれて遠ざけ、艦内の士気は低下した。とくに厳格な艦長と下士官兵たちの中間に立つ士官室の評判が悪かった。

「艦長、このままでは部下がついてきませんよ」

とたまりかねて忠告した者がいる。幼いころから苦労つづき、兵学校卒業後も努力、努力と将来を嘱望されていながらもコチコチ型で、「何とか人間に丸みを持たせてやりたい」と周囲の人

間たちは願っている。当時、一航艦参謀長であった草鹿龍之介は柳本の剣道の兄弟子でもあり、公私ともに付き合いの深かった人物だが、「あまりに謹厳すぎて、部下が親しまない」とつねづね気がかりであったという。

生前の草鹿元参謀長が、苦笑まじりにこんな回想談をした。

「その忠告を、マジメに受けとったんだろうね。彼は性格が実直だから、生マジメに反省したらしい。その後、能登呂の士官室で宴会のとき、突然ネジリ鉢巻きで酒を飲むわ、酒樽を叩いて安来節をやり出すわで、部下連中はびっくり仰天したらしい。艦長として、一皮むけたんだね。それいらい、艦内のぎくしゃくした空気は消え、和気あいあいたる雰囲気に一変したようだ」

大正十三年、平戸の獅子村村長の娘畑野アヤ子と結婚。見合いだが、柳本は一目で気に入り、実家のある神崎に迎え入れた。柳作三十歳、アヤ子二十四歳。

二人の祝言の夜、第三号駆逐艦の砲術長でもあった柳本大尉を祝って座は大いに盛り上がり、村長や村の有力者がつぎつぎと立って島唄などを歌いついだ。「新郎も一曲どうぞ」とせっつかれた柳本は、「私は武骨者ですから……」といいながら、

守るも攻めるもくろがねの
浮かべる城ぞたのみなる

と「軍艦マーチ」を大きく声を張り上げて歌った。あくまでも、生まじめな海軍軍人である。

4

蒼龍副長小原中佐は艦長と馴染めないまま、昭和十七年の元旦を蒼龍艦上でむかえた。飛行機隊は宇佐空へ飛び、母艦は艦体修理、整備、要員補充のため軍港から動かない。乗員たちには交代で休暇が出たが、むろん柳本艦長は艦を一歩も離れない。

柳本柳作の自宅は東京・目黒区平町にあった。結婚後、海軍大学校甲種学生、人事局第一課、英国駐在、軍務局第一課とエリートコースを歩み、その赴任先で柳本らしい謹厳実直、職務精励の逸話を残しているが、どれもこれも超人的といわざるを得ない滅私奉公ぶりである。

副長の小原が職務一筋の艦長にもようやく慣れ、「正月ぐらいは家族と会うのが楽しみだろうな」とハワイ作戦の大戦果後のことでもあり、艦長が艦を留守にするさいには自分が艦長の代理をつとめようと心に決めていたところが、その気配すらない。

「正月、母が広島駅まで行きましたが、艦に連絡をしてもらっても父からは会うことはできないと断わられました」

と小原が柳本の三男から話をきいたのは、戦後の戦友会の席上である。東京駅からわざわざ夜行列車でやってきた妻と面会しない、その柳本の烈しい気持を知って小原は艦長としての覚悟をあらためて思い知らされた。

といって、柳本は妻をないがしろにしていたわけではない。家族思いの、子供たちと暇をみつけてはよく遊び、よく手紙を書く父親であった。ただし、土日曜の外出の折には、「お父さまは役所にご用があるから……」といって途中で家族と別れて海軍省に出勤した。現在でいう猛烈サラリーマンの典型である。

艦隊勤務や海外赴任の折など、妻アヤ子や子供たちあてに遺されただけでも二百数十通の手紙を書いた。よくよく筆マメな人である。たとえば、結婚直後の第一信。大正十三年五月十七日付のもの。

「出立の際は、あたりまえに挨拶をして、とは思いながら、つい、ずるずるになり、後より一層名残りの種と相成り申し候。

休暇中の出来ごとは、一つとして、楽しき思い出のたねならざるはなく……私は何ともいえぬありがたさを覚え申し候。理屈をいうなどやぼかと存じ候えども、何と考えても、われらの間柄というものは、人の力もて仕向けられたるものにあらず、天光の力、宇宙の力、換言すれば恵まれたる……という外御座なく候」

当時の世情からみて、家庭のあり方、人生のあり方について、一般国民の心得を説く文章が長々とつづくのはやむをえない。一転して、夫の文章は新妻への賛辞となる。

「小生がとくにうれしく思うは、そのもと、よく私の意にしたがい、無理にあらざるかと思いし一燈園生活にも、また禅の主義にも真に心より賛成なさりしことに御座候。要するに、これらは心の問題にて、決して一朝一夕のことには御座なく候。一生涯かかっても、お互いに是非徹底いたしたきものに御座候。何とぞ御奮発願上げ候（以下略）」

アヤ子夫人は女学校出の才媛で、初対面で柳本柳作と意気投合したらしい。望み通りの新妻をえて、三十歳の新郎は心はずむ思いでこれ以降、長文の手紙を書く。

自分の信条としてふだんから心がけていることを知ってほしいと、山岡鉄舟十五歳のときの「修養二十則」を書き送ったりしている。いわく、「うそいう可《べ》からず候」「父母の御恩は忘る可からず候」「腹を立つるは道にあらず候」「力の及ぶ限りは善き方につくす可く候」「名利の為に学問技芸す可からず候」「人にはすべて能、不能あり、いちがいに人をすて、或はわらう可からず候」……。

また、良き妻とめぐり逢い、あけっぴろげに自分の喜びをさらけ出して書いた手紙もある。同年十二月二十七日付。

「過ぐる二週間は、実に嬉しき思い出のみ。殊にお互に気にかけ居りし候祝事も、至極順当に取運び、思いめぐらすだに涙ぐましき程、有難く存じ候。天も我等の結婚を、よろこびてのことと、尚更謝恩の念、禁ずる能わざるものこれ有り候。茲《ここ》に末永く、御恩に恵まれつつ……合掌。ああ思えば思う程、何もかもありがたい、という外御座無く候（以下略）」

柳本と妻アヤ子との間には四男一女が生まれたが、長男と次男が相ついで死亡。三男龍三と四男武治、長女英子の無事成長だけが父親の望みとなった。

昭和二年、柳本が第二遣外艦隊参謀として門司港から出発したさい、妻が平戸の実家に帰り、柳本の母と元気だった長男暢彦の写真を撮って任地に送ったことがある。

さっそく返事がきた。

「……坊やの将来のこと、年寄りたる母のこと、いかばかり可愛がり、また大切にして、そのもとが朝夕坊やに対しおらるることかなどと、写真を見入りつつ、それからそれへと思いめぐらしたるとき、自然に涙のほほを伝うるを覚えたる次第に御座候。

そして坊やの写真に対して、次のようなことを申して独り心を慰め申し候。坊や。

何を変なお目目をして見ているのです。

おばあさんのお膝下で。

まだ北浦さんに頂いたおもちゃを持っているのですか。

わんわんと遊んでいるのですか。

お父さんのおふとんの上で、

大きくなりましたね。

いつもお母さんに大事にされて、

みな様に可愛がっていただいて、

坊やはだれが一番すき？　お母さま？
お父さんのお顔を忘れましたか、
お父さんは遠くにいても、東京にいるときと同じに、いつも坊やのことを思っているのですよ（以下略）」

子煩悩な三十三歳の父親の顔が浮かぶ。長男は四歳で死亡、次男彰彦も八歳で亡くなった。長男にはいずれ父親の後をつぎ、「世界のためになることをしなくてはなりません」と手紙に将来への大きな期待を託して書いていただけに、失意の心情も深かったであろう。

小原副長は、そのような艦長の心の奥底まで知ることはない。一日中艦橋に立って柳本と言葉をかわす機会もなく、張りつめた空気のなかで戦闘航海がつづき、日が暮れて行く。これでは副長としての役割が果たせない、いっそ艦長の懐に飛びこんでハラを割って話してみようと、艦長室を訪ねることを決意した。

呉軍港を出撃して十日目の一月二十一日、南洋諸島パラオに蒼龍が寄港して次期蘭印アンボン攻略作戦出撃にそなえる間、艦内に少し時間の余裕が出た。

小原は兵学校では四期下の後輩である。さすがに率直にモノをいうのはためらわれたが、艦長室で「副長として、私は何をすればよいのですか」と柳本にゲタをあずける言いかたをした。

問いかけられて、即座に柳本は副長が来艦していらい、まともに艦内体制について二人で話し合ったことがないのに気づいたようだ。二十四時間、艦長が艦橋につめかけているために、航海長、航海士、当直将校たちにまじってかわされる会話は二言、三言だけ。それも単なる事務連絡にすぎない。

「これは、私がいたらぬ点だった。すまぬことをした」と、柳本は素直に謝まった。「これからは、副長として存分に腕を発揮してもらいたい」

小原はこの一言で、胸のわだかまりが消えたような気がした。艦長は「融通のきかないコチコチの石頭」などではなく、「誠忠無比の人」であり、それがあまりにも強烈であったために「周囲に威圧感、窮屈感をあたえた」にすぎないと悟ったのである。

人との交流では、きわめて無器用な人物であった。兵学校の期友中堂観恵は、「無口で、つねに何かを考えているようで、とっつきの悪い男」と初対面の印象を語っているが、「一度あい許すと、誠実な、人情味のある男であった」といい、小原も同じような体験をした。

「いったん話し合えば、あとは頼むと部下を信頼して、すべてをまかせる人でした。着任時には固い人とばかり思っていましたが、私の印象はすっかり変わりましたね」

柳本は社交的な性格でなく、交際範囲もせまかったから、自分から積極的に人と交わることがない。それだけに、艦長として人一倍苦労したようだ。その後、小原も能登呂士官室宴会での出来事と同じ体験をしている。

パラオ出撃の直前、士官室で壮行の祝宴があった。すると柳本艦長は祝盃をあげ、青年士官にすすめられるままに酒を呑み、ついで搭乗員室で車座になって下士官兵たちがつぎつぎと立って歌うドンチャン騒ぎの渦中で、ニコニコ笑いながら盃をうけた。

そして副長も同調すると、周囲にはやし立てられて艦長も立ち上がって一曲披露した。それは、「流行歌といったものではなく、詩吟軍歌といった、まことに武骨一点張り」のもので、また「剣舞とも柔道とも云いかねる奇妙奇天烈な身振り」であった。搭乗員一同は大爆笑、やんやの大喝采で祝宴は幕を閉じた。

小原も、副長としてようやく部下たちと溶けこめた気分になった。

戦勝気分

1

柱島を出撃して三日目、天候は回復したがウネリは大きかった。第一機動部隊の各艦は警戒航行序列を変更し、第八戦隊の重巡二隻が先頭に立ち、旗艦赤城、加賀、第三戦隊の二戦艦、空母飛龍、蒼龍の順となった。

山口司令官が乗りこんだ二航戦旗艦飛龍とことなり、三、〇〇〇メートル後方を往く空母蒼龍では、艦内に二番艦特有の気楽な雰囲気があり、同時に相つぐ戦勝気分で六ヵ月前に真珠湾をめざしたころの張りつめた、息を殺して北太平洋を渡ったようなあの厳粛な気分も、昂揚感も、いまはない。

戦えば連戦連勝で、米英侮るべからずと心戒めた緊張感がうすれ、米太平洋艦隊は恐るにたらずと意気さかんである。また、インド洋の強烈な日差しが乗員たちの肌を真っ黒に焼き、長期の戦闘航海による疲労感も重なって心荒《すさ》む一方である。戦時休暇もわずかばかりで、すぐまた出撃だ。

「まったくの田舎武士に成り下がった」

とおたがいの顔を見合いながら、乗員たちは自嘲するばかりである。そのうえ、予期せぬことに乗員たちの一部に、極秘事項であるはずの作戦目的地——ミッドウェーがもれていたのだ。

その事実にまっ先に気づいたのは、艦攻隊の先任分隊長阿部平次郎大尉であった。

蒼龍には艦内に二二個分隊あり、砲術、通信、航海、運用、飛行、整備、機関科などと第一分隊から第二十二分隊まで分かれている。各科大尉が分隊長となり、乗員たちの統率、指揮にあたっている。

阿部の担当分隊は第七分隊で、母艦が横須賀港に帰港した折、通常任務として多数の郵便物を検閲する担当日があった。艦の機密を守る分隊長としての欠かせぬ任務の一つである。

部下搭乗員あてに海南島の海軍特別陸戦隊員からの便りがとどいていて、何げなく目を通すと、

「こんどM作戦をやるときいた。成功を祈る」

との文面に出会って、仰天した。

ミッドウェー攻略MI作戦は軍の最高機密で、南雲機動部隊の行先が米側に知られれば相手は防備を固め、味方は有利な奇襲攻撃でなく、絶対不利な強襲攻撃となってしまう。途中の航海に

は米軍潜水艦が待ち伏せしていて、魚雷攻撃をうけるかも知れない。

——こんなことでは作戦の機密は保てない。

阿部はその後、横須賀の海岸通りで偶然出会った一航艦航空参謀源田実中佐にその事実を注進した。

空母蒼龍はインド洋機動作戦終了後、母港である横須賀軍港に入港していた。四月二十二日、飛行機隊は横空に飛び、機体の更新、整備にかかり、搭乗員たちには一時休暇があたえられている。阿部は帰郷のため水交社で入浴、食事の予定で、海岸通りを歩いていたのである。

源田は阿部を、真珠湾攻撃の艦攻隊長として霞空分隊長からわざわざ引きぬいた航空参謀である。「おい、ずいぶん捜したぞ」と源田がいい、自分の中国戦線での実績をハワイ作戦でも活かしたいという航空参謀の意気ごみに、奮い立ったものだ。

源田の道連れは赤城艦爆隊の名偵察将校千早猛彦大尉で、二人は「これから海軍省で、ハワイ作戦の折のアイモ撮影機によるフィルム試写があるから、一緒に観に行く」とのことだった。

「貴様も一緒に来いよ」

兵学校生活では、自分のことを「私」といわず「おれ」、相手をすべて「きさま」と呼ぶ習わしがある。

「いや、それどころじゃありませんよ」

と阿部は源田にいい返した。手短に事情を説明し、「このまま、何も知らずに攻撃をかけたら袋だたきにあいますよ」

海南島あたりまで情報が洩れているとすれば、米軍のスパイ網に引っかかり、当然ハワイの米太平洋艦隊司令部まで通報されている可能性がある。

「何とか攻撃日時をずらすとか、手を打たないと味方はやられますよ」

源田参謀は、一瞬苦い表情になった。

「いまさら、やり直すことはできんのだ」

と困った顔色をした。ミッドウェー島攻略予定日の六月七日とは、月齢二二・九で、月の出が現地時間の午前零時。上陸部隊が同島のリーフを渡って行く前夜半には、月がないことが絶対条件なのである。

この日程は陸海軍協定によって陸軍側の了承ずみで、上陸作戦実施予定の陸軍一木支隊も六月七日をメドに準備をすすめているはずであった。

「基地建設の海軍設営隊もサイパンから動き出そうとしているし、いまさら止めることはできないんだ」

ミッドウェー島占領部隊は陸軍一木支隊約二、〇〇〇名、および海軍第二連合特別陸戦隊（二連特）、第十一設営隊、第十二設営隊、第四測量隊から成っており、指揮官は海軍側大田実大佐、陸軍側一木清直大佐が任命ずみ。すでに、事態は動き出しているのだ。

阿部を落胆させる出来事は、まだあった。蒼龍を離れて鹿児島県笠之原基地で訓練し、出撃にそなえて横須賀の母艦にふたたびもどってきたところ、阿部の故郷に送られたはずの背広、ワイシャツなどの私物が荷造りされたまま、士官私室におきざりにされていたのである。

「どうしたんだ？　これは全部、高松の実家に送ってもらうよう頼んでおいたんだが」

「いや、失礼しました。忘れました」

と従兵長が悪びれた様子もなく、あっさりと答えた。「私も休暇で女房、子供の顔を見に行ってきたものですから、ついうっかりと……」

どうせ横須賀を出撃してもまた勝利して母港に帰ってくるのだから、そのときで良いでしょうと言わんばかりの横着さである。戦勝気分に浮かれた馬鹿者め！　と思わずどなりつけてやりたい気分だったが、そのときはミッドウェーと行先をつげることもできず、黙っていた。

2

阿部平次郎大尉の指揮する蒼龍艦攻隊の技倆レベルは真珠湾攻撃時とくらべてほぼ遜色ない、と考えて良いであろう。飛行機隊に他艦のような人事異動の大波をかぶらなかったのが、その原因の大半である。

艦攻隊の阿部と兵学校六十一期の同期生である池田正偉大尉が艦爆隊、菅波政治大尉が艦戦隊のそれぞれ先任分隊長をつとめており、飛行隊長は同五十八期卒業の江草隆繁少佐、いずれも気心の知れた仲間だ。

四月末に横須賀に帰投してから柱島出撃まで一ヵ月間ほどの訓練期間にすぎなかったが、技倆不足のまま出港してきたわけではない。だがミッドウェー作戦の目的がどうあれ、サンゴ海海戦の教訓により、米国海軍の手厚い防禦網——レーダー探知で待ち伏せしている米グラマン戦闘機群と圧倒的な対空砲火——により、攻撃隊の無事生還は望みにくいという心境に追いこまれていた。

——こんどこそ、生きては還れんぞ。

阿部がひそかに心の奥底に抱いた不安には、理由があった。

阿部はハワイ作戦では、水平爆撃隊で戦艦ウェスト・バージニアにみごと八〇〇キロ徹甲弾を命中させたが、その折彼をおどろかせたのは対空砲火の想像を絶する反撃と命中精度である。中国戦線ではついぞ経験しなかった圧倒的な威力で、信じられない出来事であった。その集中力に、思わず足がすくんだものだ。

そのときの爆撃照準を決めた爆撃嚮導《きょうどう》機が操縦佐藤治尾、偵察金井昇の日本海軍随一の名コンビで、彼らが先頭機となってウェスト・バージニア直上に進入したのである。ハワイ作戦の帰途、ウェーク島上陸作戦の支援に出撃したさい、阿部機の身代わりになって彼らペアが撃墜された。

ほんの一瞬の出来事であった。

ウェーク島が近づき、隊長阿部機と入れ替わって金井一飛曹機が先頭に立った瞬間、上空から米グラマン戦闘機二機が急降下して、一機あて一二・七ミリ機銃四梃の機銃弾をあびせかけた。まず先頭の指揮官機を、とねらったらしい。金井機の機銃手、花田芳一二飛曹の反撃も空しかった。

阿部平次郎の回想。

「一瞬のうちに、風防が真っ赤になりました。すると金井が私のほうをみて、ニコッと笑って手を振った。機体はそのままスーッと墜ちて行きました。私の身代わりになったんですね。エエ男でした。性格は素直で頑張りがきくし、頭のいい、頼りがいのある部下でした」

その阿部機も被弾して自身も負傷し、着艦索をやられて母艦付近まで帰ってきて不時着水。随伴駆逐艦にひろわれて、内火艇で蒼龍にもどってきている。

昭和十二年の空母加賀時代から中国戦線を駆けめぐってきて、一人の部下の戦死者も出していない。金井一飛曹機の三人がはじめての戦死者で、阿部は衝撃をうけていた。

救い上げられた駆逐艦の一室で、痛みをこらえながら涙があふれ出た。阿部にとって嚮導機役の金井昇の存在は貴重であり、自分の片腕を奪われたような失意の底に沈んでいた。

阿部の思いとはべつに、蒼龍艦内の各居住区では大作戦に参加するとの緊張感が薄れていた。「太平洋の小島ミッドウェーなんぞ、占領したも同然」との浮かれた戦勝気分である。わずか半年前の真珠湾をめざしたころとは、何もかもが真逆になった。ハワイをめざしての道程では、味方空母が半数撃沈されると覚悟していたので、命令によってすべての不要物が陸揚げされた。私物はトランク、衣嚢《いのう》にいれて、宛先は本籍を記入し、呉軍需部倉庫へあずけた。手持ちは着替えの下着のみ。

可燃性の備品はとくに注意して艦外につみ出され、がらんとあいた通路、浴室、収納庫のありとあらゆる場所に、航続距離の短い母艦用に庫外燃料が運びこまれた。その総量、二航戦全部あわせて二〇〇リットルドラム缶三、五〇〇缶。一八リットル石油缶四四、五〇〇缶。これが各艦に分載されて艦内通路に山積みされ、歩くのに苦労したほどである。

ところがミッドウェー作戦の場合、出撃前に、従兵長が当番兵を指揮して阿部の士官私室に大量の酒、ビール箱を運びこんできた。個室の床が歩けなくなるほどの量だ。

「おいおい、おれはこんなに酒はのまんぞ」

とおどろいて冗談口をきくと、「いや、行先はどこか知りませんが、これは上陸部隊用に持って行くそうなんです」とあわてて説明した。

海軍側の占領部隊は二連特の横須賀第五特別陸戦隊（横五特）と呉第五特別陸戦隊（呉五特）であり、両隊あわせて二、五五〇名。攻略船団には火器、銃砲、弾薬を搭載していくために、生活物資は機動部隊で分散して持ちこんで行くのだ。

すでに占領気分である。

阿部はさっそく副長の小原にかけ合いに行くと、「いや、すまん。司令部から占領隊の食料、酒保物品を運んでくれと頼まれて……」と苦笑いした。阿部は二航戦司令部が五月初旬に飛龍に移ったので、空いた参謀私室を自分用に使っている。広い個室の余分なスペースを使わせてもらったと副長に説明されれば、文句をいえる筋合いではなかった。

「艦長はどう考えておられるのか」

艦橋に駆け上がって柳本大佐に問いただしたい気分に駆られたが、彼は艦長が苦手だった。柳本柳作大佐は阿部にとって強烈な印象のある艦長である。

3

ハワイ作戦にそなえて鹿児島県出水《いずみ》基地で猛訓練にはげんでいた昭和十六年十月、新任艦長が訓練を視察に来るというので、阿部は出水駅前まで迎えに行ったことがあった。

初対面の柳本の印象は、かねてウワサにきいていた「海軍の乃木サン」であった。几帳面で固苦しく、人を寄せつけない厳格さがあり、大らかな四国人の人懐っこい阿部には妙になじめない、よそよそしさを感じた。

――これはおれの手には負えんぞ。

と、彼はとりあえず〝敬して遠ざける〟手に出た。

それでも、艦長には根負けしてしまう出来事があった。インド洋機動作戦をおえ、スマトラ沖をこえたあたりの蒼龍甲板上でのこと。

戦場を離れ、索敵・対潜警戒担当艦は飛龍となり、蒼龍飛行甲板は「課業休メ」で久しぶりにノンビリと日光浴をする艦内乗員たちの姿が見られた。畳を敷き、柔道着、剣道着に着がえて「エイヤッ！」と稽古にはげむ者もいる。春の運動会気分である。

「一手、お願いします」

阿部平次郎は剣道四段の猛者である。一九一二年（大正元年）、香川県生まれ。高松中学で北辰一刀流の道場に通い、兵学校三年のとき剣道師範中山博堂から実力四段の認定をうけた。それを知った蒼龍剣道グループから阿部はいつのまにか指南役にまつり上げられていた。うながされて、阿部も胴着をつけ、竹刀をとった。

　中山博堂は小石川道場主で、海軍兵学校の剣道師範として名の知られた人物である。道場へは連合艦隊の戦務参謀渡辺安次も通い、五級の腕前を認められている。武徳会の段位に直せば、五段である。阿部も中山から実力を認められ、戦後も推されて香川県剣道連盟会長となっている。六段位。

「私も立ち合ってみよう」

　艦橋に陣取っていた柳本が不意に〝猿の腰かけ〟を降り、飛行甲板に向かった。乗員の一人に胴着を借り、竹刀を手に取った。

　艦橋の高い位置からは飛行甲板全体を見渡すことができ、竹刀を打ち合う音と裂帛《れっぱく》のかけ声が柳本の剣道心を刺戟したのであろう。

「一手、お願いする」

　言葉はおだやかだが、いつものように表情はきびしい。そのために、甲板上の単なるケイコから、いきなり真剣勝負となった。その点が、小原副長の指摘する「艦長の惜しむべき性格」なのである。

　気持が張りつめていてゆとりがないために、相手に無用の威圧感をあたえてしまう。剣道の相手をする阿部も困った立場になった。乗員たちが集まってきて大勢が見つめるなか、どうやって、この始末をつけようか。

　――勝を譲るべきか、いや皆の前で一本負けるのも口惜しい……。

柳本は、無刀流の剣道を学んでいる。師範は一刀流正伝の三代道統（注、正伝後継者の意）、石川龍三。兵学校生徒時代、剣道は必須課目だが、とくに柳本が無刀流に没頭したのは海軍大学校時代の教官、寺本武治中佐の影響をうけて以来のことである。

寺本は海軍士官としては風変わりな異色の人材で、古兵法書「闘戦経」の研究者として知られ、神道、儒学、仏教、キリスト教、回教など各宗教を研究し、独自の精神世界を説いた。戦後その学識を評価され、海上自衛隊幹部学校で寺本統帥学を教えている。

どうも、日本海軍には黒島亀人のような、風変りな人物を尊ぶ空気があったようである。寺本も風呂にはいらず、冷水で身体をふくだけ。新聞も読まず、子供の教育は学校でなく自宅でやり、もっぱら刀研ぎをやらせる。夫人は神戸にあって薙刀師範となるといった按配だ。その特異さがかえって海軍部内の信奉者をふやすことになった。

漢学の造詣も深く、柳本も父子で寺本宅で書を学んでいる。ちなみに、四男の名は武治と名づけたほどの入れこみようだ。その寺本の師が石川である。

石川龍三は無刀流の達人であった。旧加賀藩の前田侯爵邸が淀橋区大久保にあり、その屋敷内の道場で、石川が剣術指南役として門弟たちを指導していた。寺本が道場に通い、その縁で柳本も熱心に教えを乞うようになった。

一刀正伝無刀流は明治時代初期、小野派一刀流から旧幕臣山岡鉄舟が独自に編み出した流派であり、石川は剣術だけでなく禅の奥儀をきわめ、漢学、書道でも一流人として多くの門弟を集めていた。寺本武治もその一人だ。

柳本柳作の人生をたどるとき、求道一筋という言葉が浮かぶ。

何がつねに彼の心を占めていたのか、絶えず「師」をもとめて四方に走っていたことに思い当たる。禅の心にふれたのも、無刀流剣道にのめりこむようになったのも同じ時期であり、このときは鎌倉の円覚寺を訪ねて古川堯道《ぎょうどう》老師の下で参禅した。円覚寺は宋僧無学祖元を始祖とする臨済宗の禅寺で、きびしい修行で知られる。柳本は世俗から遠い臨済禅の教えに、強く心ひかれるものを感じたのか。

「始終死期」

とは少尉候補生時代、練習艦隊司令官岩村俊武が説いた心得で、海軍士官たるものつねにその覚悟をもって戦場にのぞめ、といった叱咤激励の意味がこめられているのだが、柳本は卒業後のクラス会でこれを兵学校四十四期の標語とするよう提案し、衆議一決した。

岩村中将の筆になる「始終死期」は柳本家の玄関口に掲げてあり、家族全員が出入りするたびに眼にすることになる。現代では考えられない、何とも異様な扁額だが、これはそのような時代であったという以外、後世の人間には言うすべはない。

柳本は渋谷区北谷（現・神南二丁目）の自宅から週に三度、日曜日にも石川道場に通うようになった。朝五時半に起床して大久保まで出かけ、剣道の稽古、のち漢学の修養。この修業には、三男も同道している。石川師範の指南は苛烈で、また禅の教えにも容赦がなかったから寺本も一時は破門状態になり、間に立って柳本も悩まされるといった、とんだ世俗的な仲介役の苦労を背負わされることになった。

阿部も剣道には自信があり、高松中学校時代、兵学校時代でも優勝体験があるから、あっさり負ける気持はない。相手が艦長だからといってわざと参りましたと自分で負けてやるほどのお人好しでもない。興味をもった部下たちが勝負の行方はどうなるのかと、かたずを呑んで見守っている様子がどうしても眼にはいる。これでは、負けるわけにはいかないのだ。

艦長が打ちこんでくる鋭い無刀流の太刀さばきをかわし、小手をピシリと打ちすえた。これで一本あり、と思った瞬間、柳本はすかさず二太刀目を打ちこんでくる。

「こりゃあいかん、参ったとはいわんぞ」

阿部は柳本の小手を何度打っても相手はひるまず、つぎからつぎへと勝負をいどんでくるその圧倒的な気迫に少し押され気味になった。艦長は勝負にこだわっているとも、意地になっているとも思わなかった。

結局、この辺が潮どきだろうと阿部は打ちこんだ態勢のまま頭を引かずに身体を起こした。すかさず、柳本が面を打つ。

「お面！」

「いや、参りました」

阿部が一礼して甲板上に坐わり、胴着を脱いだ。身体中からどっと汗が吹き出した。

阿部平次郎の感想。

「正直、弱りましたね。艦長をぶざまに負けさせるわけにはゆかないし、私も部下たちの前でみっともない負け方ができない。柳本さんは豪気な人でした。私が小手を叩いて叩いて、手が腫れ上がるようになっても、まだむかってくる。いい加減さ、妥協というものを知らない。勝負はとことんまでやって決着をつけるという、艦長としてのすさまじい気迫を感じました」

阿部も兵学校時代、「斃而後已」の標語を先輩生徒から教えこまれた体験がある。斃《たお》れてのち已《や》む——海軍教育では、いたるところでこのようなモットーがかかげられている。

柳本の剣法は、一般のルールによるのではなく、戦って戦って相手を倒すまで戦う捨て身のものであり、それゆえにこそ真剣勝負となり、相手をする阿部がへきえきしてしまったわけだ。

4

柳本柳作大佐が彼の海軍生活を閉じることになるミッドウェー作戦の成否について、どのような考えを抱いていたかは不明である。

寡黙で、感情を表に出さない強固な意志的人間の深層心理を探ることは不可能に近いが、少なくとも柳本の業績をたどって彼の献身的人生の一端を垣間見ることができよう。何事につけても、柳本柳作はわれを忘れて職務に没頭した。

日米開戦のわずか二ヵ月前、昭和十六年十月六日付ではじめて航空母艦の艦長となった。前任は軍令部第二部第三課長で、赤レンガ組からいきなり第一線の空母指揮官に転じたのである。

軍令部第二部とは、作戦担当の第一部のような派手な職場ではなく、軍備、動員といった地味な役割だが、柳本は第三課長として軍備計画に熱心に取り組んだ。

その中心は、昭和十六年度初頭から開始される軍備充実計画（通称㊄《マルゴ》計画）の作成である。柳本第三課長が主張した計画案は、以下の通り。

五〇センチ砲を有する改大和型戦艦

五万トン級大型空母

三万トン以上の超大型巡洋艦《スーパー・クルーザー》

潜水空母型潜特型潜水艦

戦艦大和の主砲は四六センチ砲だから、それ以上の巨砲を積んで破壊力を増大させようというのである。柳本は砲術科出身の「鉄砲屋」で、航空本部長井上成美の航空主兵論と対立し、井上にさんざんやりこめられた会議のあとで柳本が、

「軍令部の軍備案が、航空本部長にあのようにやっつけられては、主務課長は切腹せねばならぬ」

ともらしたところ、それをききつけた井上が「切腹したつもりでもっと勉強するように」と、たしなめた話が『日本海軍航空史（戦史篇）』に紹介されている。

中国大陸の航空攻防戦の実態から航空戦備の拡大がさけばれたにもかかわらず、相変わらず戦艦主兵の思想は海軍の主流をしめ、㊄計画前の昭和十四年度㊃計画では、戦艦大和、武蔵につづく新戦艦二隻の建造。引きつづき㊅計画では、大和型戦艦二隻を建造し、合計四隻二隊、全部で

八隻の一大戦艦部隊を完成させる予定であった。はたして資材、および国力が、それを可能にするほど十分であったのかどうか。

当時の㊃計画を承認した海軍首脳は海相米内光政、次官山本五十六、軍務局長井上成美、軍令部総長伏見宮博恭、第一部長宇垣纏の面々で、これら海軍リーダーが戦艦主兵主義の象徴である大和型戦艦二隻の追加建造に承認をあたえたことはまぎれもない事実なのだ。柳本も、この潮流の渦の中に巻きこまれていた。

だが、柳本第三課長は新軍備としてもう一つの画期的な研究に注目した。海軍首脳のだれひとりとして関心を抱かなかった電波兵器、すなわちレーダーの開発である。

昭和七、八年ごろから八木秀次博士の下で電波高度計——電波探信儀の端緒となる機器の研究開発がすすめられていた。これにいち早く着目したのが米海軍で、八木アンテナとして実用化し、南太平洋戦線で日本側より圧倒的優位に立つのだが、同時期、日本海軍はまったく関心をしめさなかった。

この電波兵器に着目し、さっそく実用化に熱中したのが柳本の非凡なところだ。彼が第三課長に就任したのは昭和十四年末だが、近代戦の将来にレーダー兵器が欠かせないことを即座に見ぬき、海軍技術研究所の電気部長佐々木清恭を督励して研究開発をすすめさせた。

「電波をもって標的を検出する装置なくしては、戦争突入は不可能である」

というのが、柳本の主張である。これが当時の海軍主流からみていかに異端であったかは、電波兵器に反対であった艦政本部が実用化を一顧だにしなかった事実からも察せられよう。

柳本の情熱は、そんな海軍部内の抵抗を物ともしない。軍令部の規制を突破して東奔西走し、昭和十六年五月に実用化研究をスタートさせ、同年九月にはいちおう完成までこぎつけさせた。戦艦伊勢、日向に最初の電波探信儀が装備されたのは翌年五月末のミッドウェー海戦出撃時のことである。彼の尽力で、おくればせながら日本海軍初のレーダー兵器が実用化にこぎつけたのだ。

柳本第三課長の軍令部の枠をこえた孤軍奮闘について元海軍技術大佐の伊藤庸二は、

「この意味において、柳本少将（戦死後、昇進）の推進はレーダー技術にとっては画期的な力であった」

と最大級の賛辞を贈っている。

武骨なイメージの象徴である柳本艦長は、無器用だが彼らしい心配りの宴会をインド洋機動作戦終了後、横須賀の海軍料亭「小松」で挙行している。五月初旬、次期作戦の準備をかねての慰労会の名目である。准士官以上百余名の各科士官が集められた。

「小松」は明治十八年の創業で、その名称は皇族小松宮から名づけられたという由緒ある海軍士官馴染みの高級料亭である。日露戦争当時は東郷平八郎、上村彦之丞といった将星が出入りし、近くは山本五十六も贔屓《ひいき》にした。現在でも横須賀市米が浜通り二丁目の同じ場所で営業しており、山本が人目を忍んで出入りした裏玄関を見ることができる。

二階は有名な八十八畳敷の大広間で、演芸の舞台を背にして中央に艦長、副長が坐わり、両脇に飛行長楠本幾登中佐、航海長壱岐密少佐、整備長為国二郎少佐、砲術長山本瀧一少佐、機関長松崎正康中佐ら各科長がずらりとならんだ。

飛行機隊は人事異動の荒波をあびることがなく、ハワイ作戦いらいの同じメンバーが顔をそろえた。

飛行隊長は江草隆繁少佐。赤城の雷撃隊長村田重治少佐と兵学校五十八期の同期生で、友永の一期上。中国戦線では名艦爆隊長として知られ、大陸の空を縦横に駆けまわってその名声を不動のものにした。

副長の小原は、「ざっくばらんな航空人らしい男。一緒によく飲み、飛行機隊のことはすべて彼にまかせた。頼もしい隊長でした」との高い評価である。

江草の部下の艦爆分隊長は先任が池田正偉、後任が大淵珪三。艦攻隊は先任分隊長が阿部平次郎、後任が伊東忠男。艦戦隊は菅波政治と藤田怡与蔵《いよぞう》、合計六人の大尉がいる。

阿部平次郎と池田正偉、菅波政治は既述のように同期生、兵学校六十六期の分隊士には艦攻隊の山本貞雄、艦爆隊の大淵珪三、艦戦隊の藤田怡与蔵の三名がいて、それぞれひと固まりになってかしこまっていた。

阿部は酒豪として知られ、士官室でも彼にかなう呑ンベエはいない。戦歴も古く、昭和十二年春、友永よりも半年も早く空母加賀に乗り組み、艦爆分隊士として中国大陸を転戦した。同十六年四月、霞空教官から蒼龍分隊長へ。いきなり艦攻隊指揮官への転属を命じられ、そのままハワイ作戦の蒼龍艦攻隊分隊長として出撃した。

小原はこの呑ンベエ分隊長の、肚のすわった豪胆な性格を一目で見ぬき、「アベヘイ」と呼んで江草の眼のとどかない分野の相談事を何でも持ちかけるようになった。
阿部たちのいる大広間の外では、あらかじめ柳本の指示で集められた横須賀芸者たちが待機し
ている。
「——以上、終り。これからは無礼講でやってくれ！」
柳本があいさつの言葉をしめくくると、三ヵ月ぶりの内地の宴とあって、一気に座が活気づいた。
女将の合図で、芸者たちがどっと流れこむ。小原も、女性たちからさっそく盃をうけた。
柳本は酒を飲まない下戸である。だが、能登呂の一件いらい、乗員たちの祝宴ではムリをして
いくらでも盃をうけるようになった。つぎつぎと艦長の席に各科長がにじり寄り、銚子の酒をそ
そぐ。それを一気に飲み干し、返盃すると、またつぎの士官が待ちかまえる。
小原は気をつけて見ているが、柳本は愉快に盃をあけ、戦勝気分も手伝ったものか上機嫌でよ
く笑った。小原は、つぎの作戦がミッドウェー攻略とはまだ知らないでいる。
すっかり酔いの回った江草隆繁が銚子と盃を持ってやってきて、大騒ぎのなかで「副長、まあ
一杯のめ！」と前に坐わりこんだ。「こんど副長がどっかの航空隊司令になったら、おれが飛行
長として行ってやる」といって酒を注いでくれた。頼もしい部下ができたと、小原も嬉しい気分
になった。「君も飲め」と、いつものように二人の盃のやりとりがせわしくなる。
柳本はすっかり出来上がって、例の珍妙な軍歌まがいの歌や手踊りを披露して、大喝采を博し
ていた。大宴会は盛大に夜ふけまでつづく。
「艦長、本日は艦にもどらずここで泊ったらいかがですか」

と小原がすすめると、さすがに「うん、そうしよう」と柳本がうなずいた。二人のやりとりをきいていた士官連中が、どっと歓声をあげた。

「艦長が外泊するらしい」

柳本が就任いらい一度も離れなかった艦橋を留守にするのである。料亭「小松」の玄関で帰り支度をしている小原を見つけて、青年士官が集まり、「副長が艦長を酔いつぶしたんでしょう」とか、「艦長が陸泊するなんて、天変地異でも起こらなければいいんですが……」などとからかったりした。

「まあ、それで良い」

小原は適当に彼らをあしらって帰艦したが、気分は上々であった。副長に就任いらい五ヵ月、インド洋機動作戦まで戦死者は出たもののごく少数にとどまり、とりあえずは次期作戦を前に艦は母港で安泰である。後からふり返ってみれば、この夜の宴が自分の海軍生活にとって最高に幸せな時間ではなかったかと、小原には思われてならないのだ。

第三章　盗まれた海軍暗号

1

日本海軍の強敵

情報参謀エドウィン・T・レイトン少佐は、新しくワシントンからやってきた新任の司令長官ニミッツ大将が太平洋艦隊司令部幕僚たち全員を前にして、

「君たちは、私とともに残って仕事をつづけてほしい」

と語るのをきき、耳を疑っていた。真珠湾攻撃の直後、一九四一年十二月二十五日のハワイでの出来事である。

レイトン少佐は日本軍の奇襲攻撃を予知できなかったことで、自分の太平洋艦隊情報参謀としての将来は絶望的なものと考えていた。彼が太平洋艦隊司令部入りしたのは開戦直前の十二月で、旗艦の戦艦ペンシルバニアにある艦隊機密ファイルの中身は、日本海軍の最新事情についてほぼ

空っぽの状態であった。太平洋の彼方にある日本艦隊の動静について、艦隊司令部はまったく無関心だったのだ。

このような劣悪の条件下で、新任の情報参謀レイトンは職務をスタートさせ、結局は日本軍の真珠湾攻撃により司令長官ハズバンド・E・キンメル大将を〝危機に対して無能な提督〟として、ハワイを追われる立場に追いこんでしまったのだ。

「希望があれば、転任を申し出てもよい」

とニミッツが好意的な条件をしめすと、

「駆逐艦の艦長として海に出たい」

とレイトンは申し出た。得意の情報分野はあきらめて、海上に出て日本軍と戦うという海軍軍人の原点に立ちもどるつもりであった。

ニミッツの眼は笑っていた。このテキサス人提督は部下を信頼し、たくみに人の心を動かす術を心得ていた。彼はいった。

「君は駆逐艦長より、ここにいたほうが日本人《ジャップ》をたくさん殺せていいだろう」

ニミッツ大将は真珠湾の米太平洋艦隊戦艦群の惨状を眼にして、怒りに燃えていた。彼がPBY『カタリナ』飛行艇に搭乗してハワイのフォード島水上基地に着水したのは、二十五日朝のことである。

チェスター・W《ウィリアム》・ニミッツ大将は一八八五年（明治十八年）、テキサス州フレデリックスバーグの町に生まれた。地元ホテル経営者の父は彼を遺して早死にし、貧しい暮らしのなかで、官費で進学できるアナポリス海軍兵学校を受験しようと決意した。

一九〇一年、入校。日本では、山本五十六が同年、海軍兵学校に入校している。

卒業成績は、一一四名中七番。第一次大戦に参加し、潜水艦勤務。ついで戦艦サウス・カロライナ副長、巡洋艦シカゴ艦長、第一戦艦戦隊司令官など海上勤務が長い。一九三九年いらい、ワシントンで海軍省航海局（注、のちの人事局）長をつとめた。

この司令長官人事は、艦隊実戦勤務をねがうニミッツにとって意表外のものであったらしい。固辞する彼にたいして、海軍長官フランク・ノックスはうむをいわせぬ口調で、こう宣告した。

「真珠湾《パール・ハーバー》は、いま絶望と恐怖が支配している。必要なのは、勇気と闘志だ。彼らに自信を取りもどしてやらねばならない」

ノックスは、真珠湾被害状況の視察からワシントンに帰ってきたばかりであった。彼はじっさいの現場を見てニミッツに戦艦部隊の壊滅を語り、また太平洋艦隊将兵たちの失意と無気力を憂える発言をした。

「私もそのように思います」

何も知らずにニミッツは答えた。「守るだけでは、勝利は得られないでしょう」

ノックスはうなずき、命令口調でこういった。

「太平洋艦隊の指揮をとってもらう。——ところで、君はいつ行ってくれるかね」

ノックスは元共和党副大統領候補で、シカゴ・デイリーニュース社の社主である。民主党のルーズベルト大統領が議会対策もかねて彼を海軍長官として起用し、また同様の理由で共和党の対日強硬論者ヘンリー・L・スチムソンを陸軍長官に指名した。いかにも老獪《ろうかい》なルーズベルトの政治手腕だが、ノックスもその人選にこたえて海軍事情通の有能な人事の才覚を発揮した。

彼は海軍将官のすべてについて、人格、識見、リーダーシップの有無を調べあげ、その判断をあやまらなかった。ルーズベルトも同様で、ニミッツの起用は二人の一致した意見であったのだ。

この瞬間において、アメリカ海軍は山本五十六の強力なライバルを誕生させたことになる。

ニミッツは二七人の将官を飛びこえ、海軍少将からいきなり大将に進級し、南西太平洋方面のマッカーサー軍をのぞく太平洋全域を支配する指揮官となった。

奇しき因縁だが、ニミッツは少尉候補生時代、練習航海でアジア艦隊所属の軍艦オハイオに乗り組んで日本を訪ね、日露戦争の戦勝祝賀会で東郷平八郎大将と会ったことがある。

彼は候補生たちを代表して、「閣下、われわれとお話を」と立食パーティのテーブルに招いた。東郷は快くおうじ、にこやかに少尉候補生たちと歓談した。ロシアのバルチック艦隊を破った東洋の名提督との一夕はニミッツにとって生涯の誇りであり、彼もまた「いつか東郷のように見事に戦いたい」と念願するようになった。

ニミッツは東郷平八郎の国葬のさい、アジア艦隊の旗艦オーガスタ艦長として日本に来航。葬儀に参列するという奇縁にもめぐまれた。戦後、東郷元帥の日露海戦時の旗艦三笠が荒廃しているとき、ニミッツは当時日本で刊行された米国海軍兵学校歴史学部E・B・ポッター教授と共同執筆した『ニミッツの太平洋海戦史』日本語版の印税を全額寄付し、自分も三笠保存のために献金した。

この提督の熱意によって日本の国会が動かされ、日本人の歴史遺産である三笠が記念艦として横須賀に保存されることが決まったのだ。

2

多くの戦史が物語るように、ニミッツ大将は謙虚な性格で思いやりがあり、テキサス人らしい明るさと親しみやすさがあった。兵学校時代のクラス年報に「〝愉快な昨日と自信のある明日〟を持つ人物」と記されているように、たしかな眼で現実を見すえるしっかりとした人格者であった。そして彼は、指揮官として最も必要な、狂いのない人物評価と断固たる決断力、勇猛な闘争心をそなえていた。

真珠湾入りすると、ニミッツはたちまちその真価を発揮した。司令長官の就任式のあと、太平洋艦隊司令部で幕僚たちを招集し、意気消沈している彼らに、

「私は諸君に全幅の信頼をおいている。したがって、いかなる更迭をもおこなうつもりはない。ひどい被害をうけたが、最後の勝利を疑っていない」

と勇気づけた。そしてニミッツは、おだやかな思いやりのある口調でこうつづけた。「だれしも誤ちや失敗はあるだろう。諸君は有能な人材だ。私とともに、残って仕事をつづけてほしい。真珠湾の悲劇は多くの過失の集積によって引き起こされたが、問題はそれをもう一度くり返させぬことである」

飛行艇が真珠湾に着水したとき、ニミッツが眼にしたのは予想外に悲惨な光景であった。戦艦アリゾナは艦体を爆破されて海底に沈み、同オクラホマと標的艦ユタが完全に腹を見せて横たわっており、海面は流出した重油と焦げた材木でおおわれていた。生ぐさい腐臭とガソリンの臭いが鼻をつき、ただ一人随行してきた副官も思わず顔をしかめたものだ。

だが、ニミッツは一言も発せず、じっと眼前にひろがる敗残の艦隊の姿に目をそそいでいた。ニミッツは明らかに憤っていたが、そのために司令部の幕僚たちを非難することはなかった。彼は作戦参謀、情報参謀を留任させ、参謀長に駆逐隊司令マイロー・F・ドレイメル少将を選任した。

こうした新長官の思いやりのある姿勢は、沈滞しきった司令部幕僚たちに活力をあたえ、士気を取りもどさせた。レイトンも回想録『太平洋戦争暗号作戦』のなかで、ニミッツが艦隊の名誉を取りもどそうと熱意をかたむけているのを知って、「私は奮い立った」と記している。

ニミッツはレイトン少佐に、こんな指示をしている。

「君は情報参謀の立場から、日本の指揮官が何を考え、何をしようとしているのかを、その目的、動機についてとらえ、私に報告してほしい」

ニミッツがレイトン少佐を高く評価するのは、語学将校として東京の米国大使館に勤務したことがあり、また米国海軍の情報部員として二度目の東京駐在武官を経験した、太平洋艦隊はじめての情報将校であったためである。米国海軍でも珍しい日本通で、日本文化に興味を持って日本語を学び、昭和十二年、当時海軍次官であった山本五十六とも親交があった。

山本次官のギャンブル好きは有名であり、外国武官とのつきあいには彼の得意なトランプゲームが役立った。レイトンの想い出話に、こんなエピソードがある。

歌舞伎見物や浜離宮でのカモ猟のあと、山本はレイトンたちをさそってトランプのブリッジに興じた。彼は米国人を相手に勝ちつづけ、その見事なカードさばきをホメられると、「科学技術は運や迷信より強し」といって彼らをケムに巻いた。このとき山本は、自分のジョークに笑いころげる米国若手士官のなかに、将来のもっとも手強い諜報将校がまぎれこんでいることに気づかなかったにちがいない。

ニミッツは司令部職員のなかでも、とくに情報参謀を重用した。彼の長官室に自由に出入りできるのは副官のH・アーサー・ラマー中尉とレイトンの二人だけであり、太平洋戦争の全期間を通じてニミッツのスタッフから外れなかったのはレイトン少佐ただ一人であった。「何か情報があれば、すぐ知らせてくれ」と、ニミッツは彼の情報分析に信頼をよせていた。

この点で、司令部内に情報参謀を持たなかった山本五十六の場合とは大いに立場を異にするようである。米国海軍では、ハワイに「HYPO」（ハイポ）と呼ばれるCIU（戦闘情報班）があり日本軍の通信諜報をおこなうが、その情報を整理し日本海軍の作戦行動を適確に把握して、ニミッツに報告するのが、レイトン少佐の役割であった。

山本長官には既述のように、そんな「耳」となる専門の情報参謀がいなかった。これは最前線に立つ第一航空艦隊司令部も同様で、南雲中将には通信参謀と航空参謀がいるが、それぞれが目先の作戦実施にかかり切りで情報専門にアメリカ海軍の動向について注目する参謀がいなかった。これは奇異とも思われる内実で、いかに日本海軍が情報というものを軽んじていたかの証拠でもあるだろう。

3

――真珠湾の災厄から五ヵ月、米国は太平洋上で絶望的な窮地におちいっていた。

まず、西太平洋の拠点ウェーク島が日本軍によって占領され、フィリピンの要衝バターン半島が陥落し、マッカーサー大将がオーストラリアに逃れた。ビルマ、ジャワおよびニューギニアの南岸をのぞいた南東太平洋方面のすべての地域に彼らは触手をのばし、連合国側に唯一残されているのは豪州本土のみという追いつめられた状況にあった。

ニミッツにとってのわずかな希望は、日本側が旧式戦艦群を壊滅させたものの造船工場、艦船修理工場などの工廠施設を目標とせず、また四五〇万バレルもの石油貯蔵施設を破壊せずに引き揚げたことであった。

これは、日本側が日華事変時の教訓から攻撃を軍事目標に限定したためで、民間施設をふくむ造船工場や石油タンクを破壊すれば国際法違反になると、攻撃隊員たちをきびしく戒めていたせいであった。第二次攻撃の目標にこれら軍事施設はふくまれていたが、南雲中将は所期の目的は達したとみて、あっさり反転帰投した。

また、日本機は事前情報の不備から米潜水艦基地を見逃した。当時外洋に出ていた三隻の空母部隊とともに、これら二つの戦闘グループは真珠湾奇襲の被害をまぬがれることができ、ニミッツの太平洋艦隊は米国西岸へ引き揚げることもなく、真珠湾から日本軍への最初の反撃を実行することができたのだ。

ニミッツは合衆国艦隊司令長官アーネスト・J・キング大将の指揮下にあり、キングは海軍作戦部長をかねていた。日本側でいえば軍令部総長という米国海軍最高のポストで、この人事もルーズベルト大統領自身がきめたものだ。

ただし、ルーズベルトは英首相チャーチルとの対枢軸国共同戦略「ABC協定」(American-British Conversation) によって、一九四一年三月、非公式に大西洋＝ヨーロッパ戦線を第一とし、太平洋＝対日戦場は従属的とする方針を決めていた。

この方針は、アメリカの参戦後も変わっていない。一年後の三月十七日、両首脳はふたたび協定して、米国はニュージーランド、豪州をふくむ太平洋全域、英国はインド洋をふくむ中東方面の防衛を分担することになった。アメリカは一国で、日本軍と対抗することになったのだ。

そのために、ルーズベルトは海軍作戦部長として前任のスタークを真珠湾での責任を取らせる形で交代させ、より積極的な、スタークのように社交的ではないが、より戦闘的な、果断な実行力をもつキング大将を選んだ。一九四二年三月二十六日、キング大将は海軍作戦部長と合衆国艦隊司令長官をかねることになった。

キングは、対日戦争をかねてから、つぎのような四段階に分けて考えていた。

すなわち、

「一、防勢（注、結果的には真珠湾からサンゴ海海戦までを意味する）
二、防勢攻撃（作戦は防禦的性質を有したが、あるていどの攻撃手段をとることができるもの＝ミッドウェーから日本軍のキスカ撤退まで）
三、攻撃防禦（主動を獲得した時期、獲得した地点の防禦を必要とする）
四、攻勢」

真珠湾攻撃直後の米国海軍は、むろん「防勢」の段階にあるが、キングはルーズベルトの、打倒ヒトラーの政策にしたがってヨーロッパ戦線を第一とし、太平洋では戦略的守勢をとりながらも、空母部隊による日本軍基地への奇襲や潜水艦部隊による交通消耗戦の「防勢攻撃」を積極的に推しすすめた。

そしてキングは、新任のニミッツ提督にたいして新たな命令を発した。

「ミッドウェー島よりサモア、フィジー諸島および豪州ブリスベインにいたる一線を、いかなる犠牲をはらっても確保せよ」

ニミッツはキング提督の至上命令におうじて、豪州、ニュージーランド防衛のためにハワイとオーストラリアをむすぶ連絡線確保の増援部隊を途中の島々に送っていた。

まず空母エンタープライズの掩護により一個旅団をサモア島に送りこみ、ついで北六六〇カイり離れたカントン基地を強化し、ハワイ―サモア―フィジー諸島の交通連絡線を確立するために、ソシエテ諸島のボラボラ島に海軍燃料基地を設営した。

一九四二年一月二十三日、海兵隊がサモアのパゴパゴ軍港に到着し、これでキング提督が命じた防衛線が完成し、米海軍は中部太平洋での戦術的攻勢作戦の糸口をつかむことができるようになった。

ニミッツは三隻の空母――エンタープライズ、レキシントン、太西洋から回航されたヨークタウン――を指揮下におき、機動部隊による果敢なヒット・アンド・ラン戦法に出た（注、サラトガは伊六潜の雷撃により損傷し、米国西海岸にて修理中）。

すなわち、フィジー、サモア攻略への日本軍の作戦を牽制するため、その根拠地となるマーシャル諸島の水上機基地ウォッゼ、マロエラップおよびクェゼリン環礁をエンタープライズにより爆撃、艦砲射撃を加える。同時に、ヨークタウン隊によりマキン、ミリ、ヤルートを攻撃する（二月一日）。

そして、日本軍が占領したばかりのニューブリテン島ラバウルへのレキシントン隊の奇襲作戦。これは事前に日本軍索敵機により発見攻撃され、途中で断念（二月二十日）。さらにエンタープライズ隊はウェーク島空襲、南鳥島空襲という日本本土にせまっての大胆な作戦を企てている（三月四日）。

この果敢な米空母部隊による機動作戦は、レキシントン雷撃後（注、サラトガを誤認）、当分米海軍は太平洋東正面での空母決戦はひかえるであろうと予測していた連合艦隊司令部の楽観論を吹き飛ばした。

4

「やっぱり来たか。敵もまた相当のものだな」

と宇垣参謀長は率直に語り、その感想を彼の日記『戦藻録』にこう記している。

「彼之を以て奏功を大々的に吹聴すると共に、更に此種の奇襲を反覆すべし。布哇《ハワイ》海戦は全くの奇襲なり。開戦後の此被襲撃は寝首をかかれたりと云ふを得ず、之程近く接近せらるる迄何事も知らざりし迂闊《うかつ》さは残念なり」

日本側は真珠湾を奇襲して大戦果を誇示したが、米海軍も敵側第一線基地の手薄な防備をつき、手痛いしっぺ返しを食らわしたのだ。同じ文中に、宇垣は「少し馬鹿にされた観あり」と書き、受け身の作戦のむずかしさを思い知ったと、あらためて自分の油断を戒めている。

だが宇垣参謀長の警告は、幕僚たちの甘さを戒めるだけにとどまっている。戦後の黒島亀人、佐々木彰両参謀の回想によると、「米海軍が一撃で引き返したところからみて、この奇襲はアメリカが〝対国内の政治的考慮〟のためにおこなったものと判断した」という。事実はその通りで、日本側に甚大な被害はおよぼさず、一方の米国内では、「真珠湾の復讐」として大々的に喧伝された。

連合艦隊司令部幕僚たちの視線は太平洋方面でなく、相変わらずラバウル攻略後の南東方面、インド洋にむけられている。その一方で、宇垣自身はこんな不気味な予言を、日誌に記している。
「今後と雖《いえど》も彼として最もやりよく且効果的なる本法を執るべし。其の最大なるものを帝都空襲なりとす」（二月二日付）
帝都空襲——宇垣参謀長がおそれた日本本土爆撃計画が、他ならぬルーズベルト大統領によって実行されたのだ。

ルーズベルトは日米開戦二ヵ月後の昭和十七年一月十日、できるだけ早い機会に日本本土を爆撃したいとの希望をのべた。

軍事的な理由は何もない。当時、太平洋戦線ではマレー半島からフィリピン、ボルネオ、グアムと日本軍の圧倒的な攻勢がつづいており、もし日本側に一矢を報いることがあっても、反対論の立場からいえば、それは戦局の大勢に〝犬の背にノミが止まったていどの痛痒をあたえるにすぎない、児戯に類する作戦〟であった。

相談をうけた対日強硬論者のキング作戦部長は、この冒険主義に一も二もなく賛成した。太平洋艦隊所属の空母五隻のうち、修理中のサラトガをのぞいて実動空母は四隻。うちレキシントンはハワイで対空兵装の改装中、ヨークタウンはニューヘブリディーズ諸島（現・バヌアツ）沖で米豪交通線確保のため哨戒中であり、使えるのはホーネットとエンタープライズの二隻である。

もし、この日本本土空襲に失敗し、二隻の空母を喪失したり傷つけられたりするようなことがあれば、米国は開戦後二年目で太平洋戦線でさらに苦境に追いこまれて行くにちがいない。

キング提督はのちに、「本空襲は海軍史上類例なきもの」と自讃しているが、たしかにその計画の投機性、大胆なアイデアは米国海軍の過去に例をみない。

全般的な空襲計画はキングの作戦参謀フランシス・S・ロー大佐が立てた。それによると、航空母艦につみこんだ陸軍の双発爆撃機を日本本土まぢかで発艦させ、首都東京および名古屋に五〇〇ポンド爆弾の雨をふらせるという計画であった。航空機は陸軍のノースアメリカンB25『ミッチェル』が選ばれた。

キング提督の意をうけて航空参謀ドナルド・B・ダンカン大佐がハワイのニミッツのもとを訪れたのは三月十日のこと（ハワイ時間）。この日は、マレー半島最後の防衛線、ジャワ本島が日本軍の手に陥ちた日に当たる。

ニミッツはその計画を耳にすると、即座に指揮官として一人の男の名をあげた。ウィリアム・F・ハルゼー中将――通称〝猛牛《ブル》〟ハルゼーである。

彼の呼び名は〝ビル〟なのだが、まちがってつたえられた〝ブル（猛牛）〟をマスコミが好んで使ったため、ハルゼーといえばその猪突猛進型の性格から〝猛牛〟が通り名となった。一八八二年（明治十五年）、ニュージャージー州生まれ。

アナポリス海軍兵学校ではニミッツの一期先輩だが、二人は親友で、日本への最初の反撃であるマーシャル諸島空襲にエンタープライズの指揮官ハルゼーを起用したのもニミッツであり、この難題に立ちむかえる人物としては、乱暴だが攻撃的《アグレッシブ》なハルゼー以外には考えられなかった。

ハルゼーはもう六十歳になろうとしていた。海軍大佐を父にもち、第一次大戦では駆逐艦ベンハム艦長をつとめ、その後五隻の駆逐艦長を経験した。五十二歳のとき海軍航空士の資格をとり、空母サラトガの艦長をつとめている。

ちなみに、キング大将も四十八歳のとき海軍航空界の未来を予見して航空士の資格をとり、空母レキシントン艦長の経験をつみ、航空戦の現実を体験した。日本の海軍提督たちがいったん専門分野が決まってしまうと、生涯そのコースが固定されてしまい、いっさい応用がきかない状態であるのとくらべると、雲泥の差があるようである。

ルーズベルトが日本本土空襲を提案したとき、彼の視線が米国内の士気鼓舞といった政治工作にむけられていたことはいうまでもない。

欧州ではヒトラーが対ソ攻撃をつづけており、コーカサス油田地帯を占領する「ブラウ作戦」を企図していた。〝砂漠の狐〟とおそれられた独ロンメル将軍は独・伊連合軍を指揮してナイル河をめざして進撃中であり、この進撃をはばむ連合国側の「炬火《トーチ》作戦」は、この段階ではまだ発動されていなかった。そして真珠湾につづく比島での米軍の敗北は、米国の前途に暗い影を落としている。

アメリカは、強大なナチス・ドイツと東洋の一大海軍国を相手に戦わねばならなかったし、その巨大な生産力が動きはじめるのはまだ一年も先のことであった。

引き揚げられた暗号書

1

ジョセフ・J・ロシュフォート。

——この巡洋艦インディアナポリス乗組員から「ハイポ」に転任してきた四十四歳の海軍少佐は、暗号解読の成果で日本海軍の恐るべき敵となった。

ロシュフォートも真珠湾攻撃では、日本軍の奇襲予知に失敗した。彼は一水兵から身を起こし、海軍暗号班で才能を認められ、語学将校として日本に送られた経験を持つ。暗号解読、通信、日本語の三部門のエキスパートとして一九四一年六月、ハワイの戦闘情報班「ハイポ」の班長に抜擢された。

日本海軍の一般暗号「海軍暗号書D」は米海軍では「JN-25b」(注、Japanese Navy の略)と呼ばれ、ハワイのCIU(戦闘情報班)で解読にかかったが、この暗号は五ケタの乱数を使った二部制の難解なもので、開戦までにごく一部、約一〇パーセントが解読できたていどの実績であった。

そのうえ、ワシントンの海軍省は在ハワイの日本総領事館の情報を入手したいと懇願するロシュフォートの要求を単に縄張り争いからしりぞけ、彼の任務を艦隊の通信諜報に限定した。十二月一日、突如日本海軍は呼出し符号《コール・サイン》を変更し、ロシュフォート班はたちまち解読不能のお手上げ状態となったのである。

真珠湾攻撃の結果、班員不足をなげいていたロシュフォートに、思いがけない増援兵力がもたらされることになった。撃沈された米戦艦群の水兵たちはそれぞれ一般艦船部隊に転属して行ったが、戦艦カリフォルニアの軍楽隊員たちはどこの部隊でも引き取り手がなく、全員が戦闘情報班に配属されてきたのだ。これで「ハイポ」は一気に士官一八名、下士官兵一二八名、計一四六名の大世帯となった。

音楽と暗号解読とは、どこで結びつくのか？　彼らは数学的センスに欠けているのではないか、との上官たちの不審をよそに、元軍楽隊員たちは持ちこまれたＩＢＭ計算機を簡単に操作し、膨大な暗号整理カードをつぎつぎと処理して行った。

暗号解読とは、「Ｄ暗号」の傍受電を整理し、一語ずつ五ケタ符号をパンチカードに打ちこみ、数百万枚にもおよぶカードのなかから照合を重ねて行く根気のいる作業である。彼らは、たちまちロシュフォート班の有力な助手となった。

情報参謀レイトンには、他にワシントンの米海軍作戦部ＯＰ－20－Ｇ（通信保全課）やコレヒドール要塞の陥落によって豪州メルボルンに移ったアジア艦隊司令部の無電諜報班「ＣＡＳＴ」（キャスト）からの通報があり、たがいの情報交換によって、ＪＮ－25ｂへの〝攻撃態勢〟はととのえられて行った。

米側戦史にはふれられていないが、暗号解読には飛びから電波を傍受して解読する通信解析ばかりでなく、直接敵の暗号書を入手する手段がある。日本海軍の「D暗号」が破られた背景には、二つのこんなケースがあった。

その一。真珠湾攻撃のさい、墜落した日本機から海軍呼出し符号表が引き揚げられたこと。十二月八日、ハワイの在泊艦船部隊への奇襲攻撃は、まず戦艦横丁の戦艦ウェスト・バージニアに対しておこなわれた。空母赤城隊に引きつづき加賀雷撃隊が突入したが、すでに対空砲火がいっせいに射ち出されていて戦艦オクラホマに向かった第二中隊長鈴木三守大尉機は被弾炎上し、対岸のフォード島入江に墜落した。浅瀬から引き揚げられた九七艦攻の電信席から、半焼けの海軍呼出し符号表が発見されたのである。

この呼出し符号は、各攻撃隊の指揮官機が機位を失した場合に帰投時に電波を発信し、一航艦各艦に救助を依頼するためのもので、この加賀機の貴重な断片をヒントにロシュフォート班は膨大な暗号文のなかから一語を、ついで一フレーズを、さらには文章全体を、ジグソー・パズルのように推理して行ったのだ。

その二。昭和十七年一月二十日、豪州ポートダーウィン沖で伊号百二十四潜水艦が沈没、艦内から暗号書と乱数表多数が発見、回収されたこと。

同艦は機雷敷設の作戦行動中であったが、米駆逐艦エドソールと豪軍コルベットにより捕捉、撃沈された。水深五〇メートルと潜水可能の海中であったから、米潜水母艦ホーランドが急遽派遣され、伊百二十四潜に搭載されていた戦略常務用暗号書D、戦術暗号書乙、航空機暗号書F、商船用、漁船用、補助用暗号書すべてが引き揚げられた。これだけの機密暗号書が米軍の手中に入れば、日本海軍の機密保持はお手上げの状態である。

暗号書の引き揚げ時期については明確にされていないが、少なくともサンゴ海海戦時の五月初旬までには「海軍暗号書D」を入手していたと見るべきであろう。

日本海軍はその事実を知らず、また同艦が何の報告もないまま消息不明となったので、一ヵ月後に作戦行動中に沈没と判定した。北豪沖としか沈没位置がわかっていなかったので、とくに軍令部が暗号書の奪取を心配した形跡はない。

このような危険を想定して、一定期間使用した暗号書は改変されるのが常識だが、日本側は四月一日に予定されていた「JN - 25 c」の配布を一ヵ月延期した。その原因は、めざましい戦勝のために戦線が拡大しすぎて駆逐艦、航空機による新旧暗号書の配布、回収が困難となったからだ。日本側の軍事的怠慢のおかげで、ロシュフォート班は暗号解読に、さらに一ヵ月の余裕をもつことができた。

難攻不落と日本海軍が信じこんだ「D暗号」を破るために、班長ロシュフォートは二十四時間パールハーバー海軍工廠内にある戦闘情報班地下室にこもり切りとなった。

ジャケット姿にスリッパばき、簡易ベッドに寝起きするといった異様なライフスタイルで、ひたすら解読作業に没頭する日々であった。あらゆる可能性に挑戦し、失敗をも恐れずまた新たな工夫を重ねる。強靭な精神力が不可能と思われた謎を解いて行く。

ほとんど不眠不休の班長の右腕となったのは、次席のトーマス・H・ダイヤー少佐である。アナポリス海軍兵学校卒、戦艦ニューメキシコの通信士官となってから暗号解読に興味を抱き、海軍通信部暗号主任時代にはIBM計算機を導入して、解読作業に画期的な改革をもたらした。「ハイポ」では、ロシュフォートとダイヤーの二人が中心になって、一二時間交代で陣頭指揮に当たった。

真珠湾内で入手した日本海軍の呼出し符号が、まず最初の「D暗号」攻撃の端緒となった。一月第三週のはじめ、ロシュフォートはすでにグアム島、ウェーク島占領のさいに日本軍が使用していたコードと、新たにトラック島から南下をめざす作戦命令の一部に「R攻略部隊」というコードがふくまれていることに気づいた。Rとはラバウルではないか、と彼は推理する。

この事実は、一月二十日、二十三日の南雲機動部隊のラバウル空襲によって裏付けられた。これは、日本海軍暗号解読上の大発見であった。どのような固い護りでも、蟻の一穴から崩れて行くようなものである。「ハイポ」は呼出し符号表をもとに、一語ずつ日本海軍の作戦内容を推理、解読して行った。

2

ニミッツにとっては山本五十六の日本海軍が南方のニューブリテン島ラバウル攻略後、つぎの攻勢の槍先をどの方向に向けるのかが重大な関心事となっていた。そのまま南に下って対岸のポートモレスビーにむかうのか、またはハワイ再攻撃、いっそ米本土西海岸を襲うのではないか。

昭和十七年春の段階で、米海軍は空母六隻しか保有せず、一隻は大西洋に、五隻は太平洋に配備されていた。一月十二日、真珠湾沖で雷撃された空母サラトガ、対空兵装改装中の空母レキシントンをのぞけば、実動はヨークタウン、ホーネット、エンタープライズの三隻でしかない。軍事作戦的には、米海軍はこれら空母群を活用して「防勢」体制を保つ以外に方策はなかったのだ。

レイトンも情報参謀として、ニミッツに貴重な助言をした。三月四日午前二時直前、ハワイの真珠湾はふたたび日本機の空襲にさらされた（注、日本側による第一次K作戦）。

市内に警報が鳴りひびき、折悪しく暴風雨の襲うなかで爆発音が起こり、住民は恐怖にさらされた。嵐のため日本機は盲目爆撃をせざるをえなかったものか命中弾はなく、機影はサーチライトの光芒から消えた。

さっそく意見を求められたレイトンは、翌朝ニミッツにこう断言した。「日本軍の水上機がフレンチフリゲート礁で燃料補給をうけたあと、オアフ島爆撃にやってきたのにまちがいありません」

発進地点は、マーシャル諸島のヤルートかクェゼリン環礁と、彼は推定した。その根拠として日本軍潜水艦がフレンチフリゲート礁付近に出没しているとの情報があり、この両者を結びつけるヒントとして、同じ司令部の情報将校ウィリアム・J・ホルムズが書いた小説を挙げた。

レイトンの鋭い嗅覚は、未解読の暗号文の洪水のなかでも重要なポイントを見逃さなかったことである。ホルムズの小説『ランデブー』は、A・ハドソンの筆名で『サタデー・イブニング・ポスト』誌に投稿したもので、水上機が航続距離を伸ばすために苦肉の策として、環礁の浅瀬を中継基地として利用する方法が記されてあった。

レイトンはホルムズに確認の電話をかけ、ニミッツにそのむねを報告した。

だが、日本側の第一次K作戦が小説『ランデブー』をヒントにしたとは、現実的に考えにくいところである。ハワイ作戦時には将来の攻略の準備拠点としてミッドウェー島、フレンチフリゲート礁などが考えられており、事前偵察も欠かしていなかったからだ。

フレンチフリゲート礁はハワイよりミッドウェー島方向にむけて西方四八〇カイリ（八八九キロ）にあり、一月二十四日の伊二十二潜の視認報告により、「監視人ヲ認メズ、又防備施設ナシ」と判断していた。無人の環礁と見ていたのだ。

また「潜水艦対飛行艇補給可能ト認ム」とあり、ここを利用して航続力の長大な新造の二式大艇をもってマーシャル諸島を発進後、潜水艦から燃料を補給して二度目のハワイを奇襲する計画を立てていた。

レイトン少佐の推理は思わぬ結果を生み出した。ニミッツは情報参謀の進言を疑ったりはせず、正しくその報告を信じて、同環礁が二度と日本軍のハワイ空襲の足がかりになる基地とならぬよう防備体制を固めることにした。二隻の機雷敷設艦を派遣して機雷で潜水艦の侵入をふせぎ、PBY飛行艇による監視を常態化させたのである。

日本側はその防備強化を知らず、第二次K作戦を企図して失敗。ミッドウェー作戦の事前偵察が不可能となってしまうのである。

3

日本海軍の暗号が破られた原因は、暗号書が奪取されたからばかりではない。事前にロシュフォート班が暗号文を一語ずつ、徹底的に解析して行った知的作業の集積をここに記しておかねばなるまい。

ミッドウェー作戦計画が日本海軍の総力を結集した大規模なものであったために、関係部隊、参加艦船、さらには攻略部隊、各前線基地間の交信が膨大な量となり、「D暗号」の機密性が同一語、同一句の反覆により薄れて行ったものと想像される。同一乱数が生じた場合、部分解読は可能であり、真珠湾で入手した地点略号表をヒントに作戦内容全体の手がかりをつかむことができる。

お粗末なことに、のちに作戦命令が出された五月二十日電のあと、攻略部隊司令部は出撃前の告知で横須賀郵便局あてに、「六月中旬以降当隊宛ノ郵便物ノ転送先ハ『ミッドウェー』ニ送ラレタシ」と堂々と平文で打電している。六月中旬には同島の占領は完了している、とのノンキな通知である。

これを傍受したハワイの米太平洋艦隊司令部では、こんな重大な作戦機密をわざわざ傍受されやすいように平文で打電するのだから、かえって偽電ではないかとミッドウェー作戦探知情報を再考にかかったという笑えぬ話がある。日本側の同島上陸作戦部隊は、緊張感をいちじるしく欠いていたのだ。

こうした日本側の欠陥的体質を指摘する前に、一方でやはり戦闘情報班長ロシュフォートの天才的な暗号解読の努力を評価せざるをえないであろう。彼はK作戦のKとは真珠湾を指し、二式大艇と交信する電波のなかから地点符号AKを割り出し、これを同一地点と特定したのである。

同じ通信傍受で、地点符号AFがミッドウェーではないかとロシュフォートが気づいたのは三月はじめのことになる。この段階では、日本海軍はまだミッドウェー作戦を正式決定していない。だが、四月一日、同作戦が採用され、五月上旬ポートモレスビー攻略、六月上旬ミッドウェー、七月中旬FS作戦と攻略作戦の段取りが決まると、この地点符号AFが日本海軍の次期攻略目標として重要な意味を持ってきた。

同じ時期、ロシュフォートは四月十七日までに、日本海軍の次期作戦がニューギニア島東南岸ポートモレスビーであることを解明した。ニミッツはいつものようにレイトンに情勢判断をたずね、彼は野心的な日本軍は戦勝の勢いに乗って、「ポートモレスビーとソロモン諸島の同時占領をめざすでしょう」と鋭い分析でこたえた。

のちにロシュフォートはこれが「MO作戦」と呼称され、攻略目標の地点符号RXBがソロモン諸島ツラギであることを割り出し、レイトンの判断の正しさを証明している。

五月七日にサンゴ海海戦が生起するまで、日本海軍の機動部隊はジャワ島チラチャップを攻撃し、豪州北岸ポートダーウィンを空爆した。これら作戦命令が空中を飛び交うなか、またしてもロシュフォートは中部太平洋方面で何かが動きつつあるのを嗅ぎとった。そのきっかけとなったのが、日本海軍がアリューシャン方面の地図に関心を抱いていることであった。彼は、この東京の動きに敏感に反応した。

「ハイポ」全体では、日本海軍の暗号解読は充分ではなかった。レイトン回想録によれば、この段階で「JN－25交信の傍受のうち、何とか読めたのは二〇パーセント以下」でしかなかったから、この情報分析だけでミッドウェー攻略を導き出すのは至難のわざといえた。

そのうえワシントンのキング提督からの誤った指示が、ロシュフォート班を窮地に立たせた。キングの情報源であるワシントンの海軍通信諜報組織「ネガト」（OP－20－G）が日本軍の攻勢がニューカレドニア、ポートモレスビー、フィジーと相変わらず南東方面を指向していることを報告していたからである。あきらかに彼らは、ミッドウェー作戦とFS作戦を混同していた。

ワシントンの圧力にも屈せず、ロシュフォートはサンゴ海海戦の生起する前日の五月六日、次期攻略作戦の最初のキイとなる暗号文を解読した。それは第二次K作戦の実施に関するもので、「航空機に使用される無線用発信機を一〇個供給されたし」とクェゼリンの第六艦隊司令部から発信された要請電報であった。地点符号AFがふたたび顔をあらわしたのだ。

さらに十一日には第二艦隊がサイパンに集結すると解読し、同十四日にはさきに解明した「攻略部隊」を意味する表示がAFにむかう、との部分解読に成功した。

これでロシュフォートの推理は、次期攻略目標はミッドウェーとの一点にしぼられた。情報参謀レイトンは同意したが、まだ疑念を捨てきれない司令部の作戦参謀リンド・V・マコーマック大佐にニミッツは、ハイポでの直接確認をうながした。

ここで、ニミッツは重大な決断をする。

彼が日本海軍と戦えるのは一方面だけの空母戦闘であり、ワシントンのキング提督からは南西方面の防備を固めよとの指令が出ている。現にハルゼー部隊の空母群はサンゴ海海戦の応援に急行しており、もし中部太平洋方面に日本軍が攻勢をかければ同方面は抵抗する兵力のないままがら空きの状態になる。

ニミッツは情報参謀レイトンの進言だけでなく、みずからもロシュフォート班の情報分析を詳細に検討した。その結果、彼は「ハイポ」の情報をもとに日本軍のMO作戦後の次期作戦目標をミッドウェー攻略と断定し、マコーマック大佐もその判断を支持した。

MO作戦に向かう第五航空戦隊の空母瑞鶴、翔鶴がトラック泊地を出撃した四月三十日のことである。

余談だが、AFがどの地点を意味するかについて米海軍が偽電工作をし、日本海軍がまんまとそれに引っかけられた——との戦後流布された秘話についてふれておきたい。

事実はその通りで、まことに迂闊《うかつ》な話であったとしかいいようがない。

これは米情報将校ホルムズが思いついたアイデアで、ハワイ大学での研究所長時代、ミッドウェー島でのコンクリート工事にどれほど真水の供給が重要なものか、海水から真水を製造する真水蒸留装置の故障がいかに重要な意味を持つのかについて力説したことが端緒となっている。

これをヒントに、ロシュフォート班で同島から「真水が不足している」との情報があれば、ミッドウェー占領をもくろむ日本側がただちに飛びつくであろうとの予測を立てたのだ。

もし無電を傍受した日本軍基地から「AFは真水が不足している」との情報が打電されれば、次期作戦目標「AF」はミッドウェーと確実に証明される。

それには、こんな意図が隠されていた。真珠湾のハイポではAFをミッドウェーと確信していたが、ワシントンのOP-20-Gは同じ乱数文字をAGと誤読し、AGとはハワイの北西方ジョンストン島を指すものであり、日本軍は次期作戦としてここを拠点にパナマ、あるいは米国西海岸をめざすものと判断していた。今日となってはありうべからざる事態だが、ワシントンは同じ乱数文字を解読しながら、まったく誤った解釈をキング提督に報告していたのだ。

ロシュフォートの計略とはまずワシントンに、AFとはミッドウェーであるとの事実を日本軍の暗号傍受によって知らしめる、という深謀にあった。彼はニミッツに進言し、ニミッツはハワイからミッドウェー島への海底ケーブルを使って守備隊司令シマード大佐への極秘指令を出した。

「ハワイあて、ミッドウェー島より以下の平文電報を送られたし。『われわれは二週間分の水しか持っていない。至急真水を供給されたし』と――」

五月十九日、シマードは平文でもっともらしい電報をハワイに打電した。日本側はこれをクェゼリンの無線基地で傍受し、平文電報に何ら疑問を抱くことなく軍令部に通報した。

「AFは水が不足している」

この計略はハワイの第十四海軍区司令部内でも極秘にされ、じっさいに真水二週間分の水を搭載した補給船がミッドウェー島にむけ出港した。ワシントンは豪州基地の傍受電報によりみずからの誤ちを知り、AFがまぎれもなくミッドウェーであることをあらためて確認した。OP-

20－G班は不名誉な失策を認めたのだ。

残るロシュフォート班の課題はただ一つ、ミッドウェー攻略のN日がいつか、という難問であった。

東京上空の敵機

1

四月十八日、突然のドゥリットル東京空襲は、連合艦隊司令部を震撼させた。米機動部隊発見の第一報を軍令部からの直通電話で知らされたのは、同日午前七時五〇分のことである。

「俄然《がぜん》司令部は緊張せり」

と宇垣参謀長は、日記に誌している。翌日は日曜日で、柱島の旗艦大和でも第二段作戦開始時のあわただしさのなかにも気分にゆとりがある。その不意をつかれたのだ。

「ただちに対米国艦隊作戦第三法を発動する」

と宇垣は命じ、作戦参謀三和義勇大佐が命令文を起案するために作戦室を飛び出して行った。先遣部隊、機動部隊、南洋部隊、北方部隊すべてを動員して、米機動部隊を邀《むか》え撃つためである。発見位置は本土の東方海域六〇〇カイリ（一、一一一キロ）洋上であり、おそらく米軍機の来襲は翌十九日早朝のことになるだろう。

事態は最悪であった。年が明けてから、一月に一度、二月に一度、三月にはいってから二度と本土空襲の通信情報があったが、いずれも誤報と判明している。しかしながら、鰹漁《かつお》専門の小船を徴用した特設看視艇第二十三日東丸の決死の発見報告はまぎれもない事実なのだ。

このとき、連合艦隊司令部の視点は主舞台の太平洋正面を放り出してインド洋機動作戦に移り、頼みの南雲機動部隊は作戦をおえて台湾沖を通過中。瑞鶴、翔鶴の五航戦正規空母はポートモレスビー作戦に参加すべく台湾馬公で補給を開始したばかりである。残る空母鳳翔、瑞鳳は内海西部に碇泊中だが、この小型空母二隻で、果たして米機動部隊に対抗できるか。

三和参謀は取りあえず南洋部隊から帰投してきた第二艦隊主力を急行させ、本土より二、〇〇〇カイリ離れた彼方にある南雲機動部隊を何とか攻撃にむかわせることにした。だが、第二艦隊長官の近藤信竹中将はじめ参謀長、先任参謀ら主要幹部は十月に発令された第二段作戦実施のための兵力入れ替えで横須賀軍港から上京中で、即座に出動することはできない。真珠湾攻撃時の米海軍のあわてふためきぶりをいまとなっては嗤《わら》ってばかりはいられないのだ。

そして米機動部隊は、思いがけない戦法をとった。空母の飛行甲板に陸軍爆撃機B25『ミッチェル』一六機を搭載し、その日のうちに東京上空に放ったのである。

本土防衛の主役は陸軍であった。昭和十六年七月、防衛総司令部が発足し、初代司令官は山田乙三大将。

とはいうものの、その内容はきわめて貧弱なものであった。当時、帝都東京を守る陸軍部隊としては東部軍があり、防空専任航空部隊に第十七飛行団四個戦闘機中隊があった。兵力は九七式戦闘機わずか四四機で、しかも九七戦といえば初期ノモンハン戦時代の旧式機――昭和十二年、制式採用当時で最高速力四七〇キロ／時――であり、単葉固定脚の鈍足機である。

ほかに東部航空旅団の高射砲部隊があるが、京浜地区に配備された対空砲は一一〇門で、しかも各中隊ともはじめての高空射撃で昂奮の極に達しており、指揮官たちも冷静な判断を欠いている。

それも道理で、戦争開始前から本土空襲の危険が警告されていたにもかかわらず、陸軍参謀本部の首脳陣はその対策を等閑《なおざり》にしてきたのだ。

この点について、参謀本部第四課（国土防空）部員であった神笠武登少佐の証言がある。神笠少佐は開戦直前の十二月二日、参謀総長杉山元《はじめ》大将から「国土防空の状況はどうか」との説明をもとめられたのである。

彼の答えは簡明なものであった。「国土防空の現状では、戦争遂行はほとんど不可能に近い」というのだ。神笠はいった。

「日米開戦となれば、アメリカはわが国土防空上の弱点である本州太平洋方面から機動部隊で空襲するであろう。この方面には哨戒基地となるべき島嶼もなく、海軍部隊もいない。この開け放たれた太平洋から帝都までは、わずか一〇〇キロにみたない。

また、問題はそれだけではない。日本列島は北から南まで、約三、〇〇〇キロの広範囲にわたってつながっている。それを陸軍機約一〇〇機、海軍機約二〇〇機、高射砲、陸軍約五〇〇門、海軍約二〇〇門の小兵力で防備しなければならないというのは、無謀というべきであろう」

神笠少佐は、歯に衣を着せぬいいかたをした。彼の主張は主戦場は大陸にありとの若手将校側の意見を代弁する目的もあったが、日米戦争を目前にひかえた杉山総長の手痛い弱点をついていた。たしかに本土防空態勢は不備だらけであり、いまさらのようにその貧弱さにおどろいたのである。

「総長はしばらく無言であった」

という神笠部員の回想は、陸軍のトップリーダーが国家の危機に際していかに鈍感で、想像力を欠いていたかの良き証拠となるだろう。

十八日正午になって水戸の北、約一〇キロの菅谷防空監視哨から東部軍司令部あて緊急連絡がはいった。

「敵大型機一機発見！」

陸軍第十七飛行団の各戦闘機中隊は完全に虚をつかれた。いそぎ九七戦隊は出動したが、充分な高度を確保しようと上昇をつづけたため、超低空で突進してきたB25各機とすれちがってしまった。ドゥリットル隊の一隊一三機は東京へ、残る三機は名古屋、大阪、神戸にむかう。

その後、東部軍司令部は「敵機九機撃墜」との華ばなしい戦果発表をしたが、いずれの地にも撃墜機の痕が見あたらず、中国本土の日本軍陣地内に不時着したB25二機の捕虜情報により、陸軍機の洋上発艦の詳細が判明した。結局、彼らを送りこんだ米第十六機動部隊の二隻の空母は、最初に監視艇の抵抗にあった以外はいっさい日本の眼にふれることなく〝謎のように立ち去ってしまった〟のだ。

2

ドゥリットル東京空襲はルーズベルト大統領の冒険主義を満足させただけでおわり、日本本土を米陸軍機が通りすぎて多少の日本側被害を生んだだけの結果となった。

「このような作戦は、艦隊を必要以上の危険にさらすものだ」と当時巡洋艦戦隊をひきいて東京空襲に参加したスプルーアンス少将が批判的な一文を書いているように、「軍事的見地からすれば、とくに価値のある作戦とは思わなかった」――つまり、真珠湾攻撃への報復として国民世論を大喝采させた政治的ショーにすぎなかったのである。

だが、この陸軍爆撃機を使っての予期せぬ奇襲攻撃は、日本の陸海軍作戦当事者に深刻な打撃をあたえた。ミッドウェー作戦実施をめぐる混迷がこのとき生まれ、敵機動部隊の誘出撃滅という単一作戦が、それに加えて同島占領確保という複数の目標となった。またアリューシャン作戦を加えたことにより兵力が分散し、二正面作戦を強いられることになった。

四月十八日を期に、軍令部第一課の雰囲気も一気に好転した。次期FS作戦実施のため上京していた連合艦隊航空参謀佐々木彰中佐が富岡第一課長から激励の言葉をかけられたり、神首席部員から「ミッドウェーの件はよろしく頼む」と頭を下げられたりした。

佐々木参謀が柱島にもどり、「軍令部の態度が一変しました」との帰任報告のなかで、永野総長が東京空襲のショックでおどろきのあまり、「作戦室の大机のまわりを『これではならぬ、これではならぬ』とひとり言をいいながらグルグルまわっていた」と、そのあわてふためきぶりを披露して、司令部幕僚たちを冷笑させたりした。いまごろそんなことがわかったのかと、東京霞ヶ関の楽勝気分をあざ笑う気持だったのだろう。

航空作戦主務の三代部員もミッドウェー作戦反対論急先鋒のほこ先を、一時おさめることにした。彼の主張するニューカレドニア、フィジー攻略作戦の途次に米軍機による東京空襲をかけられれば、反撃の余地がまったくなかったからである。

陸軍側の対応も素早かった。

「昨年本日は、日米交渉開始の発電ありて上層部を驚かしむ。本日は帝都空襲せられて、上下驚愕す」

と、参謀本部戦争指導班の機密戦争日誌はその日の衝撃を記している。

ドゥリットル東京空襲前までは、陸軍はミッドウェー作戦には兵力を出さないという非協力の方針をつらぬいていた。陸軍にはもともと長期持久体制という守勢防禦的発想があり、同作戦をわずか二ヵ月前に一方的に通告されたという感情的反発もあって、海軍への協力をこばんでいたのである。だが、はじめて東部軍司令部が東京空襲に直面してみると、内地陸軍航空兵力の配備、防空体制の欠陥が明らかとなった。

翌十九日、作戦課長服部卓四郎大佐はさっそく軍令部に、ミッドウェー、アリューシャン両作戦に陸軍兵力の派遣を申し入れている。

アリューシャン作戦計画は軍令部の要請により、ニューギニアからミッドウェー、アリューシャン西部へとのびる防衛線を確保し米空母部隊の機動を押さえる目的で、ＭＩ作戦実施と交換条件で連合艦隊司令部側に認めさせたものである。その折は、陸軍側の反対により海軍陸戦隊単独でも実施するとの強硬論であったが、服部課長の提案によりアッツ島を陸軍部隊が、キスカ島を海軍特別陸戦隊が攻略することに正式決定した。

同じ日、陸軍は本土防空兵力の増強を決定した。二ヵ月前、一度はご破算になった防空計画を復活させ、高射砲一、九〇〇門、戦闘機隊一一個を全国各地に配備しようとするものである。さらに中国大陸の航空基地から米軍機の本土空襲を企図させないように陸軍第十三軍の主力を投入し、浙江省方面の敵飛行場を攻略する浙贛《せっかん》作戦を実施することにした。富士川の水鳥の羽音に立ち騒ぐ平家のうろたえぶりさながらである。

不安が人々を駆り立てている。対米開戦を強硬に主張していた富岡第一課長もいざ東京が米軍の空襲下にさらされてみると、内地防空体制の不備に慄然となった。そして、軍令部の部員たちの主たる関心はミッドウェー作戦の欠陥を指摘するよりも、同島を確保して本土防衛ラインを築くことに移った。

陸軍側も同様であった。陸軍兵力をミッドウェー作戦に参加させることにより、作戦目的を「米空母の誘出撃滅」から彼らの主目的である「ミッドウェー島占領確保」へと意識を集中させることになった。彼らの論理からいえば、陸軍兵力を派出する以上、これをいかに無事に上陸させ、いかに占領確保するかが主目的となる。海軍側は、一方的にその論理に引きずられた。

この作戦目的の微妙な変化により、山本長官の描いたミッドウェー作戦＝ハワイ攻略の意図がしだいに遠ざかって行く。

3

東京空襲の翌日、山本五十六は一期上の海軍の先輩、寺島健中将に手紙をしたためている。寺島は予備役となり、逓信相兼鉄道相をつとめ、のち貴族院議員となった人物である。

「昨日終《つい》に本土空襲を見たるは遺憾至極　彼もさるものにて研究の結果　我中攻の限度外より鳥差空襲とは考へたり　ことに低空高速襲撃など　実果は別にして彼も相当兵を解するの一端を示したるものと存じ候　やがてソ連との関係もうるべく可相成《あいなるべき》か　今考へれば矢張布哇《ハワイ》の一撃はやつといてよかつたの感あると共に　結局布哇をとつて仕舞はなければ　北廻りも容易となりうべきものと思はれ候」（傍点筆者）

連合艦隊司令長官として山本大将は、司令部幕僚たちが混乱の極に達するのを目の当たりにした。軍令部からの直通電話で米軍機の白昼強襲を知った三和作戦参謀が、「そんな馬鹿なことが！」と棒立ちになり、ふだんは冷静な宇垣参謀長も敵襲機が双発機だと知り、「沿海州か、それとも支那大陸に逃れたのか。あるいは四国足摺岬の南方二〇〇カイリ付近で搭乗員のみソ連船に収容されたか」と腕組みするばかり。

米空母部隊の行方がさっぱりわからず、米軍機は白昼堂々と東京上空に侵入し、しかも大した妨害をうけることなく日本列島を西に駆けぬけて行ったのだ。頼みの知恵袋、黒島首席参謀も瞑黙したきり、一言も発しない。全員がわれを忘れているのだ。

このとき山本長官は、日露戦争当時のウラジオ艦隊が太平洋岸に出現した折の国民の混乱ぶりを想起していたにちがいない。ドゥリットル東京空襲が国民にあたえる衝撃の大きさは、軍事上の観点以上に国内を震撼させるにちがいない。後日談になるが、さっそく一般市民から山本長官を名指しして「海軍は何をしているのか」と抗議の手紙が匿名でよせられている。

ふだんはめったに自分の思想を語ることのない山本五十六も、さすがに心の打撃を押さえがたく寺島あての短い文章のなかで、かねてから心に秘めていた決意をはっきり打ち出している。

「結局布哇をとって仕舞はなければ」

の一文がそれで、空母機動部隊の威力を封じるためにもまずミッドウェー作戦でこれと対決撃滅し、しかるのちに秋のハワイ攻略作戦へと、みずからの意図をさらに強固なものへと変化させて行ったのであろう。

4

五月七日、八日両日、史上初の日米航空母艦戦「サンゴ海海戦」が戦われた。日本側は第五航空戦隊の空母瑞鶴、翔鶴二隻が参加し、原忠一少将が指揮をとった。米側はレキシントン、ヨークタウン二隻で、指揮官はフランク・J《ジャック》・フレッチャー少将。

はじめての空母戦闘で、日米両軍は錯誤と失敗の連続であった。五航戦索敵機はタンカーを米空母と見誤まり、フレッチャー部隊も別動隊のポートモレスビー攻略船団護衛の軽空母祥鳳を全力攻撃した。本隊の存在に気づかず、祥鳳を撃沈したが、両空母部隊の対決は翌八日に持ち越されることになった。

その前夜、原少将は薄暮攻撃を決行している。米側のレーダー探知により攻撃隊は惨敗し、海戦の結果、翔鶴被弾、レキシントン沈没で日本側勝利となった。だが、もう一隻の空母ヨークタウンまで撃沈したと信じこんだ連合艦隊司令部は、その後、敵情判断を狂わせたまま次期作戦構想を組み立てるのである。

ハワイの太平洋艦隊司令部では、ニミッツ大将が幕僚たちに向かって悲しげな表情で、「こんなはずはない。敵も相当傷ついているはずだ」と失意のなかで訴えた。しかしながら、レイトン情報参謀の報告では日本空母二隻のうち瑞鶴は健在で、傷ついた翔鶴も自力航行可能、一六ノットで北上中。戦果は小型空母祥鳳一隻撃沈のみ、という予想外の低調なものであった。日本側はポートモレスビー上陸作戦を中止し、戦術的には勝利したものの戦略的には失敗——と位置づけられるのは戦後の評価で、当時はニミッツ司令部は敗北感に覆われていた。

唯一の希望は東京空襲をおえ、真珠湾からサンゴ海へ急行しつつあるハルゼーの第十六機動部隊エンタープライズ、ホーネット二隻の増援空母兵力の存在であった。〝猛牛〟ハルゼーなら、日本空母の再南下を何としてでも食い止めてくれるにちがいない。

ワシントンのキング大将からはOP‐20‐G情報により、日本軍の次期攻略目標はニューカレドニア、フィジーであり、南西太平洋方面を防備せよとの訓令が発せられている。ニミッツはジレンマに陥っていた。キング大将の命令に反してハルゼー部隊を引き揚げさせるか、それとも南西太平洋にとどまって日本軍の新たな攻勢にそなえるか？

情報参謀レイトンの判断は、以下のようなものであった（五月十七日）。

「ミッドウェー沖で新たに日本艦隊を邀え撃つには、二週間でハルゼー部隊をパールハーバーに呼びもどし、ただちに艦隊を修理のうえ出撃させねば間に合わないでしょう」

ニミッツは穏和だが、闘志にあふれ、決断力の持ち主であった。彼はレイトンの分析を信じ、キングに米国西海岸にも警戒をおこたってはならない、と彼の関心をそらせることに成功し、ハルゼー部隊を中部太平洋方面に呼びもどすことにした。

だが、まだ難題が一つ残されていた。空母ヨークタウンもハワイに帰投中だが、同部隊司令官オーブレー・W・フィッチ少将が「修理には、おそらく九〇日間は必要とするだろう」と報告してきたことである。

厄介なのは、さらに日本軍がソロモン諸島の北方ナウル、オーシャン両島占領をめざして作戦行動中の情況であった。この地を拠点とすれば、彼らはソロモン海域の制空権を手中にすることになる。

またキングからの命令は、ハルゼーの暴走を恐れたのか、米空母の安全を第一として「陸上基地の航空機の支援範囲を越え、かつ敵の陸上基地航空兵力の攻撃範囲内で作戦することは得策でない」との制約を課していた。この指示にもしたがわねばならず、悩むニミッツにレイトンは、いかにも情報参謀らしい秘策をさずけた。

「まず公式電として合衆国艦隊長官命令を打電するのです。第二電をすぐさま打電して、ハルゼー個人あての親展電報として下さい」

親展電報の中身は、機略に富んだものであった。ハルゼー部隊はできるだけ日本軍偵察機に発見されやすい方法で航行せよ。敵にナウル、オーシャン攻略阻止に米空母が出動してきたと思わせたら、ただちにハワイに向けて反転帰投し次期作戦のために出撃せよ、というものであった。

ハルゼーは、この極秘任務を完全にこなした。彼らはツラギ沖東方四五〇カイリを北上中であったが、日本軍第四艦隊所属の偵察機に発見されても直進し、夜になって九〇度東に転針した。これで日本側はエンタープライズ、ホーネットの両空母が南太平洋で作戦行動中——と思いこむにちがいない。

レイトンの策略は、図に当たった。在ラバウルの第四艦隊司令長官井上成美中将は出現した米空母撃滅の攻撃命令を発し、ナウル、オーシャン攻略作戦を一時中止した。そのうえ連合艦隊司令部も両空母発見電報に引きずられ、米空母は南太平洋上にあってミッドウェー作戦阻止には出撃してこない、と思いこまされたのだ。

ここで、指揮官の人事についてふれておかねばならない。

中部太平洋方面への日本軍大規模攻勢に対して、だれがこれを食い止めるのか。米太平洋艦隊司令部にある潜水艦基地ビルの二階でニミッツの脳裡にあったのは、第十六機動部隊をひきいる帰投中のハルゼーであったことはいうまでもない。

ドゥリットル東京空襲を成功させ、攻撃的《アグレッシブ》で国民の人気が高くワシントンのキング提督も黙らせるカリスマ性があり、海軍士官としても最先任の――アナポリス海軍兵学校では、ニミッツの一期先輩となる――元サラトガ艦長なら、申し分のない将官といえる。

もう一人の第十七機動部隊指揮官フランク・J・フレッチャー少将は、キングの評価が低かった。キングは彼がサンゴ海海戦で昼間攻撃だけでなく、駆逐艦部隊を指揮してなぜ夜戦を挑まなかったのかと非難し、消極的な性格は不適格として更迭を示唆《しさ》していた。

ニミッツは海上部隊勤務の経験者として、失敗した指揮官には名誉回復の機会をあたえるべきだと考えていた。この温情主義は山本五十六にも共通するもので、洋の東西を問わず船乗り特有の共通感情があるようだ。ニミッツはフレッチャーを弁護し、彼に日本空母との再対決の機会をあたえることにした。

五月二十六日、真珠湾に帰投してきたハルゼーを見て、ニミッツは予想外の事態が生じているのに気づかされた。ハルゼーは全身が皮膚病でただれ、九キロも体重を落として病人そのもののやつれた表情で姿をあらわしたのである。開戦いらい六ヵ月間もの艦橋暮らしで、疲労とストレスが極限に達していたのだ。

「すぐ入院したまえ」とニミッツはハルゼーの抵抗を無視して、強引に指揮官交代を承知させた。

「ところで、君の後任として意中の人物はいるかね」

ニミッツは無念そうに顔をゆがめるハルゼーをなだめるように、表情を柔らげた。ハルゼーは観念して、即座に配下の将官の名をあげた。航海中に、軍医からすでに入院でしか回復の見こみはないとつげられていたのだ。彼はためらわずにこうつげた。

「スプルーアンスに任せたい」

レイモンド・A・スプルーアンス少将。巡洋艦戦隊司令官としてハルゼーと共に東京空襲に参加した人物である。他に指揮官候補も数多くいたから意外ではあったが、予想外のことでもなかった。有能な人材として高く評価され、ニミッツ自身もスプルーアンスを艦隊参謀長候補として挙げていたからだ。

ハルゼーの人物評価も的確であった。スプルーアンスは一八八六年（明治十九年）生まれ。ハルゼーの四歳年下の五十六歳。駆逐艦長、戦艦艦長の海上勤務経験があり、細身のひょろっと背の高い、一見内気とも見える穏和な人格だが、操艦では一流の腕前を見せた。

何よりも冷静な判断力と大局を見透す戦略眼の持ち主であることを見ぬいたのはハルゼーと同様、ニミッツの確かな眼である。

副官ロバート・J・オリバー大尉と共に太平洋艦隊司令部に姿をあらわしたスプルーアンスは、これまでの状況説明をきいたあと、「敵空母がミッドウェー島を空襲しているあいだに側面から攻撃するのが、もっとも効果があります。ただし、敵はさらに真珠湾にむかう可能性があり、わが空母部隊は西方に進撃すべきではありません」

と慎重な意見をのべて、ニミッツを安心させた。米海軍の使える攻撃兵力は空母三隻のみで、これらすべてを投入する以上、真正面から日本艦隊と激突する作戦はさけねばならなかったからだ。スプルーアンスの冷静な判断力にニミッツは安心した。

問題は指揮権であった。ニミッツはキングの意向に反して、第十七機動部隊指揮官フレッチャー少将を交代させるつもりはなかった。サンゴ海海戦でなるほど彼はレキシントンを喪失したけれども、日本軍のポートモレスビー進攻を食い止めた連合国側の戦略的勝利を生み、海上勤務の経験をつんだうえで初の空母戦闘でも何とか引き分けた。こんどこそ発奮して、日本空母を叩いてくれるであろう。

フレッチャーはスプルーアンスよりアナポリス海軍兵学校一期上で、先任者として両機動部隊の指揮をとることになる。だが、ハルゼーの参謀長マイルズ・ブラウニング大佐以下参謀たちをそのままスプルーアンスが引きついだため、航空戦指揮が統一を欠き混乱を生じることになった。

五月二十七日午後、空母ヨークタウンが真珠湾に帰港してきた。傷ついた艦体から重油の尾を引き、フォード島をまわりこんで第一乾ドックに入渠した。ドックの水が完全に排水されると、すぐにニミッツがやってきて損傷個所の点検をはじめた。

だれの眼にも修理には数週間が必要だと思われた。至近弾をうけた艦体の外側はそれほどでもなかったが、艦中央で爆発した直撃弾は防水壁を吹き飛ばし、内部構造物を破壊して隔壁をはぎ取っていた。艦底の缶室にあるボイラーも三基が故障したままである。

「何としても三日間で修理しなければならん」

とニミッツは集まった工場長や修理部門の幹部たちを前にして、真剣な口調でいった。おだやかな口調だが、一歩も退かぬ強い決意が秘められていた。修理責任者のH・J・フィングスタッド少佐がためらいながらも、気圧されたように返事をした。

「承知しました」

ニミッツは、海軍省潜水艦設計先任部員として海軍工廠ドックに出入りした経験がある。長グッスタイルもそのときの名残りで、彼は完全な修理を望んでいなかった。戦闘に参加させるために船体の破孔をふさぎ、隔壁は支柱を応急的に補強するだけで、修理に青写真を作製したり設計図を引く余裕はなかった。すべては造船工、機械工、仕上げ工たちの独自の判断でおこなわれた。

当日夜から翌々夜にかけて二晩徹夜で突貫工事が強行され、二十九日夜一一時にヨークタウンは作業中の数百名の工員を乗せたままドックを出た。機関のボイラー三缶は回復不能のままで機能せず、最高速力二七ノットしか期待できない傷ついた空母である。

だが早くもサンゴ海海戦の教訓により、グラマン戦闘機の搭載機数が増加され、一八機が二七機に、機材もF4F三型から四型に更新され、機銃は一二・七ミリ×四梃が六梃に増強された。隊長は零戦との対決に効果的な〝サッチ戦法〟を編み出した前レキシントン隊のジョン・S・サッチ少佐が着任した。

海戦で壊滅的になったヨークタウンの飛行隊を再建するために、損傷した空母サラトガからランス・E・マッセイ少佐が第三雷撃機中隊TBD一五機を、マックスウェル・F・レスリー少佐が第三爆撃機中隊SBD一八機を、それぞれ指揮して到着した。ヨークタウン残留組のウォーレス・C・ショート大尉は第五哨戒機中隊SBD一九機の隊長である。

飛行隊指揮官オスカー・ペダーソン少佐はサンゴ海海戦で、雷撃機TBD『デヴァステーター』

が日本空母を相手にほとんど有効打をあたえていないことから、ミッドウェーでの第三雷撃機中隊の行方にこんな警鐘を鳴らしている。彼の戦闘報告。

「もし日本軍が大型艦艇の周辺に厚い対空砲火網を構築した場合、ＴＢＤ『デヴァステーター』をもってする攻撃は飛行隊の大半を失うことなく成功するかどうか疑問である」


五月二十八日、スプルーアンス少将の第十六機動部隊エンタープライズとホーネットの空母二隻は真珠湾を出撃し、二日後の午前九時、フレッチャー少将の第十七機動部隊ヨークタウンもその後を追ってミッドウェーにむかった。六月二日に、両艦は合流する予定である。

その三日前、ニミッツは日本軍の作戦計画について決定的な情報を入手していた。それはレイトンがニミッツの要求におうじて、もしも自分が日本軍指揮官ならと情報のすべてを集約した回答を出したものだった。

「敵空母の攻撃開始日はおそらく六月四日、北西三二五度の方角からやってきて、ミッドウェー島一七五カイリ（三二四キロ）の地点で発見されるでしょう。時刻は午前七時ごろです」

第四章　史上最強の機動部隊

臆病な長官

1

おそらく、かつての歴史のなかで、一国の将帥がこれほどまでの攻略目標を達成したことはなかったであろう。

作戦範囲は東西約五、四〇〇カイリ（一〇、〇〇〇キロ）、南北約二、四〇〇カイリにおよび、中部太平洋上のウェーク、マーシャル、ラバウルを外郭線とし、さらに西にのびてジャワ、スマトラ、マレーを手中にする。東南アジアのほぼ全域を支配し、その資源地帯を確保することによって、北の対ソ戦にそなえる。

その先駆けとなって洋上を疾駆する機動部隊の最高指揮官が、一航艦長官南雲忠一中将であった。

南雲は一八八七年（明治二十年）生まれだから、山本五十六よりは三歳年下になる。五十五歳。山形県米沢中学出身で、「米沢の海軍」と称された山下源太郎はじめ幾多の将星の影響をうけて、同三十八年、海軍兵学校に入校した。

山口多聞と同じく水雷科出身で、将来の水雷戦隊司令官として嘱望《しょくぼう》され、重巡、戦艦の艦長を歴任した。昭和十年には少将となり、第一水雷戦隊司令官に昇進している。のちに水雷学校長や海軍大学校校長の重職にもついている。

だが、じっさいに彼の立場を強化したのは水雷戦隊指揮官の戦術家としてよりも、軍令部第一部第二課長時代の軍政家としての辣腕《らつわん》ぶりだろう。

昭和六年十月、南雲第二課長は海軍部内を二分したロンドン海軍軍縮条約をめぐる対立で、山本五十六たちを窮地に追いこんだ艦隊派の若手旗頭として大いに論陣を張った。何しろ背後には加藤寛治、末次信正など艦隊派の巨頭がおり、絶対的権威者としての伏見宮博恭王の応援がある。熱狂的で、一歩もゆずらない東北人の頑固さが南雲の身上である。やみくもに突進する一途さが、「軍令部に南雲あり」との声望を高めた。この騒動によって山本の無二の親友、軍務局長堀悌吉中将が予備役に追われたのは、既述の通り。山本五十六の南雲不信はこのとき以来のものである。

山本の怨念《おんねん》も、しかしながら南雲の海軍部内の位置を弱めることはできなかった。彼はあくまでも艦隊派の花形であり、海軍の主流を歩んだ。南雲をはじめての機動部隊最高指揮官にもってきたのは対米強硬派の海軍省人事局長中原義正であり、この人事を承認したのは伏見宮の信頼篤い海軍大臣嶋田繁太郎大将である。それゆえにこそ、山本五十六が悲願とした真珠湾攻撃を、もっとも自分の意に染まぬ南雲忠一に託さねばならなかったという皮肉な結果が生じたのだ。

南雲の腹心、一航艦参謀長には草鹿龍之介少将が選任された。南雲より五歳年下の、東京下谷生まれである。従兄は、海軍中将草鹿任一。

もとは海軍砲術学校高等科卒業の「鉄砲屋」だが、霞ヶ浦航空隊付になると、草創期の海軍航空発展につとめ、昭和三年、軍令部ただ一人の航空参謀となった。いらい航空本部、軍令部第一部第一課長、赤城艦長、戦隊司令官など航空畑一筋を歩んでいるところから、参謀長としては申し分ない経歴である。

ただし、二人の将官に共通するのは軍官僚としての事務処理の卓抜さにあった。南雲長官―草鹿参謀長のコンビが一航艦司令部入りしたのは昭和十六年四月十日のことだが、幕僚たちがまずおどろかされたのは南雲中将の徹底して几帳面な事務処理のやりかたであった。

その一方で、彼は航空戦の指揮や作戦内容について、いっさいの関わりを持たない。みずから積極的な意見をさしはさむこともなく、一航艦長官となってからも海軍大学校の航空戦研究会に一度顔を見せたきりで、航空参謀が起案した作戦計画は草鹿がサインすると、そのまま南雲も裁可した。彼はいつも艦橋の高椅子に黙然と腰をかけ、視線を海にはなっていた。

水雷戦隊勤務の若い中少尉のころはさっそうと陣頭指揮に立っていたが、畑ちがいの航空戦隊ではまるで興味を持たないかのように無関心である。進取の気質にとぼしい、守旧型の将官といえようか。

だが、いったん作戦計画を離れて艦隊命令や補給関係の書類となると、一字一句ていねいに目を通し、几帳面に案文をチェックした。首席参謀が訂正し、参謀長が許可した書類でもあらためて検討し、きまじめに字句を添削した。そのために参謀たちはまたはじめから、命令文を書き直すことになる。

この逸話は、南雲忠一という人物の意外に細やかな、神経質な一面をのぞかせていて、一軍の将というよりはむしろ優秀な事務官僚の側面を物語っている。

草鹿の体質も、海軍官僚そのものである。南雲中将が真珠湾攻撃の第二撃を決行しなかったり、帰途にミッドウェー島攻撃を中止したりする消極性にも、つねに草鹿参謀長の支持があった。草鹿もまた、作戦指揮については口を出さず、航空参謀にまかせ切りとなる。

草鹿参謀長は自分の決断の根拠として、剣の修業をあげている。彼は剣道を能くし、無刀流では石川龍三の後をついで四代目道統となった。蒼龍艦長の柳本とは、組太刀をする兄弟子の立場になる。

草鹿の説く戦術とは、無刀流開祖山岡鉄舟が説く「金翅鳥《こんじちょう》王剣」の極意である。金翅鳥とは、仏教の教典にある幻の大鳥のことで、金の羽を大きく広げたような心で相手を一太刀で討ちとり、そのまま元の上段の構えにもどる剣をいう。この一撃こそ戦いの極意、と草鹿は悟った。航空戦でもしかり。この一撃集中が肝心だと、ハワイ作戦をふり返って、草鹿はこんなことをいう。

草鹿の談話。

「どうして真珠湾攻撃を第一撃だけで止めて第二撃をやらなかったのかと、後でいろいろ批判された。他に南方作戦がひかえていることでもあり、だからこそ一太刀と決めて手練《てだ》れの一撃を加えてさっと引きあげたのだ。だいたいの目的を達した以上、いつまでも心を残して同じ場所にとどまっているべきではない」

草鹿は禅の修行にもつとめ、航空戦で一撃を加えた場合、味方機動部隊はどのように後始末をなすべきかと熟考を重ねたという。そこでも、禅語に解答を見出した。

「東涌西没南涌北没妙応無方朕跡を留めず」——

東西南北いずことも知れず出現し、姿を消す。その来るや魔のごとく、その去るや風のごとし、と彼は考えた。

こうした一撃必殺戦法は真珠湾攻撃のような奇襲作戦には適合しているが、航空消耗戦の持久戦となった場合、決戦の時期をうかがうだけで、いたずらに時間をむだに費してしまう虞《おそ》れがある。米海軍が空母部隊を使ったヒット・アンド・ラン作戦をとった場合、日本側は反撃の機会をうかがうだけの待ちの姿勢、守備一本槍となる。草鹿の金翅鳥王剣の一閃は、その太刀を振り下ろす機会を逃してしまうのではないか。

草鹿参謀長の場合、ハワイ作戦いらい赤城艦橋でどっしりと頑丈な体軀をかまえ、じっと動かない不動の姿勢でいる場合が多い。本人は一撃の機会をはかっていると強弁するが、結果的には消極的で、戦意がとぼしい。長官の女房役として、この資質がふさわしいのだろうか。

海軍大学校時代のよく知られたエピソードだが、同期生に山口多聞がいて（注、兵学校では草鹿が一期下）、図上演習でよく二人が戦わされる機会があった。積極行動派の山口と守備型の草鹿の対決だが、じっさいの図演がはじまってみると山口の艦隊が突っこみ、草鹿の艦隊がどんどん引き下がって行く展開となった。

それでも山口が突っこみ、草鹿の艦隊は引き下がっては先頭の艦を集中砲火で沈め、どんどん下がって行っては沈めて行き、ついには山口の艦隊を全滅させてしまった。その後の研究会では、「実戦ではこのような馬鹿なことは起こるはずがない」と陪席者全員が否定的だったが、草鹿は「何といっても、こちらが勝ったじゃないか」とゆずらない。

草鹿がとった敵艦隊漸減《ぜんげん》戦法は日本海軍伝統の作戦で理論上は可能だが、あくまでも守備第一主義で消極的。じっさいの航空戦の場合、このように相手の出方を見て対応を決めて行く待ちの態勢だけでは、戦闘の主導権をつねに相手側に握られる可能性がある。

のちのミッドウェー海戦時の展開をみると、両指揮官それぞれの采配に、これら海大図演時代の個性がよくあらわれているようである。

2

では、南雲機動部隊を動かしている中心人物はだれか。司令部には九名の幕僚たちがいるが、主役は航空甲参謀源田実中佐であった。

このとき源田参謀は、彼の海軍人生のなかで絶頂期に立っていたものと思われる。三十八歳の少壮参謀として航空作戦の企画立案、実施をほとんど一人でこなし、航空乙参謀の介入もいっさい許さない。

作戦会議は、源田の独壇場であった。司令長官の南雲は航空作戦ではシロウトの存在であり、参謀長の草鹿は航空軍備が専門。首席参謀の大石保は四期先輩で、航海科出身、郷里土佐出身の永野軍令部総長に心酔していて、永野に見習って何でも下僚にまかせてウン、ウンうなずくのみの大人風——といった按配だから、会議を主導するのはいつも源田中佐の役割である。

源田実という人物はきわめて個性的な、異色の人物であった。広島一中をへて一九二四年（大正十三年）、海軍兵学校卒。戦闘機乗りとしてアクロバット飛行「源田サーカス」を演じてみせ、一般大衆の人気を博した。海軍大学校時代、「秦の始皇帝は阿呆宮を造り、現代の日本海軍は大和、武蔵を造って笑いを永久に残す」と広言して、海軍部内で物議をかもしたのは、有名な彼の逸話である。

弁舌は巧みで、積極型参謀。その異才を評価した十一航艦参謀長の大西瀧治郎が山本長官の依頼をうけてハワイ作戦の研究をはじめ、一航戦の源田参謀にひそかに攻撃要領の作成を命じた。

真珠湾攻撃作戦の成功は彼ひとりの功績ではないにしても、航空作戦の計画立案はまぎれもなく源田自身のものである。源田実自身の足跡に多くの誤謬と失策があるにせよ、とにかく彼は戦闘機隊指揮官として海軍航空隊を育てあげ、旧来の海戦思想を一挙に書きかえる功績を残したのだ。

源田参謀は論理的明快さを好んだ。舌鋒鋭く、論争には呵責《かしゃく》がない。彼が主張する理論は数字に裏打ちされ、しかもその背後には強固な信念と行動力があった。

一航艦は南雲艦隊でなく、

「源田艦隊」

と、いくぶんからかいの意味をこめて他艦隊幕僚から呼ばれるようになったのは、ハワイ作戦成功以降のことだろう。

「戦艦なんて、もう無用の長物ですよ」

真珠湾からの帰途、源田は赤城艦橋でいつものように断定的な口調でいった。「これからは航空戦の時代ですよ」

航空母艦の時代が明けた、と彼は誇らしげに語った。これからは空母を建造し、早く旧来の海軍思想を一変しなければならない。一航艦司令部の首脳たちに、これに反論を加える者はだれもいない。かつての大艦巨砲主義者たちも、飛行機隊のめざましい戦果を前にして沈黙せざるを得ないのである。

ここに、源田の独善が生まれた。得意の絶頂期にいるだけに、他人の忠告に耳をかたむけないのである。

こんな逸話があった。

第二艦隊旗艦重巡愛宕の作戦室に、一航艦の大石保首席参謀が姿を見せたことがある。インド洋作戦直後のことで、通信参謀中島親孝少佐が大石をつかまえてこんな疑問を口にした。

「一航艦司令部は母艦の使用方法を考え直したらどうですか？　空母の集団使用ほどあぶないものはないですよ」

中島は重巡愛宕も参加した同作戦で、雲中から突如姿をあらわした英ブレニム型爆撃機が空母赤城をめざして空爆した一件を提起した。この場合、投弾が外れて南雲艦隊は無事だったが、「箱形陣形《ボックス・インフォーメーション》」で南雲機動部隊が四隻の空母を一固まりにして航進するのは、いざ敵襲をうけた場合、きわめて危険なのではないか。

大石は困った表情になった。

「貴様もそう思うか。おれも同じ考えなんだが……。いくら源田にいっても、まるでいうことをきかんのだ」

大石は渋い表情になった。大石保は一九〇〇年（明治三十三年）生まれ、高知県出身。兵学校四十八期で源田の先輩だが、彼が司令部内で孤立感を味わうのは、こんな場合、草鹿も南雲も一言も発しないで、結局源田の主張のみが一人歩きすることである。

源田の空母集団使用方式は航空兵力を統一指揮しやすく、発艦に便利で帰途収容にも有効であるからであり、たしかに攻撃力を集中させるには各母艦がバラバラに発進させるのではなく、視界内に全艦をそろえ、命令と同時に全機発進させるのが合理的戦術である。

一方で、南雲機動部隊といえば空母の集団使用が当たり前になったが、これには致命的な欠陥があった。もし相手側が機先を制して敵襲をかけてきた場合、もっとも脆い空母そのものが戦闘を強いられることになるからである。

だが、攻撃一本槍の源田戦法は草鹿参謀長の一撃必殺戦法の応援をえて、何ら変更されることはなかった。中島参謀の疑念は解消されぬままでおわった。

では、一航艦司令部幕僚たちはこのような源田参謀の独裁をどのように見ていたのか。

3

海軍兵学校と機関学校の同期生を「コレス」(注、Correspond の意) と呼んでいる。源田のコレスではないが、一期下に機関参謀坂上五郎がいる。

坂上機関少佐は源田と同時期に一航艦司令部入りしたが、機関参謀の仕事といえば燃料、弾薬の補給計画が主である。じっさいの戦闘場面では「何ら仕事もなく、手持無沙汰な存在」ということになり、その分、同僚参謀たちを冷静に、客観的に評価できる存在となっていた。

坂上がまず指摘するのは、長官南雲忠一中将の小心者の性格である。

最高指揮官なのだから、大作戦を前に動揺を見せずにどっしりと構えていてもらいたいものだが、真珠湾攻撃にむかうさい南雲は不安でたまらないのか、神経質になってあれこれと航海参謀に問いかけた。

「あしたの航海計画は、どうか……。針路はまちがっていないだろうね?」

真珠湾攻撃は隠密作戦であったから、慣れない北方航路をとり霧中航行もつづいたので、予定計画が狂っているのではないかとたえず不安を抱いていたらしい。夜、坂上が長官私室を訪ねると、浴衣がけの南雲が床にあぐらを組んで熱心に海図を広げて航路を点検していた。

——専門の航海参謀にまかせておけばよいものを。

と一瞬思ったが、酒好きの南雲が酔いで真っ赤になりながらも夢中で海図にかがみこんでいる姿を見下ろしていると、よほど心配性なのだろうと思ったことだった。

「臆病な人でした」

と坂上はハッキリいう。

だが一方で、それは真珠湾攻撃を引きうけた南雲中将の責任ではなく、彼を機動部隊指揮官にすえた海軍人事当局のせいだと、坂上は同情的である。

源田参謀についても、意外な一面を語っている。一航艦航空参謀となってまもないころ、鹿屋航空隊での編隊飛行訓練で、源田は坂上と二人きりで基地にいたことがある。

その折、源田が妙にしんみりした口調で、こんなことをいった。

「おれは飛行機をやりたくて、ここまでやってきた。（一航艦参謀となって）これ以上の喜びはない。だが、一人で作戦をやっていて、他のだれも意見をいってくれない。(長官も参謀長も）反対はしない。それが、不安だ」

ハワイ作戦という大計画の航空作戦をひとりで企画立案し、日々その重圧に耐えきれない思いでいたのだろうか。源田参謀は苦衷《くちゅう》の表情を浮かべていた。相手が機関参謀だから、つい心を許したのだろうか。源田は本音をもらしている、と坂上は感じた。

坂上機関参謀の見るところ、一航艦司令部といっても貧弱な所帯であった。南雲、草鹿の両トップは艦橋にじっと構えているだけで、作戦指揮には何ら動こうとしない。首席参謀大石も同様で、対中国政策のため内閣に設けられた興亜院の文官を経て昭和十五年十月、参謀として一航艦入り。海上勤務の経験が浅いから、この人も戦場指揮はお手上げの状態となる。航海参謀の雀部《ささべ》利三郎中佐は作戦室で海図台にかかり切り、通信参謀小野寛治郎も同様に作戦室と艦橋を出たり入ったり。源田航空参謀一人で、艦橋内を駆けずりまわるというのが実相である。

以上が、ミッドウェー出撃前の一航艦司令部の現実である。このような不充分な組織で、強敵アメリカ艦隊と太刀打ちできるのであろうか。

いや、坂上機関少佐自身、この出撃をさほど重要な作戦と考えていない。真珠湾攻撃時には機密漏洩をおそれて各艦隊あて個別の作戦命令をひそかに坂上自身が書いたのだが、ミッドウェー攻略作戦命令は、字のきれいな司令部付の主計兵曹に書かせた。

「彼らの口から同年兵たちにもれるかも知れない」

という危惧があったが、ええいままよ、との気持のゆるみがあった。一航艦司令部幕僚にも、ミッドウェー攻略作戦の機密保持の緊張感が薄れていたのだ。

栄光の陰に

1

源田航空参謀の強気の姿勢が発揮されたのは、次期作戦をめぐっての連合艦隊司令部との打ち合わせの席上のことである。

ミッドウェー作戦構想を三和作戦参謀から説明されると、即座に、

「面白いですな、望むところです」

と相づちを打った。四月十九日、インド洋機動作戦をおえ赤城が南シナ海にはいったころに沖縄を経由して内地に飛び、柱島に碇泊中の旗艦大和を訪ねてきたのである。

源田の目的は戦況報告であったが、用件にはいる前に三和はいらだたしげに、

「陸軍は何のためにウソをつくんだ」

と腹を立てていった。

「陸軍は敵機九機撃墜などと発表しているが、一機も撃墜していない。いったい、内地の防空体制はどうなっているんだ」

ドゥリットル東京空襲の翌日である。

前日午前七時五〇分、米空母部隊が本土の東六〇〇カイリ手前で発見されたとの軍令部からの通報で三和がただちに攻撃命令を起案する作業に取りかかった。

内地防空は、陸軍第十七飛行団の任務である。しかしながら米側は、航空母艦の艦上から陸軍双発爆撃機B25『ミッチェル』一六機を発艦させるという大胆な戦法をとったため、陸軍部隊各基地は完全に虚をつかれた。

各基地からの発見報告がとどくなか、高射砲中隊からは、

「一機撃墜！」

「一機撃墜！」

と景気のよい報告が東部軍司令部の作戦室にとどく。合計九機。さっそく軍発表として「敵機撃墜機数は九機にして、わが方の損害は軽微なるもよう」と軍艦マーチとともに喧伝されたが、夜になって一機の撃墜機も発見されず、大誤報と判明する。

陸軍大将でもある東條英機首相はカンカンに怒って、「こんなデタラメな報道をやったのでは、今後の戦果の発表の信を内外に失う」として取り消しをもとめたが、結局は訂正されず、威勢のよい防空戦記が米軍機を取り逃した失態をぬりかえた。大本営発表の誇大戦果のはじまりである。

そんなさなかの源田参謀訪問であった。

三和は米空母部隊追撃のために台湾にあった一航艦の空母三隻、五航戦の二隻を東方海上に急派、さらに第二艦隊、内地在泊の主要艦船を加えて追撃中と語ったが、もはや彼らは反転して捕捉はむずかしかろうとものべた。

「そのためにこそ、まずミッドウェー島を攻略する」

と、三和は第二段作戦の大要を源田に熱く語った。

南太平洋方面では、五月七日にポートモレスビーを攻略し、その後南海支隊はラバウルに集結。ニューカレドニア攻略にそなえる作戦計画がある。ミッドウェー攻略部隊は、同作戦成功後トラック泊地に集結し、FS作戦の準備をはかる。七月にニューカレドニア、フィジー、サモアを攻略し、十月を目途にハワイ攻略をめざす……。

「ハワイ攻略ですか。わが意を得たりです」

源田は胸を張って、大きくうなずいた。同時に北はアリューシャン列島の要地を確保し、さらに南のフィジー、サモアを攻略して米豪交通連絡線を遮断すれば、ミッドウェー、さらにハワイ攻略確保への途は容易になる。この雄大な構想は、彼の闘争心や攻撃意欲を大いに満足させるものであった。

源田参謀が口火を切った。

「コロンボ、トリンコマリーは面白い戦《いくさ》でした」

セイロン島の両英軍基地攻撃のことである。

四月五日から九日にかけて、コロンボ、トリンコマリー両港空襲により南雲機動部隊は飛行機撃墜一一二機（注、英国側発表三八機）、地上基地施設を破壊したうえ洋上に逃走してきた小型空母ハーミス撃沈、重巡コーンウォール、ドーセットシャー両艦撃沈、大小商船六隻撃沈の戦果をあげた。味方被害一七機。

源田航空参謀は、自信に満ちていた。英国はいくたの陸上基地や港湾施設を破壊されながらも、日本軍にたいして一矢も報いることができない。南雲機動部隊は史上最強の艦隊と呼ばれるように一度も敗れたことがなく、真珠湾攻撃でしめされた航空母艦戦の実力がベンガル湾上でも証明されたのだ。

この時期の自分の立場について、源田参謀は戦後回想録のなかで率直にこんな文章を書いている。

「成功を続けるためには反省が必要である。私はそれをいつしか忘れていた。今にして考えると、私は自分の作戦の成功に自己陶酔していたのではないかと思う」

けれども、戦勝に酔っていたのは航空参謀ひとりではなかった。草鹿参謀長が「多少にかかわらず全員に驕慢心《きょうまんしん》が起きていた」と語ったように、南雲部隊の将兵に真珠湾をめざしたときのあの悲壮な決意、細心の注意、きびしい自戒が失われた。

だれもが戦勝に慣れ、むしろそのことを当然だと思う風潮がめばえた。戦闘の勝敗は勇気や破壊力だけでなく、その背景にある一国の工業力、生産力、いなそれよりも文化や文明の戦いであることが忘れさられた。そして源田自身が気づかなかったように、南雲機動部隊の将兵には目に見えぬ敵——疲労がめばえはじめていた。

2

そのことを意識したのが草鹿参謀長であった。航空兵備の専門家である草鹿は、第一段作戦をおえ母港横須賀に帰投すると、まず機動部隊各艦艇の修理整備、航空機材および要員の点検補充を第一と考えていた。

彼の構想とは、こうである。

「目立たないうちに士気旺盛な歴戦者をこの際陸揚げして教官とし、他日に備えて搭乗員の大量養成に当たらせ、機動部隊は人員を更新して二、三ヵ月かけて訓練を行い、その新手で次の作戦に乗り出す」——。

その新作戦とは、

「（機動部隊の）編制も経験を基礎として大改革を加え、威容を樹てなおして敵機動部隊と正々堂々、決戦を求める」

というものであった。

編制の大改革とはどのようなものであったのか、具体的には明らかにされていないが、基本構想にあるのは相変わらずの決戦思想である。局面が主力艦同士の対決から航空戦の時代に進展しても、「正々堂々、決戦を求める」という旧来の艦隊決戦思想を捨て切れていない。

ハワイ作戦実施により航空主兵の時代に移り、自身がその中心の参謀長の職にありながら、時代の変化に思想が追いついて行かないのである。彼がかつて山本五十六の真珠湾攻撃を徹底的に批判して、「大バクチ」「投機的」と論難したのもその作戦が堂々たる艦隊決戦でなく、遠くハワイに空母部隊を派遣する機動作戦であったからである。

空母による機動作戦に、草鹿はことごとく反対した。

連合艦隊司令部が真珠湾攻撃の成功後、第二段作戦の戦略について方途を見失ってしまったことも、草鹿の批判を強める一因となったかも知れない。それゆえに南雲機動部隊はラバウル攻略、ジャワ作戦支援、ポートダーウィン空襲、コロンボ、トリンコマリー攻撃と南東方面からインド洋を駆けめぐった。東正面の米機動部隊との対決はおき去りにしたままである。

機動部隊を遊兵のように便宜的に使われる戦法に、草鹿はがまんがならない。

既述のように、ハワイ作戦の帰途、ミッドウェー島攻撃を命じられたさい、「横綱を破った関取に、帰りにちょっと大根を買ってこいというようなもの」と反発し、抵抗した。インド洋作戦

の帰途にも、同じように難戦となった比島コレヒドール要塞の空爆を命じられ、

「また、悪いクセを出した」

と赤城艦橋で、草鹿は南雲中将に怒りをぶちまけた。「長官、この命令は断りましょう」

柱島の連中は何を考えているんだ、と肚の底に深い怒りのマグマが溜まっている。真珠湾攻撃より五ヵ月、連合艦隊の主力戦艦部隊は旗艦大和を中心に一歩だに動こうとしない。代わって東奔西走、洋上を駆けめぐっているのはわれら機動部隊ばかりではないのか。

〝広島湾内に安居して机上に事を弄する人達〟

〝大戦略のことはお分りか知れないが、戦術にいたっては素人の寄り集り〟

と、草鹿の回想には激情家の彼らしい痛罵の勢いがある。ただし、草鹿龍之介自身、戦意旺盛な参謀長であったというわけではない。彼の関心は、むしろ他のところにあった。

3

もともと草鹿は、インド洋機動作戦に関心がなかった。この作戦は、豪州北部のポートダーウィンを制圧し、蘭印南部の攻略を目前にして西に足をのばせば、ベンガル湾の英国艦隊と一大決戦が生起するであろうし、これを破壊撃滅すれば「援蔣ルート」を断つことができる、という作戦目的があった。

英国東方艦隊司令長官ジェームズ・F・ソマーヴィル大将は事前に入手した日本暗号書の解読により、コロンボ、トリンコマリー攻撃前に艦隊すべてを外洋に脱出させ、地上砲火と防衛戦闘

機群のみの抵抗によって日本機と対抗しようとした。二重巡と小型空母ハーミスの撃沈は、日本側にとって予期せぬ収穫であり、東方艦隊の戦艦本隊は南方のアッズ環礁に逃れ出ていたのだ。

それでもソマーヴィル提督は、二世紀にわたって英国が手中にしてきたインド、中東方面への権益を守るために戦艦ウォースパイト、正規空母インドミタブル、同フォーミダブル二隻を出撃させ、セイロン島およびベンガル湾の制空・制海権を日本側に奪われまいとした。五月九日以降、もしも南雲機動部隊が同海域にとどまり三〇〇カイリ索敵飛行を試みていれば、それこそ草鹿参謀長のめざす〝正々堂々の決戦〟が生起していた可能性があるのだ。

英空母の搭載機数八三機、南雲艦隊三五〇機——機数においても、搭乗員の練度においても、日本側が圧倒的に優位に立てた。

だが、一航艦司令部の戦闘詳報では、

「ベンガル湾方面敵の兵力、大なるものなし。セイロン島方面敵航空兵力の約半数は、撃破せるものと認む」

として、南雲機動部隊は東方に反転した。源田航空参謀、草鹿参謀長、南雲長官も「本作戦は所期の目的を達したもの」と満足気である。結論からいえば、日本側は小戦果に安んじたわけで、英戦史家ロスキル大佐が指摘するように、英国は「自分の努力ではなく、幸運の賜物によってインド洋上の崩壊から救われた」のだ。

四月二十二日、横須賀軍港に帰着した草鹿の関心はこうした戦術的な問題よりも、艦隊将兵の論功行賞——二段進級の人事問題であった。つまり、真珠湾攻撃で戦死した五五名の搭乗員たちを二階級特進させる人事配慮が、彼の一大関心事であったのだ。

「二段進級は当時機動部隊の参謀長として、私にとっては重大問題であった」

と語るように、草鹿はあくまでも海軍官僚の本務に固執した。彼が大戦中、戦術の局面においていっさい発言せず、のちに南雲中将の決断、采配のみが問題とされるのは、草鹿が事務官僚的存在として長官の背後に姿をひそめていたことに原因がある。彼は作戦指揮では、長官の知恵袋でも良き女房役でもない。

草鹿は二段進級について、熱心に動きまわった。戦死後、階級が特進するのは遺族への賜金、年金額などに格差がつくからで、次期作戦構想をタナ上げにして乗員の待遇問題に奔走するのは、海軍官僚としての彼の特性をあらわしていよう。

草鹿の憤懣《ふんまん》は出撃前、「もし成功して帰ってきたら全員二段進級はもちろん真珠湾攻撃記念碑を建てて永久にその功績を伝えるから」と福留軍令部第一部長が約束してくれたことにある。むろん冗談半分ではあったが、その後、戦死者には手厚く遇すると連合艦隊首脳、大本営幹部が確約してくれたにもかかわらず、二段進級は特殊潜航艇の「九軍神」のみにかぎられた。

海軍省人事局長にかけ合うと、「各方面の作戦との振り合いや、とくに陸軍関係との公平を期するために見合すことに内定した」とあしらわれ、飛行機搭乗員の戦死後二階級特進は見送られた。

草鹿は納得しない。連合艦隊の宇垣参謀長に持ちこむが、〝木で鼻をくくったような〟対応でラチがあかない。ついには山本長官に直訴して、いちおうの解決をみた。といって、草鹿はまだ不満気である。残りの一部——機動部隊への帰途、不時着して行方不明となった索敵機搭乗員、事故死した乗員の場合は除外された。

「つまらぬ屁理屈」

と、彼は腹の虫がおさまらない。

ミッドウェー作戦計画を知らされたときも、「あと一ヵ月の猶予がほしい」と草鹿は異をとなえた。

図上演習の珍事

1

南雲長官以下一航艦司令部幕僚たちがそろって柱島の旗艦大和を訪れたのは内地に帰投して一週間後、四月二十九日のことである。

この日は、第一段作戦戦訓研究会の二日目で、山本長官が「長期持久態勢をとることは、連合艦隊としてはできぬ」と激越な訓示をした日として知られる。

「敵の軍備力はわれの五ないし一〇倍である。これにたいして、つぎつぎに敵の痛いところにむかって、猛烈な攻撃を加えねばならない」

陪席していた三和作戦参謀が山本の熱弁に思わず襟を正したように、山本長官は当時海軍中央に蔓延《まんえん》していた楽勝気分やそれにともなう人事異動による戦力低下を憂慮し、全軍の士気を高めるべく叱咤したのである。

二日後に四日間の予定で引きつづき、第二段作戦図上演習がはじまった。ミッドウェー島占領、アリューシャン西部攻略後、機動部隊は南進して豪州要地を攻撃し、ＦＳ作戦を実施。ついでハワイ攻略の足がかりをつけるというのが、図上演習の目的である。

五月一日、図上演習は旗艦大和の上甲板を使っておこなわれた。最上甲板の一層下、各部屋に敵味方に分けて幕僚たちが陣取り、それぞれが作戦行動と命令を書面に書きつけ、別の部屋の統監部がこれを判定するのである。味方は青軍、敵は赤軍とし、青軍指揮官は統監と審判長をかねた連合艦隊宇垣参謀長が当たり、赤軍指揮官は戦艦日向艦長松田千秋大佐が担当した。

松田は二年間の米国駐在経験があり、軍令部第三部第五課長（対米情報担当）から軍令部作戦課に転じ、昭和十五年十月には内閣直属の戦時体制研究機関である総力戦研究所で、日米戦争となった場合の戦力比較調査に当たっている。連合艦隊内のアメリカ通として、「おい、貴様がやれよ」と直前に命じられたものである。ちなみに、黒島亀人首席参謀とは兵学校、海軍大学校の同期生。

松田によれば、作戦計画案を配布されたのが三日前のことだから、十分な準備期間はなかったということである。だが、彼は出撃部隊の一員でもあったから、不満はなかった。

松田の証言。

「赤軍指揮官だから、部員を五、六名使って存分に戦いました。しかし、図上演習というものは作戦実施前に部隊の士気を高めるためにやるんだから、図演といえども負ける戦は具合が悪い。何としても、形式上は味方が勝たなきゃいかんわけですから、青軍に多少の強引さがあっても目をつむる。それを大して問題にしないというのが、ふつうですよ」

青軍（日本側）指揮官の宇垣は、作戦計画通りにミッドウェー攻略部隊を進めた。図演は両軍が室内に大きな海図をひろげて、作戦行動の一区切りごとに――「一動」と呼ぶ――統監部に報告し、審判員がサイコロを振って結果を判定する。ついで、第二動の作戦行動に移るという順序になる。

第一日目は、ミッドウェー攻略日まで進められた。攻略日をN日とし、N-5日までに先遣部隊の潜水艦がミッドウェー島の東方海域に布陣し、N-3日には北方部隊がアリューシャン方面に攻撃をかける手はずになっていた。南雲機動部隊のミッドウェー島攻撃日はN-3日である（のちにN-2日に修正）。

青軍は予定通り、同島の北西約二五〇カイリ（約四六〇キロ）から空母四隻による航空攻撃をかけた。空母瑞鶴、翔鶴はポートモレスビー攻略支援のためサンゴ海に派遣されているので、赤城、加賀、飛龍、蒼龍とじっさいの海戦時と同じ空母四隻の陣容である。

青軍の攻撃は真珠湾攻撃時と同じく、奇襲を前提にしておこなわれた。だが、途中からミッドウェー島基地の爆撃機が反撃し、青軍攻撃隊が同島空爆にむかっているあいだに青軍の母艦部隊が逆襲されたのだ。

審判員は、二航戦のアリューシャン攻略作戦に参加予定の航空参謀奥宮正武少佐。奥宮はサイコロを振り、審判規程にもとづいて「九発命中、空母赤城、加賀二隻沈没」の判定を下した。

「待て！」

と宇垣の声が飛んだ。「ただいまの判断は誤り。命中弾は三発とする。加賀沈没、赤城小破とせよ」

審判長であり、統監役の宇垣の裁定であったために、奥宮も文句のつけようがない。列席者はあぜんとした。これは、海軍図上演習規則の完全な違反である。

こんな小細工をほどこすようでは、図演の意味がないと不満を洩らす者がいた。宇垣が審判の決定をあっさりくつがえしてしまったのは、それだけ彼が米国海軍と航空戦力を過小評価していたことの証左となる。

だが、肝心の赤軍指揮官の松田は何もいわず、沈黙をまもっている。

2

宇垣やそれを扶《たす》ける黒島首席参謀の独走は、三日目のフィジー、ニューカレドニア攻略作戦の図演でいっそう露骨になった。何と、いったん沈没した空母加賀が再浮上し、青軍攻略部隊の一員に加わっているではないか！

赤軍指揮官松田は、戦後の戦史書でさんざん指摘されているこうした宇垣の独裁指揮について、異論をとなえていない。「図演とは、士気振作が目的」という彼なりの理由からである。第二段作戦図上演習は三和日誌が記すように、「急ぎ急ぎて布哇攻略作戦迄持ち来れり」と、何とかホノルル上陸作戦直前までこぎつけて終了した。

ここで注目すべきは、赤軍の装備しているレーダーの存在である。図演の結果では、青軍の第一空母部隊は空母一隻を喪失しただけでミッドウェー基地の空襲に成功し、同島上陸作戦を完遂させたが、アリューシャン攻略にむかった第二空母部隊は悪天候と濃霧にはばまれ、レーダー探知によって出撃した赤軍水上部隊の攻撃をうけて全滅したのだ。

日本海軍が柳本大佐の尽力により、何とかレーダー開発にこぎつけたことは前にのべた。だが、ミッドウェー作戦にあたって最初に電波探信儀《レーダー》が装備されたのは戦艦部隊の伊勢、日向二隻であって、第一線の機動部隊には搭載されていない。目的は艦隊決戦における戦艦部隊の遠距離射撃観測用であって、機動部隊の早期警戒装置としては考えられていない。潜水艦部隊も散開線付近で米水上艦艇と遭遇する可能性があり、早期警戒システムを必要とされるが、連合艦隊司令部は無関心である。

奇怪なのはレーダー問題だけでなく、日本側が隠密裡の攻撃に成功し、ミッドウェー攻略の意図が明確になるまで米国艦隊がハワイから出動してこないと頭から信じこんでいたことである。米国人の冒険主義からみて日本軍の何らかの動きを察知すれば、即座にハワイから出動してくるはずであったし、さらに攻略部隊各隊の動きで事前に情報を探知し、南雲機動部隊の前途に待ち伏せしている可能性もありえた。

ところが、松田大佐は青軍の奇襲攻撃が成功したと見なして、自軍の空母部隊を出撃させなかった。アメリカ通といわれながら、松田大佐はやはり他の日本側指揮官の多数が抱いたように、米空母部隊は南太平洋にありとの固定観念から脱け出すことができない。レイトン情報参謀がニミッツ大将から指示されて、「日本海軍軍人なら、どのような戦法をとるか」と考えつくした敵側とちがって、「米国海軍軍人ならどう戦うか」との想像力に欠けていた。

結局のところ、図演では日本人同士が、同じ発想で戦っていたわけであり、あまりにも手前勝手な、ご都合主義といわねばならない。

事実、図演最終日の五月四日、日本軍が占領したばかりのソロモン諸島ツラギ基地を米空母部隊がとつじょ急襲した。

ツラギはガダルカナル島の北側にある小島で、海軍はここに水上機基地をおいた。その翌日早朝、米空母レキシントンとヨークタウンの空母機が空襲した。指揮官はフレッチャー少将。この急報により、図演参加者の視点はふたたび南太平洋にむけられたのだ。

図演最終日は午前中研究会、午後一時三〇分から第二段作戦打ち合わせが予定されていた。ツラギ空襲の一件もあり、あらためてミッドウェー作戦中に米空母が反撃してくるかが論議の的となった。

図演参加部隊の幕僚たちは奇襲成功を前提にして、米空母出撃はミッドウェー空襲後となり、日米の空母決戦はかならず生起するにちがいないと主張した。図演の内容より、一歩作戦に踏みこんだのだ。宇垣もその意見に同意し、途中で味方機動部隊が空襲をうけた場合、どう対応するかについて一航艦側の回答をもとめた。

図演参加の青軍で、機動部隊を図面上作動させるのは源田航空甲参謀の役割である。宇垣の質問に、源田は昂然と答えた。

「鎧袖一触《がいしゅういっしょく》ですよ」

鎧の袖を一払いすれば、吹き飛びますよとの意味である。いかにもケレン味たっぷりな、剛気な航空参謀らしい発言だが、これを単なる強がりといいきれない一面がある。

ミッドウェー作戦の図演資料に敵情分析があり、米海軍機パイロットの実力として、

「搭乗員の技倆は一般に低劣で、その戦力はわが海軍の六分の一、特に雷撃はほとんどできないと判断される」

との一項がある。

おどろくほどの見くびった評価だが、その根拠となったのは源田航空甲参謀の判断と推察される。日本機一機で十分に米軍機六機と対抗しうる――何をもってこのとほうもない優越感を抱いたかは不明だが、たしかに零式戦闘機は優秀で中国戦線では圧倒的な勝利を誇った。だが、米海軍グラマン戦闘機との本格的対戦は未知の分野である。はたして一対六の対決が互角の戦いであるのかどうか、まもなく結論が出ることであった。

「山本長官は軍政家であって、作戦家ではない」

だから、艦隊作戦任務の長い黒島参謀を重用するのだと、ミッドウェー作戦計画が決定した折福留第一部長が三代部員に語ってみせたが、この図演最終日の列席者とのやりとりに軍令部作戦課員よりも鋭く反応したのはただ一人、山本大将のみである。

米国人の冒険主義を、山本はよく知りぬいていた。日本人に大和魂があるなら、彼らにも開拓者魂《フロンティア・スピリット》があるではないか。沈黙をやぶって、山本は南雲中将に直接命じた。

「空母部隊の索敵は万全を期すように。また、米空母が出撃した場合にそなえて、攻撃機の半数は魚雷装備せよ」

インド洋機動作戦でも第一航空艦隊はそのように実行し、トリンコマリー攻撃中に英空母ハーミスを発見して半数待機の攻撃隊がこれを撃沈した。いわば戦術的常識であり、また旗艦赤城がイギリス軍爆撃機に空襲されたとき、「敵機空爆するも命中せず」と誇らしげに報告してくるのを「いつまでもそんなだと思っていたら、いまにやられる」と山本長官は渡辺安次戦務参謀に警告をつたえている。事前索敵と警戒の重用性を第一と考えていたのである。

航空参謀佐々木彰中佐が、長官命令によってその指示内容を調整、起案しようとしたところ、黒島が「命令文に書く必要はない」と止めた。わざわざ命令文として作戦命令とするまでもなく、南雲—源田のコンビならまちがいなく雷装配備をするだろうとの思いこみがあったのだ。

山本は源田参謀にむかって、こんなこともいっている。

「〝鎧袖一触〟というような言葉は不用心だね。じっさいにこちらが陸上基地を叩いているときに不意に横っ腹に槍をいれられないように研究しとかねばならない」

そして南雲にも、

「もともとこんどの作戦は、ミッドウェーを占領するのが目的じゃない。そこを衝《つ》けば敵艦隊が顔を出す。それをつぶすのが目的だから本末を誤らないように」

山本の背後にひかえる渡辺の戦後回想では、南雲は出撃してこない（と思いこんでいる）米空母部隊にどうしてそのように過敏になっているのかと「ピンとこない様子」であったという。攻撃機の半数は雷装待機――山本の作戦家としての嗅覚が正式命令とならなかったことで、のちの米空母部隊発見後の南雲艦隊のドタバタ騒ぎが生起するのである。

山本はそれ以上、この問題に言及しなかった。「作戦家」黒島首席参謀に遠慮したのである。こうしてわざわざ司令長官が警告した指示は自信満々たる首席参謀の一言によって握りつぶされた。

最終的に参加部隊側から、二つの要望が出された。主役である一航艦司令部側から草鹿参謀長が代表して、「準備期間がたりない。せめて一ヵ月先に延期してもらいたい」と自説をのべた。

攻略部隊の上陸船団を護衛する本隊、第二艦隊参謀長白石万隆《かずたか》少将も、輸送船団の集合地を米軍潜水艦が港外に潜伏するサイパン泊地ではなく、要害堅固なトラック泊地に変更するよう注文をつけた。

連合艦隊司令部側の返答は、いずれも「否」であった。計画立案者の渡辺安次が反対する理由をこうのべた。

「攻略予定日のN日は、六月上旬をおいてほかに適切な時期はない。敵前上陸の前夜半、作戦成功のためには海上が静穏で、潮の干満差を考えてもっとも礁湖を渡りやすいこの時期を逃すことはできない。六月七日が適切だろう。もしこの時期をはずせば、作戦は一年先を待たねばならない」

作戦を一年先にのばす——との発言は、二艦隊司令部を沈黙させた。

トラック泊地への集結地変更も陸軍部隊とのかねあいもあって認められず、一航艦側の不安にたいしては米空母部隊が出撃してくるかどうか、「五月末ないしは六月上旬に真珠湾への飛行偵察をおこなう」との作戦改良案が提示された。以前に実施した長距離飛行可能な二式大艇によるハワイ空襲——K作戦——を再度実行しようとする試みである。

「第二次K作戦によって米空母出撃の徴候がつかめれば、それこそ撃滅の機会がえやすくなる」

と渡辺は自信たっぷりにつけ加えた。

最後に宇垣が立ってあいさつし、「それぞれの部隊に整備の若干余裕なきものがあるが、各部隊の善処努力を望む」としめくくった。図演の中心は宇垣と黒島で、「時機をずらせば勝機を逸する」「計画変更することはできぬ」との一点張りであったから、参加部隊幕僚たちに不満の種を残した。

「われわれは何だかだまされたような気がする」と憤慨するのは、第二艦隊通信参謀中島親孝少佐である。

中島少佐の証言。

「サイパン錨地は外海にあり、米軍潜水艦から企図を見破られやすい。何しろ一二隻も輸送船が集まるんですからね。ミッドウェー環礁の潮の干満差も作戦後、調べ直してみるとそれほどの差異はない。ですから、N日は六月七日と固定しなくてもよく、また攻略船団出発地のトラック泊地への変更が可能だった。

とにかく決定ずみのごり押しばかり。いったいあんな図演をやって、何の意味があったのか。まったくのムダでしたよ」

3

図演終了後、草鹿は攻略部隊本隊も作戦延期を提案していることを知り、白石万隆参謀長と相談して翌日あらためて連合艦隊司令部に意見具申することに決めた。草鹿はあくまでも、積極攻勢に反対の立場である。

翌五日、草鹿と白石二人が旗艦大和を訪れると、いきなり「よく来た」とばかりに機密連合艦隊命令作（作戦命令）第十二号の部厚い書類を手渡された。大本営で承認された第二段作戦計画の原案である。

図上演習で使用された計画案と同一のもので、すでに「ミッドウェー、アリューシャン作戦」の実施は既定のものであり、この段階では、もはや延期論の入りこむ余地はなかった。二人は浮かぬ表情で司令部を後にした。

草鹿の準備不足を理由にした消極的延期論に比して、「二、三ヵ月の訓練をおえて戦力を充実させ、積極攻勢に打って出る」との意味で反対論を打ち出したのが、二航戦司令官山口多聞である。

首席参謀伊藤清六の回想によると、山口は夜間一人で宇垣参謀長を訪ね、再三にわたってミッドウェー作戦の中止、あるいは実施延期を申し入れた。

宇垣は山口と同じ兵学校四十期生で、艦隊勤務も同じ、軍令部、海軍大学校のエリートコースも共に歩んでいる。ちなみに海大卒業は宇垣が二期上。同期生のよしみで、山口は単独で参謀長室に出かけ、宇垣に率直な反対論をつげた。

「半年にわたる転戦による乗員たちの疲労」「人事異動による戦力低下」「交代要員の急速練成」「艦隊全体の修理点検」など、山口は「現在の戦力のままでは、重大な作戦遂行は危険である」との慎重論を珍しく口にした。

二人だけの肚を割った話しあいで思わず口をついて出たのは、南雲司令部の作戦指揮についての日ごろの不満である。宇垣の日誌『戦藻録』の記述に、具体的にこんな批判が記されている。

第一段作戦研究会の席上、草鹿が「海上航空部隊の攻撃は、充分なる調査と精密な計画のもと、すべてを集中して一刀の下に切り下ろすべきだ」と、自説の金翅鳥王剣の極意をいつものように高言した。

合理主義者の宇垣は、この一撃必殺主義に不安をおぼえる。

「海上を移動し、広範な海面で作戦する海上兵力同士の戦闘では、まず相手の位置を索敵し把握することがいかに困難であるか。むしろ状況の変化に即応して対応するのが、肝心ではないか」

「その通りだ」

と山口が応じる。そして彼は、真珠湾攻撃いらいの南雲司令部の采配についてこうのべた。

「おれも作戦実施中、しばしば意見具申をした。ところがいっさい受けつけない。作戦計画に命令されたこと以外、好機をのがさず戦果の拡大をはかり、あるいは状況の変化を見て新作戦を展開する、といったような積極的な戦法は一度も見られなかった。真珠湾攻撃しかり、インド洋作戦しかり……」

「一航艦司令部には、おれも不満がある」

と宇垣が言葉を重ねた。「貴様が不満を抱くのももっともだ。今後もあきらめずに、大いに意見具申してやってくれ!」

宇垣は人物評価に手きびしいことで知られる。じっさい彼は日米開戦前、航空作戦の最高指揮官として南雲中将を不適格とし、南雲―草鹿のコンビを更迭しようと山本長官にはかったことがある。山本が了解し、後任に小沢治三郎の名まであげられたが、結局この人事は実現しなかった。

「では、いったい南雲司令部を握っている中心はだれか」

との宇垣の質問に、山口はこう答えた。

「長官は一言もいわない。参謀長も先任参謀も、どちらがどうかは知らないが億劫屋《おっくうや》揃いである」

億劫屋――とは、気乗りがしないの意。この場合、あれこれ言いわけをならべて行動を起さない、なまけ者のニュアンスがある。

山口多聞らしい痛烈な一言だが、宇垣にもこの酷評は納得できたようだ。六月五日の海戦後、これらのやりとりを記したあとで、『戦藻録』はこう結ばれている。

「今後千変万化の海洋作戦に於て果して其の任に堪ゆるや否やと、余輩は深く心憂せり」

艦長心得

1

「風上に立て！」

飛行長からの要請をうけて、旗艦赤城の新艦長青木泰二郎大佐が航海長に命じた。

「面舵！」

「おもーかーじー」

航海長三浦義四郎中佐の指示にあわせて操舵員の復唱する声がひびく。艦首飛行甲板から白い蒸気が流れ出し、艦はゆるやかに右に回頭しはじめた。蒸気が飛行甲板に描かれた白線上に重なる。

「発着配置よし」

艦橋右横側の発着艦指揮所から、飛行長増田正吾中佐の声が飛んだ。五月二十九日、この日は洋上での航空戦訓練がおこなわれた。

青木泰二郎大佐は四月二十七日付で、土浦航空隊司令から空母赤城に転じ、三六、五〇〇トンの大艦の艦長となった。一航艦所属の四人の艦長のうち、青木が最先任である。

海軍兵学校卒業時の一期下四十二期が飛龍の加来止男と加賀の岡田次作、同四十四期が蒼龍の柳本柳作である。青木と柳本は砲術科出身で、青木の場合は第一次上海事変のさいに空母加賀の砲術長、ついで同艦副長となり、艦隊勤務の経歴が古い。

昭和十二年九月、特設水上機母艦衣笠丸艦長となって航空畑へ転身し、水上機母艦瑞穂《みずほ》艤装委員長、同艦長をへて土浦航空隊司令となった。日華事変拡大にともなう航空部隊の指揮官不足が原因である。

赤城艦長となって一ヵ月余、前艦長長谷川喜一大佐が土浦航空隊司令となって交代に出て行くと、艦橋には相変わらず一航艦司令部の南雲長官以下幕僚たちがつめかけていて、赤城艦橋も手狭だ。

艦長交代の折、長谷川大佐から、

「いろいろとご苦労があると思いますが、よろしく願います」

といわれた言葉が理解できた。青木にとって、前艦長の意味ありげなあいさつが単なる儀礼ではなく、旗艦赤城の艦長職は単なる管理職という以上に、一航艦司令部という厄介な重荷を背負いこんだという二重の意味があったからだ。

前艦長長谷川喜一大佐が、その重圧をもっともよく体感していたようである。

青木が着任した翌二十八日正午、彼はさっそく新任地の土浦空へむかっている。上野駅発の列車、常磐線で土浦駅へ。この日は曇り空で、雨が降った。

だが長谷川は、旗艦艦長の重職から解放されてホッとした気分である。霞ヶ浦勤務は二十年ぶりで、しかも練習航空隊司令だから洋上や在泊中の雷撃、空爆の心配はなく、また上級司令部の長官や参謀長の意向に気配りする必要がない。

ハワイ作戦の成功いらい、赤城はラバウル、ポートダーウィン、チラチャップ、インド洋と各地を転戦し多大の戦果をあげ、その間一度も大艦を損傷させなかった——という艦長としての自負心がある。唯一、彼の誇りを傷つけたものがあるとすれば、それは一航艦司令部の横槍だ。

とにかく、神経が細かいのである。参謀長の草鹿少将は兵学校の一期上の先輩だが、前歴に赤城艦長の経験があり、操艦にもいちいち注文をつける。長官の南雲中将も同様だ。

真珠湾攻撃のさい、エトロフ島単冠湾を出撃する直前、赤城のスクリューにワイヤーがからみついて出発が一時間おくれた。前夜、確認を怠った副長、当直将校の責任だが、「晴れの門出に何という不吉な出来事」と南雲はくどくどと艦長に文句をいった。

艦長の注意力、統率力不足ということだが、長谷川にしてみれば、一航艦司令部が乗りこんできていらい飛行長、飛行隊長、分隊長の大尉クラスまでもが艦長を無視して、航空参謀と直接話しあって計画を決め、万事をすすめる傾向がある。

——これでは艦の指揮が乱れる。

実直な艦長長谷川大佐にはそんなもどかしい思いがあり、事あるごとに艦の秩序を守るようにと副長に注意をうながすのだが、「はァ……」と生返事である。こんな艦内の乱れが、結局事故を生み出してしまったのだ。

厄介なのは、草鹿参謀長の艦長を無視した介入である。たとえば、ラバウル攻略をおえ、次作戦にそなえて南方の西カロリン諸島のパラオ泊地に寄港したさい、「環礁の西水道から入港したらどうか」と参謀長が無理な注文をつけた。

「二航戦も西水道からはいっているし、むつかしくないだろう？」

艦の出入時には艦長が操艦するのが通例である。洋上に出れば、三浦航海長が代わって指揮をとる。パラオ環礁の西水道には正確な海図がなく、三浦が航路をどのようにすればよいかと、前夜も相談を持ちかけて来た難所である。大艦赤城を坐礁事故で傷つけてはならない。

「本艦は艦底が深く、坐礁する危険があります」と長谷川が難色をしめすと、草鹿はなおも引き下がらず「神威《かもい》も通ってるじゃないか」と反論した。

水上機母艦神威は一七、〇〇〇トン。二航戦の飛龍、蒼龍ともに二万トン級で、吃水線より艦底まで八・五メートルていど。四万トン級の元巡洋戦艦改造空母赤城ではさらに深く、無事に礁湖の西水道を渡り切れるかどうか。

（ずいぶん無茶な参謀長だ）

と不満を抱きながらも、何とか草鹿の指示通りに、赤城は西水道よりパラオ泊地に入港した。

その前日の二月九日、二番艦の空母加賀が同じパラオのコロール泊地を出港のさい、礁湖で艦底を三二メートルも破損する事故を起こしていた。艦長岡田次作大佐がみずから操艦にあたっていたものらしい。その結果、修理のため加賀は戦列をはなれて、はるばる母港佐世保にもどることになった。

——とんだ災難。

と岡田艦長に同情したが、それがわが身でなかったことに長谷川は一安堵した。

艦長としての長谷川大佐を失望させた出来事はまだあった。司令長官としての南雲忠一の動揺ぶりである。むしろ、小心翼々というべきか。

司令部の坂上機関参謀の回想談にもあるように、真珠湾攻撃時の最高指揮官の自信のなさは艦橋の空気を落着かない気分にさせた。前年十一月末、ハワイをめざして単冠湾を出撃し北方航路をたどったとき、途中で南東の風が吹き、艦隊が霧中航行を強いられることになった。一寸先も見えない霧の深さである。隊列が乱れ、艦橋の窓ガラスからは先頭、後続各艦の姿が見えなくなった。

「隊列が乱れる。迷子の艦が出るぞ！」

と長官はうろたえ、艦長を視線のさだまらない眼で見つめ、おろおろと艦橋内を歩きまわった。

「霧は晴れぬか？」

草鹿参謀長もこの濃霧ではどうにもならないと、あきらめ顔で黙ったままである。業を煮やしたように南雲が、「灯を出せ！」と長谷川に命じた。いや、米軍潜水艦が潜伏しているかも知れないと考え直して、「灯はいかん、消せ！」とあわてて訂正した。

草鹿の背後に司令部幕僚たちもいたが、長官の子供っぽい騒ぎかたにあっけにとられたものか、だれも制止する者がいない。

——口数多く、一喜一憂口走るは主将の慎むべきこと。

と長谷川は、自分も艦長としてかくあってはならじと心の戒めとした。

新艦長の青木大佐が前艦長の苦衷を知るのは乗艦後しばらくたってのことで、士官室での幹部たちのやりとりからそれと気づくのである。だが前途に、そんな艦長職の重圧よりもさらに苛酷な運命が待ちうけていることを、このとき彼は何も気づいていない。

2

この日の航空戦訓練は、各艦ごとに雷爆撃を想定しておこなわれた。

訓練は航空甲参謀の源田中佐の役割ではなく、乙参謀吉岡忠一少佐が中心となって実施された。出撃後の洋上訓練とはいかにものどかな、場当たり的なもののようだが、それだけ搭乗員たちの練度不足は深刻な状態であったといえる。

吉岡は源田の兵学校五期下で、開明的な性格から草創期に海軍航空をめざした。

静岡県生まれで、鳥取出身の海軍機関中将吉岡保貞の娘婿となり、吉岡姓を名乗った。保貞は艦政本部で永年艦艇建造にたずさわったために、予備役となってからは神戸川崎重工の艦船工場長に転じ、空母瑞鶴、同大鳳などの建艦に功績があった。

忠一は義父の影響をうけて、浜松一中から海軍兵学校へ。源田の卒業と入れかわって入校し、昭和三年、飛行学生となり水上機操縦を専修した。同十年、横空教官時代は爆撃、雷撃の研究につとめ、「横空に吉岡あり」との名を高めた。高雄航空隊飛行隊長としてハノイにあり、昭和十六年九月、一航艦司令部入りをした。

この人事は、源田参謀の要請によったものと吉岡本人がいう。「源田さんは戦闘機出身だから、雷爆撃の研究者だった私が欲しかったんでしょう」といい、本人は勇躍して旗艦赤城に乗りこんだ。

しかし司令部入りしてみると仕事はなく、体の良い〝南雲長官の鞄持ち〟。南雲の従者のように、外出時にはあれこれと世話をやいた。そのために、すっかり南雲贔屓《びいき》になっている。

「南雲さんは陸に上がると、神社詣でをして必勝祈願をしていましたよ。必死だった。だから得意の水雷戦をまかせていたら、エキスパートだから存分に腕を発揮できたはず。いきなり航空戦隊指揮官でとまどっておられたな。気の毒でしたよ」

吉岡自身は「航空屋」として、高等科飛行学生時代に恩賜の銀時計を授与された自負心がある。

「おれには、ちっとも作戦計画をやらしてくれん」

と赤城艦橋で吉岡がボヤいていたのを、司令部付主計中尉杉山積《いさお》が耳にしている。明るい性格だが、少し軽い——多少おっちょこちょいの性格があると杉山は評しているが、その意味では思いこみがはげしく、いったんこうと信じればそのまま突っ走ってしまう性癖がある。

吉岡は甲参謀の源田を尊敬していて、彼が指示すれば無批判にそれに従う盲目的なところがある。「米空母は出現しない」と源田が主張すれば、その通りに突っ走ってしまう優等生的従順さが後で思わぬ失策を招くことになる。

さて、航空戦訓練は各艦から全機発進して、それぞれ空中集合して華麗な展開をした。思わず眼を奪われるような壮大な一大絵巻の世界だが、はたして収容作業がはじまってみると、離着艦作業の訓練不足が露呈した。空母加賀の艦爆一機が着艦に失敗して、海上に転落したのだ。

「ただちに救助にむかえ！」

加賀艦橋にいた岡田大佐が即座に伝声管から声をかけた。

直上の防空指揮所から発光信号が送られ、瞬時をおかずに随伴駆逐艦が二人の搭乗員が転落した海面にむかう。波の高い洋上での収容作業は困難をきわめる。

洋上の九九艦爆はすでに海中に没し、はるか後方の海面でライフジャケット姿の搭乗員たちが駆逐艦上に拾い上げられるのが目撃された。

「良かったですな」

発着艦指揮所で整備長が声をかけると、天谷孝久飛行長は「いや、面目ない」とテレ笑いを浮かべた。飛行長天谷中佐も飛龍から加賀に転任したばかりで、飛行機隊員たちの徹底した訓練を実施できなかったことを悔いていたからである。

3

それは、岩壁にそそり立つ巨大な岩に似ていた。いくえにもつみかさねられた銃座は傲岸さと闘志のあらわれであり、中央にそびえる高い塔の艦橋は、この艦の鋼鉄の意志を誇示していた。

山本五十六の大将旗をかかげて進撃する戦艦大和――全長二六三メートル、最大幅三八・九メートル。その巨大さをたとえていうなら、東京駅丸の内側駅舎とほぼ同じ大きさである。排水量六九、一〇〇トン、満載状態では七二、八〇九トンに達した。

この世界最大の戦艦を象徴するいくつかのエピソードがある。乗員は二、五〇〇名。後甲板では映画を上映するさい、これら全乗員が同時に鑑賞できたし、前甲板では野球試合も可能であった。

三連装九門の主砲四六センチ砲は砲身長二一メートル、仰角四五度で発射されれば砲弾は四一、〇〇〇メートルを飛翔する。東京から富士山頂の二倍の高さを飛んで大船に達する距離である。片舷四基の一五〇センチ探照灯、一五メートル測距儀のどれ一つを挙げても世界一と、当時の建艦の常識を超えている巨艦であった。昭和十九年六月のマリアナ沖海戦のさい、はじめてこの巨大戦艦を目視した米軍パイロットは感覚を喪い、大和、長門の二隻の並列するのを見て「戦艦一、重巡一」と発見電報を打電したという。

山本五十六が連合艦隊司令部を新造の戦艦大和に変更したのはこの二月十二日のことだが、完成と同時にこの巨艦は使命をおえていたのである。空母を使用した航空機部隊が太平洋の彼方ハワイまで三、五〇〇カイリを往復し、航空攻撃を加えて米海軍主力艦を壊滅させるという戦法は海軍作戦に革命的変化をもたらした。大和の四六センチ砲の巨大な射程はすでに時代おくれになっていたのだ。

その変化は、はじめて大和を視察した山本の態度にもよくあらわれていた。前年秋、司令部幕僚たちとともに視察に訪れた山本はさして感銘の表情を見せず、艦長の説明にむっつりとうなずくばかりであった。もともと「主力艦は二隻ていどで充分」とする山本は、周辺にこんなことを語っている。

「金持ちの床の間にある骨董品は実用的な価値はないが、家柄や財力の象徴として対外的には無形の価値を発揮している。戦艦も実用的価値は少ないだろうが、国際的には海軍力の象徴として考えられているから、対外的には無形の効果をしめしている。であるから、しばらく戦艦廃止論は我慢せよ」

山本五十六らしい合理的な判断だが、これと対極にあるのは参謀長の宇垣で、大和移乗の第一夜にさっそく戦艦主力主義者らしく、「大和それは大したものなり。連合艦隊旗艦として充分完全其の任を果せ」と手放しの賞讃である。

山本五十六の長官公室、私室は上甲板にあり、ここから艦内エレベーターで直接艦橋にのぼることができる。

大和中央にある檣楼《しょうろう》はそれだけで一三階あり、そこから艦底まではさらに六階あった。艦の中心部は前甲板から後甲板にかけて二本の巨大な通路が走り、そこから左右に無数の枝道がある。このすべてに通暁するまでには、だれしも数週間を要した。

ミッドウェーをめざして航海中、山本五十六は払暁時、しばしば上甲板に姿をあらわして海を見つめていた。戦務参謀の渡辺が気になって長官の後を追って上甲板に出たが、いつも天象気象に気を配っているようでじっと東の空に視線を投げていた。あるいは朝の冷気の下、沈思黙考の良き時間帯であったのかも知れない。

総員起こしの号令がかかって渡辺が長官私室を訪れると、山本は寝床に横になっていた。早起きして上甲板に出ても、また私室にもどって従兵たちが居住区からやってくるのを寝床で待っていたのである。そんな気配りをみせる長官だから、従兵たちはなおいっそう山本の好きな私室の浴室を磨き上げた。

碇泊時の柱島沖とはことなり、戦闘航海中は真水がふんだんに使えないので山本は湯舟に浸ることなく、浴室でシャワーを使った。それも毎日欠かさずの行事で、しかも何をしてすごしているのか、相変わらず半時間と長い。そして、私室を出たあとはエレベーターで通常艦橋と同じ位置にある作戦室に出かけ、長官の〝女房役〟渡辺安次と将棋の勝負をした。

たまに相手が政務参謀の藤井茂に代わることがあった。勝ち運が自分にむいてくると、山本は古い軍歌や小学唱歌などを機嫌よく口ずさんだ。当人の顔たるや〝別人のように他愛ない、ほほえましい顔〟と藤井は回想しているが、しかし将棋やトランプ、ルーレットなどの勝負事に関心を抱くのは、「賭け事にかこつけて本人の確信の程度を試すことにある」と彼はいう。山本はいい加減な研究やハッタリをきらい、どこまでたしかな信念にもとづいて行動しているのか、幕僚たちに試練の機会をあたえたのだというのが藤井の解釈である。

N-2日までは順調な航海がつづいた。山本は早朝に一度戦闘艦橋に顔を出すと作戦室に移り、幕僚たちにまじって一日の大半をここですごした。寡黙な性格で必要なこと以外はしゃべらないが、それは「どうでもよいことに対しては黙っている時間が長かった」せいだと渡辺が指摘している。些事にあまりこだわらず、必要なことは担当幕僚にすべてをまかせていたから、暇な時間は十分にあった。

そんなときには、屈託なく幕僚たちを相手にこんな話をした。当時、海軍報道課長の平出英夫大佐が戦勝報道をにぎやかな軍艦マーチ入りではじめていたので、藤井参謀がそんな話題にふれると、山本の顔色は不快そうに変わった。山本はきびしい表情で、

「報道部などの軍事報道は、静かに真相をつたえるだけで十分だと思う。太鼓をたたいて浮き立たせる必要はない。軍事当局が世論指導とか国民の士気振作をはかるというのは、口はばったいことだ」

と突っぱねるような言いかたをした。英領シンガポール陥落後のことで、海軍の後輩桑原虎雄少将が転任のあいさつに訪れたさい、「戦争終結をどうはかるか」の問いかけに山本は「いままで手に入れたものを全部投げ出す必要がある。中央にはたしてそれだけの肚はあるか」と語っていた時期になる。国内全般に戦勝気分が汪溢しているのを強く戒めていたのである。

——風がほとんどなく、静穏な夜の海である。

戦務参謀の渡辺安次が長官の姿が消えたので捜して歩くと、上甲板に山本のじっと海を凝視する姿があった。声をかけようと近づくと風のひびきにまじって読経の声がきこえてきた。山本は闇にむかって眼を閉じ、般若心経《はんにゃしんぎょう》を唱えていたのだ。

山本の戦死後、ブーゲンビル島のジャングルで遺体を回収したのは渡辺安次一行だが、その折山本の軍服に手帖一冊だけがはいっていて、それには死者を悼む和歌が明治天皇の御製をはじめ、万葉集、明治戦役でのものまで清書して書きこまれてあった。

渡辺に思い当たるのは、こうした戦死者にたいする山本の深い鎮魂の心情である。彼が長官私室で眼にしたのは、真珠湾攻撃にむかう直前に岩佐直治大尉以下隊員たちが遺していった寄せ書きで、それを机上にかざって彼らの生前を偲んでいた。寄せ書きは高橋三吉大将に贈られ、「いまの若い者などと、口はばたきことは申すまじきこと、しかと教えられ」と山本が書き送った一文はよく知られている。

山本が彼らの死を悼んだ和歌がある。

ますらをの　ゆくとふ道と　ゆききはめ
　わが若人はつひにかへらず

たぐひなき　いさをたてし　若人は
　とはに帰らず　わが胸いたむ

政務参謀藤井茂の回想にも、同様のエピソードがある。藤井が長官私室で眼に止めたのは、東郷平八郎の揮毫《きごう》した色紙「終始一誠意」の書である。日本海海戦時の連合艦隊司令長官の遺勲にあやかりたいとの願望もあってのことだろうが、藤井が報告のついでに戦死者のことにふれると「いつも沈痛なかげが長官の顔に宿った」という。情の濃い人物なのである。

「自分は連合艦隊司令長官の職に向いていない」

と開戦前のある日、山本は藤井参謀に語ったことがある。適格者として彼は海軍の先輩米内光政大将をあげ、自分は航空戦隊司令官なら存分に腕を振るってみせる、といっていた。それは謙《けん》遜《そん》ではなく、案外山本の本音であったかも知れない。全軍をひきいる将帥は、ときに冷酷非情でなければならない。大の虫を生かすために小の虫を殺す、大局的な見地から非業の死を強いることもあえて断行する、そんな強い性格がはたして自分にあるのだろうか。

むしろその大胆さは、内閣を組織し、のちに海相となって日本を終戦に導いた米内光政にこそありとする山本の人物評は、案外正鵠を射ているような気がしてならない。

黒島を偏愛する思いこみや情の濃さ、末端の従兵にいたるまで気配りする情愛、南雲を毛嫌いしながらも更迭できない温情主義、渡辺安次を感動させた戦死者への深い哀しみの感情——こうした美談として語られる山本の資質の大部分は、軍政家として良かれ悪しかれポピュリズム（迎合主義）の特徴としてとらえることができる。

だが、その反面、軍事的最高指揮官としての欠格が明らかになった。軍政家らしく軍令部、陸軍側の提案を受け入れ、ミッドウェー攻略案にアリューシャン作戦をつけ加える、といったような二正面作戦の妥協に踏みきったのだ。兵術家としてもっともやってはいけないこと——目的の分散、兵力の二分割をやってしまったのである。

古来、戦場では目的を単一化し、兵力を一点に全力集中して勝利をえていた事例は、ナポレオンやネルソン提督の例をあげるまでもない。まさしく鉄則ともいうべき戦争の常識である。山本はミッドウェーと同時に北方作戦を加えたことで、兵力集中の大原則を逸脱してしまった。

そのために手持ち空母兵力八隻のうち四隻の主力は第一機動部隊に残したが、残る四隻のうち龍驤、隼鷹をアリューシャン攻略部隊に派出し、瑞鳳をミッドウェー攻略部隊、鳳翔を戦艦部隊の護衛とした。空母兵力を四分割することは、個々の母艦攻撃兵力をいちじるしく低下させるものである。

アリューシャン作戦に空母二隻を割いたことで、北方部隊の兵力は空母二、重巡三、軽巡三、水上機母艦一、駆逐艦一二隻の強力な艦隊となった。ミッドウェー島攻略三日前にアッツ、キスカ両島に陸海軍部隊が上陸する予定だが、福留第一部長によれば、「同地は米国領なので、米艦隊が奪回のため出動してくる」との見込みがあったようである。富岡第一課長も「ミッドウェー作戦の戦術的牽制になる」と考えたようだが、これらは作戦企画者それぞれの希望的観測にすぎない。

米空母が北方海域に出動してこなかった場合、占領後のアリューシャン西部への物資補給、兵力増強支援の見通しが立たず、この北方作戦追加は艦隊の壮大な徒労とアッツ、キスカ両島の孤立を招く結果を生んだにすぎない。

決戦兵力の「主隊」出撃も、山本の温情主義の悪しき一面があらわれた。第一戦隊の戦艦大和、長門、陸奥に加えて、警戒部隊として第二戦隊の低速戦艦伊勢、日向、扶桑、山城を出動させたことで、これらを護衛するために軽巡北上、大井の二隻、駆逐艦七隻を配備しなければならなかった。

出撃の目的は、開戦いらい出撃の機会がなく、じっと碇泊して動かない〝柱島艦隊〟と揶揄《やゆ》されている戦艦部隊の士気振作のためというのが、今日の定説になっている。出撃した場合、戦時加俸や航海手当がえられるわけだが、もし前線で水上戦闘が起きた場合、南雲艦隊より六〇〇カイリ後方に位置している戦艦部隊が駆けつけるまでに丸一日を要する距離となる。こんな遠距離では役に立つまい。

当時としては貴重な貯蔵重油を大量に使って太平洋上を往復する、まったくもってムダな大名旅行を第一、第二戦隊の戦艦群が実行に移したというわけである。

4

五月三十日は、一転して荒天になった。早朝より米軍潜水艦を警戒して、大和は「之字運動」、すなわちジグザグ運動をつづけている。速力一六ノット。午後になって海が荒れ、随伴の軽巡、駆逐艦が艦首に波をかぶるようになったので通常航行にもどし、速力も一四ノットに減じた。

この日、大和電信室は通信部隊からの機密情報電を受信し、サイパンを出撃した攻略船団部隊の前方、あるいはその周辺から米軍潜水艦が長文の暗号電報を打電した、と報じてきた。艦橋直下の作戦室に、一気に緊張が走った。暗号文は解読できないが、もし船団が発見されれば、その針路をたどって行けば太平洋上の一点ミッドウェー島にたどりつく。

「たしかに船団の進む東北東の方向にはミッドウェー島がありますが、測定した敵潜の発信地点は多少の誤差をふくめても、攻略船団の予定針路より相当はずれている。まだ発見されていない、と見るべきです」

和田通信参謀が落着いた口ぶりでいった。海図上に位置をもとめると、米軍潜水艦はかなり前方海域から発信しており、目視ではとても見えない距離だとわかった。これで騒ぎは一段落したが、宇垣参謀長はもし船団が発見されてもかえって味方は幸運だと意外な反応をしめしている。

「……我輸送船隊等を発見し報告せるものとせば、敵の備ふる所となり獲物反りて多かるべきなり」(同日付、『戦藻録』)

かえって獲物が多く出てくるだろう——という強気の姿勢は、連合艦隊司令部幕僚たちすべてにあったようである。作戦参謀三和大佐も翌日、大和が父島北方を通過し東進しつつあった艦内で、こんな昂揚した気分を日誌に書きつけている。

「海軍の未だ曾《か》つて考へざりし大遠征なり。而して進ます者も進む者も必勝を期して疑はず。戦はずして既に敵を呑むの慨《がい》、何処に育成せられ、何処より来りしものなるか、正に感慨無量の大行進なり」

全艦隊は隠密行動をとり、ミッドウェー島をめざして進撃する。連合艦隊の旗艦大和でも電信を発進せず、電話も止めて「枚《ばい》をふくんで粛々と進む」と宇垣も三和も、古戦場で兵士が口木を横にくわえて夜襲の潜行をした故事を思い起こして、それぞれの日記に書きつけている。

しかし、大和は作戦全体の「主隊」である。いざ、海戦突入にさいして最高司令部が無線封止をし口を閉ざしてしまった場合、危急の場合にどう対応できるのか。いっそ司令部は陸上基地にあって事前の情報、米空母部隊の動向、作戦内容の変更、その他の指示を海上部隊に指示すべきではなかったのか。

指揮官先頭——。日本海軍の伝統だが、沈黙の艦隊がいくら優秀な情報探知、敵信班をそろえていたところで、最前線の南雲機動部隊に伝達しなければ存在の価値がない。

そのうえ不幸なことに、山本五十六の体調が思わしくなかった。顔に玉の汗が浮かび、言葉も少なくなった。だがそれがなぜかは、だれも気づかない。

渡辺戦務参謀の関心は、「第二次K作戦」の行方であった。図上演習の席で彼が宣言した通り、ミッドウェー攻撃にさいして米空母部隊が出撃してくるかどうか、その可能性をさぐる二式大艇によるハワイ長距離偵察の出発が三十一日に決まっていたからである。

第五章　ミッドウェー島防衛計画

真珠湾への偵察行

1

ミッドウェー作戦計画では、ハワイを母港とする米空母部隊が真珠湾に在泊しているかどうか、二つの偵察手段が考えられていた。

その一は、潜水艦一五隻をもってハワイとミッドウェーの中間点——北側の乙散開線と南側の甲散開線——に待機配備し、その布陣はN-5日、六月二日までにおえること。

二は、マーシャル諸島を出発した二式大艇二機が五月三十一日、フレンチフリゲート礁に到着。潜水艦からの燃料補給のうえ日本時間午後四時出発し、同日午後八時四五分に真珠湾を偵察、ふたたび発進地ウォッゼ環礁にもどる。

念のため、伊号第百六十八潜水艦（伊百六十八潜）には特別任務があたえられていた。N-5日までにキューア島およびミッドウェー島を偵察し、同島東方を機動。「天候ヲ偵察スベシ」

その二がいわゆる「第二次K作戦」であり、この日午後がフレンチフリゲート礁からの伊号潜水艦到着電が飛来する期待の時刻であった。

大和電信室は渡辺参謀の意をうけて、フレンチフリゲート礁に進出する伊号潜水艦二隻からの連絡電に注意を集中した。米空母部隊が真珠湾に在泊しているかいないか、その情報に南雲機動部隊の命運が托されている。


伊百二十一潜水艦長藤森康男少佐がつぎのようなスリリングな命令をうけたのは、呉軍港を出撃する前の五月八日のことである。

「伊百二十一潜はフレンチフリゲート礁に進出、新型飛行艇に燃料を補給のうえ、ミッドウェー作戦にそなえ同方面を哨戒せよ」

フレンチフリゲート礁はハワイの西北西四八〇カイリ（約八九〇キロ）にある珊瑚礁である。はるばると遠く太平洋の真ん中に進出して、米太平洋艦隊の懐《ふところ》に飛びこむ大胆な作戦であり、藤森少佐は一瞬のとまどいをおぼえた。彼は自分の任務がどれほど危険をともなうものかをよく承知していた。

伊百二十一潜は艦齢一五年。旧型の機雷敷設潜水艦で、遠く外洋に出て作戦行動ができるような水上、水中高速性能を持ちあわせていない。ただし、航続力は一〇、五〇〇カイリ（約一九、五〇〇キロ）と長大である。

原型は第一次大戦後の大正八年、連合国の一員となって戦った日本に敗戦国ドイツからの戦利品として英国から回航されたドイツ軍潜水艦Uボートである。貸与されたのは合計七隻。なかでも、U一二五号機雷敷設潜水艦タイプは性能にすぐれ、実用性に富んでいたので、まだ発展途上にあった日本潜水艦技術への大いなる刺戟となった。排水量一、一四〇トン、同艦を基本に川崎造船所で伊百二十一潜型四隻が建造され、昭和二年から三年にかけて相ついで完成。Uボート群はベルサイユ条約の規定により廃棄された。

その後、航続力の長い巡洋潜水艦型、水上高速力を増大した海大型の大型潜水艦が登場し、伊百二十一潜タイプはたちまち旧式となった。同型艦伊百二十二潜、伊百二十三潜は第十三潜水隊に所属し、日米開戦後はシンガポール沖、ポートダーウィン沖での機雷敷設作業に従事している。魚雷発射管は艦首のみで四門、機雷搭載数四二個。

藤森艦長の一瞬の変化を読みとった第十三潜水隊司令宮崎武治大佐は、「まあ、一回成功しているる作戦だからそれほどむずかしいことではないよ」と、取りなす言いかたをした。宮崎自身、旧型の機雷敷設潜水艦三隻派遣で事たれりとする上級司令部の方針に一抹の不安を抱いていたようだ。

五月十五日、最新鋭の大型飛行艇、二式大艇二機がマーシャル諸島ウォッゼ環礁の南、ヤルート島イミエジ水上基地に配備された。この二機を利用して、途中フレンチフリゲート礁で待機する潜水艦からの補給をうけハワイの真珠湾口をめざす偵察行を第二次K作戦と呼称した。

2

第一次K作戦は三ヵ月前に実施され、ほぼ作戦目的は達成された。

攻撃目標はハワイの真珠湾海軍工廠、艦船ドック、在泊艦船の破壊である。南雲機動部隊の奇襲攻撃により在泊戦艦部隊を壊滅させたが、残る工廠施設はそのまま手つかずで残った。再攻撃もせず艦隊が帰投したため、その後、真珠湾軍港は昼夜兼行で灯火管制もせず、艦船修理に集中しているさまが、味方潜水艦の偵察によりあきらかになっていた。

——これを、何とか叩く方法はないか。

軍令部作戦課の三代辰吉らが中心となって考えたのが、その当時完成したばかりの新型飛行艇、二式大艇を使っての遠大なハワイ爆撃計画であった。

使用機種は二月に海軍で制式採用されたばかりの川西二式飛行艇、俗に二式大艇と呼ばれる長距離攻撃飛行艇である。

戦時中に東宝映画『南海の花束』（監督阿部豊）が公開され、南方航路を開拓するパイロットの苦労を俳優大日方《おびなた》傳が演じて話題になった。ラストシーンに巨大な九七式大艇が水上から飛び立つ豪快なシーンがあり、四発の飛行艇だけでも一般国民には物珍しかったが、同時期にすでに九七大艇の後継機二式大艇がひそかに開発されて誕生していたのだ。

二式大艇は日本海軍の最高傑作機の一つで、発動機四発を装備した大型機という意味では、B29の対抗機をめざした大型爆撃機連山は試作機なので、唯一の実用機ということになる。連山は実戦に使用されずにおわり、二式大艇のみが四発大型機としての完成をみた。

民間の川西航空機の主任設計技師菊原静男が、相変わらずの軍当局の過大な要求——航続力強化と高速性能——をみごとに克服して、この傑作飛行艇を造り上げた。

菊原技師の何が天才的能力かといえば、長大な航続力を実現させるための燃料増加とそれに相反する機体高速化という矛盾を、艇体長と艇体幅の比を異例にとる大胆な手法で全体を細長い機体にまとめ上げ、いくつもの難題を解決したみごとな設計にある。

そのために、まず三菱で開発中の日本最大のエンジン「火星」一二型空冷複列一四気筒を積極的に採用し、機体の防弾、防火対策——たとえば日本機でほとんど試みられなかった燃料タンクの防火装置、搭乗員保護のための防禦鋼鈑設置——などまったく新しい発想で、一撃食らえばたちまち火だるまになるという中国戦線での日本機被害の戦訓を取り入れた設計上の工夫をした。

さらに攻撃力も強化され、魚雷搭載×二本、あるいは八〇〇キロ爆弾×二、又は二五〇キロ爆弾×八発となり、武装は二〇ミリ機銃×三又は四、予備に七・七ミリ機銃×三梃という強力なものとなった。乗員一六名。

「これなら途中で一回給油すれば、マーシャル諸島あたりからハワイに攻撃をかけられるぞ」

と三代部員が色めきたったのは、試作段階で報告されてきた新型飛行艇の驚異的な航続力であった。

ちなみに、米国第一線で使用されているコンソリデーテッドPB2Y飛行艇と比較すると、機体重量二四・五トンと大差はないが、最大速力三六二キロ／時にたいし、二式大艇四七二キロ／

時。航続力五、〇〇〇キロにたいし同七、〇〇〇キロ、離水秒時一分三〇秒に比較して同四〇秒と早く、性能に圧倒的な差があることは明白だろう。

この情報にすぐ反応したのが、連合艦隊参謀長の宇垣であった。宇垣は山本長官の意を解して一月十四日、「六月以降ミッドウェー、ジョンストン、パルミラ攻略」の次期作戦指導要綱を書き上げたことがよく知られている。その立場でいえば真珠湾工廠の活況は見逃せない事態であった。

宇垣の指示により、オアフ島夜間空襲の予備研究が南洋部隊ではじめられ、K作戦と名づけて三月二日、七日と二次に分けて実施されることが決まった。使用兵力は横浜航空隊の二式大艇二機。協力潜水艦は第一次が伊十五、伊十九、伊二十六の三艦であり、無線誘導を担当するのが伊九潜である。


第一次K作戦は天候の影響で、じっさいは三月四日の深夜九時二一分（日本時間）、オアフ島上空に進入したところで開始された。

途中、二式大艇はウォッゼ基地を発進、潜水艦群はフレンチフリゲート礁外の待機地点で吹き流しをかかげて浮上し待ちうけ、一機あて一二、〇〇〇リットルのガソリンを補給。両機はただちに離水、攻撃にむかった。

指揮官は橋爪寿雄大尉。東京生まれの都会っ子で、府立六中（現・新宿高校）から海軍兵学校に入り、飛行学生では水上機を志願した。牛込区市谷加賀町に妻久仁恵との二人暮らし。

はじめて二式大艇によるハワイ夜間空襲を耳にしたときの橋爪の心境は、日露戦争時における旅順港口封鎖作戦の広瀬中佐のそれと重なる重いものであったにちがいない。

「われわれ二式大艇隊に、世界未曾有の作戦行動が発令された」

と、橋爪大尉が部下に訓示した内容が残っている。橋爪は目的地を明かさず、途中で味方潜水艦が浮上して無線誘導してくれるから何も心配することはないといい、身辺を整理しておくように、と真顔でいった。それだけで、部下隊員たちは任務の重大さをよく理解できた。

「こんど選にもれた者たちも、われわれの後を追って南方第一線に来てもらいたい」

というのが出撃前、横須賀基地を発つ折の別れのあいさつであった。橋爪たち攻撃隊員は、ウォッゼ基地で燃料補給訓練などを実施した。

橋爪の一番機はオアフ島の西、カエナ岬の灯火を見つけた。二番機とともに同島北方を迂回して真珠湾上空へ。雲間から、遠くにヒッカム飛行場、フォード島がのぞいて見える。

同機の上部機銃座にいた攻撃隊員山田敏秋一飛曹の目撃談がある。

「真珠湾上空は雲の切れ間が多く、湾内は満月の光に照らしだされ、はっきりとわかった。しかしわれわれが上空を通過するころ地上では空襲に気づいたのか、いっせいに灯火は消され、湾周囲から無数の探照灯の照射があった」

橋爪機は計画通り、真珠湾の西岸上空から左急旋回で突入し、米海軍工廠上空と思われる付近で二五〇キロ爆弾八発を投下した。二番機は指揮官機の投下指示を通信不良でききとれず投弾失敗、再進入を試みたあと推測爆撃をおこない、港外南方へ避退した。

両機とも夜間空襲の目的を達成したが、工廠爆撃の成果は得られなかった。指揮官機は「真珠湾奇襲ニ成功セリ」を打電している。だが、前掲の山田一飛曹によると、「残念なことに雲にさえぎられ、戦果の確認はできなかった」とあり、地上施設の爆破炎上は視認できず、爆撃は失敗におわったとみるべきである。

一番機はフレンチフリゲート礁離水のさい、艇底に破口を生じ修理に一〇日間を要するため第二次攻撃は中止となり、K作戦はいちおう打ち切られた。

さて、橋爪機の行方だが、この時期すでにミッドウェー攻略の構想を抱いていた連合艦隊司令部は、イミエジ基地に帰着した一番機にふたたび同島の隠密偵察命令を下した。長大な航続力を活かして、攻略下準備のつもりで派出したのだ。

三月十一日、夜明け直後にミッドウェー上空に達した橋爪機は午前八時一五分、「敵戦闘機見ユ」の発信をしたあと消息を絶った。橋爪寿雄大尉以下全搭乗員はそのまま未帰還となり、上空警戒の米軍戦闘機群との交戦で戦死したもの——と判断された。

3

「第二次K作戦を実施する」

藤森康男艦長が新たに命令を下されたとき、任務の重さを意識しながらも第一次作戦は成功し潜水艦部隊の全艦も無事帰投したのだから、さして困難はあるまいと考えたのは無理もなかった。すでに航空燃料補給設備の工事が第十三潜水隊各艦に実施されており、いずれわが身にもK作戦実施の任務が課せられるであろうと覚悟していたのだ。

「艦体はボロボロ、エンジン関係は差し支えないものの元は機雷敷設艦ですから、最高速力一三ノットていどで海大型の潜水艦とはくらべものにならない。でも、K作戦なら何とかなるという安易な気持があったことも事実ですね」

と藤森は述懐する。飛行艇補給任務なら、上空警戒を厳にして急速潜航の時間短縮ができればさほど苦労せずともすむ、というのがベテラン潜水艦長の知恵であった。

第二次K作戦の実施要領は、以下の通り。

参加潜水艦は計六隻。第十三潜水隊の伊百二十一、伊百二十三潜の二隻はフレンチフリゲート礁に進出、燃料補給任務につく。第三潜水戦隊の伊百七十一潜は途中無線誘導のM点で浮上待機、伊百七十四潜は不時着水機救出のためオアフ島西岸、カホール岬沖二〇カイリN点へ。伊百七十五潜も同島南西八〇カイリの配備点につく。

横浜航空隊の二式大艇二機は作戦予定P日（五月三十一日）日本時間午前零時、ウォッゼ基地発進、同日一四三〇フレンチフリゲート礁着、二〇四五ないし二一一五オアフ島進入。P+1日〇九三〇ごろウォッゼ帰着予定というものであった。

伊百二十一潜の藤森康男艦長と伊百二十三潜の上野利武艦長とは別行動をとり、同月二十九日に上野隊が先行してフレンチフリゲート礁東方に到着した。一日おくれて伊百二十一潜は南側の配備点へ。

フレンチフリゲート礁は弓形の珊瑚礁で、その北岸と南岸の中点にペロウス島という無人の小島がある。三十日早朝、藤森少佐は礁内の様子をさぐろうと艦をゆるゆると礁内に進めて行った。そのとたん、「敵機発見！」の見張員の絶叫する声がきこえた。いそいで胸の双眼鏡を眼に当てる。遠くにＰＢＹ飛行艇らしき哨戒機二機がゆっくり飛行しているのが見える。

「後進全速！」

「急速潜航！」

矢つぎ早やに艦長の声が飛ぶ。伊百二十一潜は白い珊瑚礁に艦影が写し出されないように北西方の深い海に身をひそめ、藤森が潜望鏡をいっぱいに上げて米軍機の行方を追う。

この日は雲が出て、風はないが波にうねりがあり、二メートルていどの波高があった。そのせいで白波が立ち、突き出した潜望鏡にも気づかないらしい。哨戒のＰＢＹ飛行艇はフレンチフリゲート礁を中心に警戒しているらしく、視界から機影が消えることがない。

ペロウス島北西方に日没時まで潜航し、米軍機が飛び去ったのを確認したあと浮上、ウォッゼ基地まで報告電を打った。ところが、電信室からこんな警告がつげられてきた。

「艦長！　近距離に敵潜水艦らしき感度あり、強力な電波を発信中！」

水雷長正田啓治大尉がいそいで電信室に駆けつけ、報告を取りつぐ。それによると、彼らの電波が強力すぎて味方の報告電が妨害され、ウォッゼ通信所からの「了解」の返事がもどって来ないらしい。「あわてるな、何度でもくり返せ」といいながら、藤森はどうもＫ作戦の意図が米側に見ぬかれているのではないかとの疑念を抱いた。

上野少佐の伊百二十三潜からも、「警戒厳重見込ナシ」との報告電が打電されており、上級司令部の二十四航戦司令部は「作戦ヲ一日繰リ下ゲ」との命令変更に踏み切った。

五月三十一日朝、フレンチフリゲート礁の地形はだいたい頭にはいっていたので、藤森少佐はペロウス島西方五〇〇メートルの地点から潜望鏡観測をはじめた。相変わらずPBY飛行艇が上空で哨戒をつづけている。機数は三機、そのうちの一機が着水するために真正面から接近しつつあった。同島の背後に小型艦艇らしき艦影が見え、しかとはわからないが、どうやら米側もこの環礁を飛行艇の補給基地として使っているのではないかと思われた。これでは、第二次K作戦の実施は不可能である。

この日も日没まで潜航待機し、ようやくPBY飛行艇が哨戒任務をおえ機影が遠ざかったところで浮上。基地あて、「警戒厳重ニシテ給油実施不可能」の報告電を打った。

上野艦長電と二隻の報告が相ついだことから、二十四航戦司令部の上申をうけ、テニアン基地にある第十一航艦司令部塚原二四三長官名で「第二次K作戦取リ止メ」の最終判断が通報された。引きつづき、伊百二十一潜にはミッドウェー作戦にそなえてフレンチフリゲート散開線の配備につけ、との命令電がとどく。

藤森康男少佐の回想談。

「その途中、PBY機がたえず上空を哨戒しており、米軍の警戒が厳重をきわめているとの実感があった。浮上しては潜航し、また浮上しては敵機に気づいて急速潜航のくり返しでした。六月一日に配備点に到着。味方潜水艦が敵と見まちがえてはいけないので艦首を風に立て、微速でしっかり監視をつづけておりました」

レイトン情報参謀が推論を立てニミッツが決断を下したフレンチフリゲート礁での妨害工作が効き目を発揮したのである。第二次K作戦の実施は不可能となり、真珠湾への偵察飛行ができなくなった。重要な事前偵察の一つが失われたのである。藤森艦長の懸命の努力は、報われないままでおわった。

4

第二次K作戦取リ止メ――の下命により、ハワイ夜間偵察の不時着水搭乗員救助のため、オアフ島西岸中部カホール岬沖二〇カイリ（三七キロ）の地点に配備されていた伊百七十四潜は、ただちに予定のフレンチフリゲート礁南側、甲散開線に艦首を転じた。

艦長日下敏夫少佐は徳島県生まれ。いわゆる四国土佐の〝いごっそう〟（注、一徹者、頑固者の意）に似た強い性格の持ち主である。鳴門の撫養《むや》中学から海軍兵学校に入ったが、ワシントン軍縮条約のあおりを食って、日下が入校した大正十一年は生徒採用数が前年の二七四名から五一名に激減した。ついでに在校生の減員も進められて、学科試験に一点でも及第点に満たない場合、容赦なく留年させられるという試練のクラスとなった。

こうした軍縮の嵐のなかで、時の海軍省教育局長古川鈊三郎が「せっかくの人材を退校させるのは酷であり、海軍として大きな損失を招く」と大反対し、生徒減員を取り止めさせたのは有名なエピソードである。

日下と同期の兵学校五十三期生のうち、もう一人の潜水艦志望は泉雅爾少佐で、このとき第六艦隊司令部参謀としてクェゼリン基地に進出していた。

泉は五月一日から四日にかけて旗艦大和でひらかれた図上演習に招集されていない。参謀長三戸寿も同様で、司令部参謀はだれ一人として招集されず、司令長官小松輝久中将のみが参加している。これによって潜水艦が艦隊の補助的存在であって、海戦の主役はあくまでも戦艦、重巡洋艦、あるいは空母機動部隊であったことがよくわかるだろう。

図演終了後の五日、第二段作戦命令が正式に発令され各部隊に文書配布されたが、泉たちは連合艦隊からの電報で要旨を知らされただけで、命令書の詳細を知るのは同十八日、有馬高泰参謀がクェゼリンに飛来してからのことである。有馬は連合艦隊司令部で水雷、潜水艦担当だが、たった一人で広大な太平洋の水雷戦隊、潜水艦戦隊の全作戦を担当するには荷が重すぎた。しぜんと潜水艦の哨戒任務が後手にまわったのも理由がないわけではない。

日下艦長の伊百七十四潜が第二次K作戦参加のため同基地を発ったのは五月二十日のことだから、時間的余裕は二日しかなかった。こんなあわただしい出撃行で、はたして充分な事前打ち合わせは可能だったのか。

第二次K作戦は失敗におわったが、まだ第一の手段、潜水艦による哨戒配備が残されていた。有馬参謀が立案した計画案によると、ハワイとミッドウェーの中間点、すなわちフレンチフリゲート礁の南北に甲、乙散開線の二本のラインを敷き、北側の乙散開線に五潜戦の潜水艦七隻、南側の甲散開線にK作戦参加後の三潜戦の四隻、第十三潜水隊の三隻はその周辺海域に、伊百六十八潜のみはミッドウェー島監視偵察に、合計一五隻を投入するというプランであった。

有馬は計画案では、配備完了日を六月二日——ミッドウェー上陸開始の五日前——とし、これで事足れりとした。だが、この作戦計画の文書配布の日から、たちまち異論が出た。

連合艦隊司令部では、ふだんの演習時と同じように前路に潜水艦をバラまいておけば敵を発見し、都合よく攻撃してくれるであろうと甘く考えている。「実戦では、そんなにうまく行くはずがない」という反論である。

軍令部第一課部員、潜水艦作戦担当の井浦祥二郎少佐は三月十二日に着任したばかりで、ミッドウェー作戦の是非について論議された連合艦隊司令部側との打ち合わせの席に参加していない。井浦は中尉時代、潜水艦乗組となり、海軍大学校を卒業後、呂二十八潜水艦長、潜水戦隊参謀、伊号潜水艦長を歴任して、前任は第三潜水戦隊首席参謀であった。ベテラン潜水艦乗りだけに作戦計画書を一眼見て、これはちがうぞと違和感をおぼえた。

同じ思いがあったのか、第一部長福留繁からすぐ呼び出しがかかった。海軍省三階西側の大部屋が作戦課で、そのとなりが第一部長室である。

福留は太平洋の海図にむかいながら、「君は、こんどの五潜戦の使いかたをどう思うかね」ときいた。乙散開線に散開する伊百五十六潜以下七隻の旧型潜水艦配備について、福留も不安を感じているようであった。

「こういう旧式の潜水艦を前方の警戒にあててみたところで、点と線を描くだけで自己満足しているにすぎません」

と井浦は実戦派らしく、呵責《かしゃく》のない言いかたをした。

五潜戦の伊百五十六潜以下海大型潜水艦は、大正十二年、艦隊随伴用の大型潜水艦として水上速力二〇ノット、航続力一〇、〇〇〇カイリを目標として建造された。当時は画期的な潜水艦群であり、昭和二年に各海軍工廠で相ついで完成。ただちに艦隊配備されたが、すでに艦齢一五年以上となり、いまや日下敏夫の伊百七十四潜などの海大六型新造艦に主役の座を奪われている。

井浦によれば、このような旧式潜水艦は能力にふさわしく、「交通破壊などの商船攻撃に大々的に使うべきだ」というものであった。彼が指摘したミッドウェー作戦潜水艦配備の問題点は二つ。その一は、潜水艦部隊の全兵力を集中させること。その二は、二三〜二九ノットの米高速空母に対抗するため最新鋭の高速潜水艦を配備すること、であった。でなければ、もし米空母を発見追躡《ついじょう》しても反覆攻撃することなどはほとんど不可能であり、むしろ〝捨て駒〟になるのがオチである。

だが、いったん中央統帥部の軍令部総長が作戦計画を承認してしまえば、計画の細目は連合艦隊司令部がすべて決定することになる。福留第一部長の立場としても、異議をとなえるのは許されないことなのだ。

「こんどの作戦で潜水艦の成果が何もあがらないようだったら、君の主張する交通破壊戦をやることに話をつけよう」

というのが、福留の結論である。

日下以下の三潜戦伊号潜水艦四隻は第二次K作戦支援のために、それぞれの配備点にむかった。伊百七十四潜がクェゼリンを発ち、N点に到達したのは五月三十日のことである。同艦は昭和九年度計画、昭和十三年佐世保海軍工廠で完成。燃料増加により、一〇ノットで一五、〇〇〇カイリという長大な航続力をほこった。同型艦伊百七十五潜は、のちに米護衛空母リスカム・ベイを撃沈する戦果をあげている（昭和十八年十一月二十五日）。

伊百七十四潜の出撃は、準備不足といわざるをえない。三潜戦司令部側も有馬参謀から作戦計画書を受けとりはじめて詳細を知ったわけだから、司令水口兵衛大佐を呼び出して命令をつたえただけであった。

「潜水艦長の職務は、作戦計画にいっさい関係ありません。われわれは命令をうけ、それにしたがうだけです」

というのが、日下敏夫の弁である。同期生の泉雅爾からも、「しっかりやってくれ」と短く激励されただけであった。任務は不時着した場合の搭乗員救出のみだから、偵察さえ厳重にしておけば危険はないはずだ。

六月一日、N点に到着後、作戦中止の命令をうけ、新たな配備線にむかった。途中、米軍哨戒機を警戒しながら潜航、浮上をくり返し、甲散開線に到着したのは四日のことである。ハワイ南沖で待機していた伊百七十五潜は一日前、M点配備の伊百七十一潜は四日、伊百六十九潜は二日前という状況で、当初予定されていた六月二日配備完了には間に合わなかった。

乙散開線に予定されていた五潜戦の旧型潜水艦群は、南方戦線各地から内地帰投を命じられたが、これも配備が大幅におくれた。たとえば伊百五十六潜などは、ジャワ海のスンダ海峡付近で交通破壊戦に参加し、オランダ商船トギアン号他一隻を撃沈し、スターリング湾を経由して呉軍港に帰着した。要修理個所が多く、修理を完了して呉を出発したのが五月十四日、クェゼリン到着が二十四日というありさまである。その間、ミッドウェー作戦について何の指示もなく、乙散開線配備を知ったのはクェゼリン到着後であることは他艦も同様だ。

したがって、五潜戦全七隻は同月二十六日から二十八日にかけて出発し、配備点に到達したのは六月四日から五日にかけてということになる。

このとき、すでに米第十六、第十七機動部隊三隻の空母は甲、乙散開線上を通りすぎており、六月二日の両艦合同地点《ランデブー》——ミッドウェー島の北東三二五カイリ（六〇二キロ）めざして航行中であった。日本側の潜水艦配備による知敵手段は、

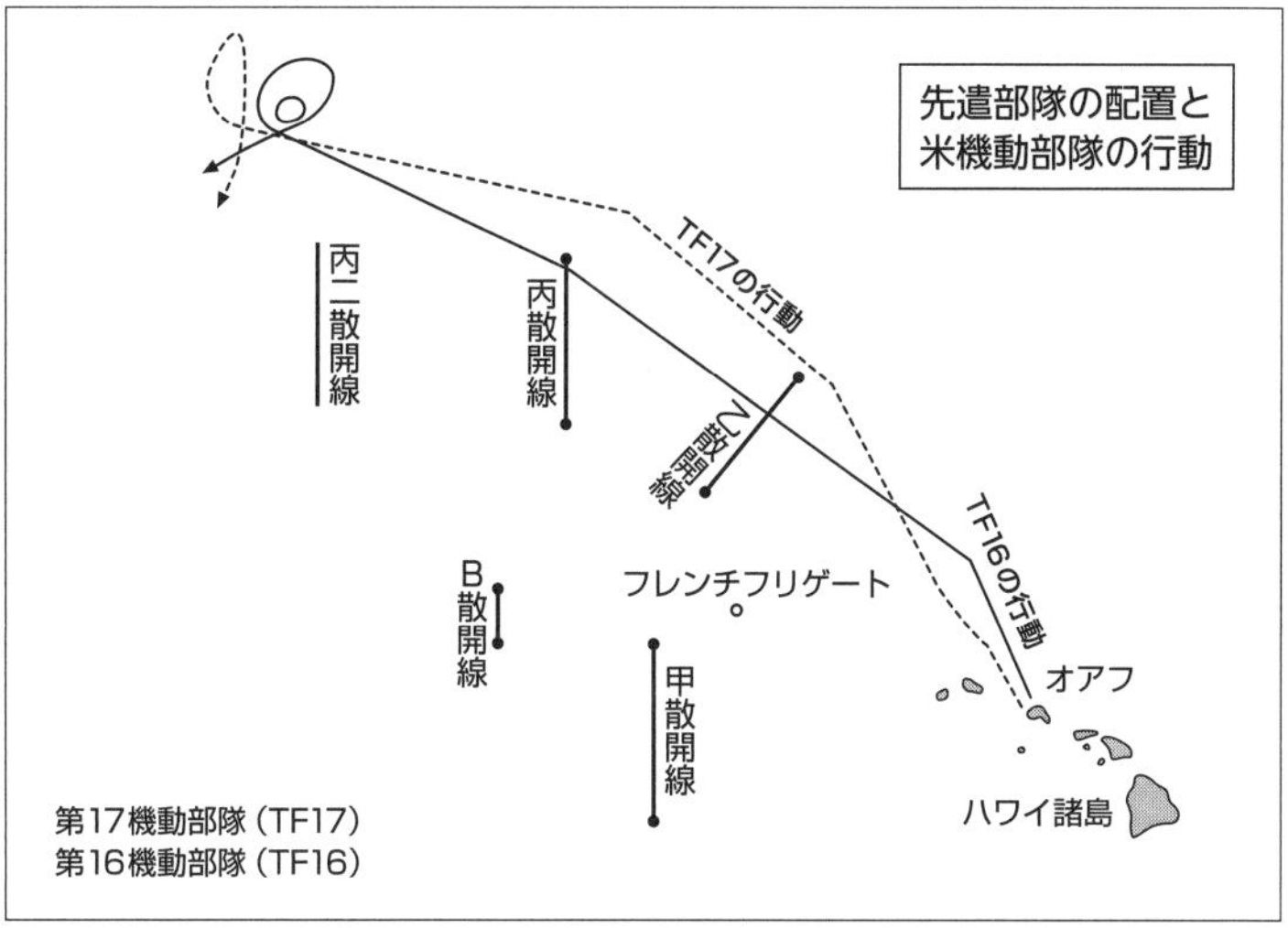

第二次K作戦の失敗とともに最後の決め手をも失ったのである。

「二式大艇による真珠湾飛行偵察は中止になりました」と和田通信参謀が報告すると、「そうか、止むをえんな」と黒島首席参謀があっさり了承した。宇垣参謀長も何もいわず、連合艦隊司令部からとくに作戦再興の指示は出されなかった。

第一次K作戦の折は失敗の場合に備えて第二、第三の補助手段が考慮されていたが、一回成功したので安易に考えたものか、第二次K作戦では次善の策が用意されていなかった。黒島参謀も潜水艦展開のおくれを気にとめず、何ら対応策を取ることもなくそのまま放置した。

戦後回想録で、黒島大佐は「私の大きなミスの一つ」として、この時期を失した潜水艦配備をあげている。

「このようにつぎつぎと知敵手段が崩れ去ったが、わが機動部隊は無敵であり、互角に戦えば敵を圧倒できると信じていたので、これらのために作戦計画を変更するという考えは持たなかった」

情報参謀を持たない、という山本司令部の欠陥がここでも生れたようである。首席参謀の黒島が関心を持たなかったように、作戦参謀の三和も参謀長の宇垣も作戦の行方に気を取られて事前のハワイ偵察失敗を深刻にとらえていない。情報のみに焦点をしぼってミッドウェー米空母部隊の動きを判断する参謀がいないのだ。

司令部幕僚たちは無線封止をつづけているので、味方の隠密行動が成功していると安心しきっている。念の入ったことに軍令部の特務班長からも、その楽観論を補強する機密電報がよせられた。敵は豪州東岸に兵力を集中しつつあり、アリューシャン方面にも有力なる部隊を派遣しつつありとし、厳に警戒を要するむね通報してきた。

「七月四日ハ米国独立記念日ニテモアリ」

と、その時期米国がアリューシャン方面での決戦を予期しているかのような情報をよせている。

洋上の防塁

1

「ミッドウェー島は一八六七年（慶応三年）にアメリカ領となっていらい三十年間、日本人の羽毛採集業者以外はだれも関心を持つ者はいなかった」

と米国戦史の記述にある。二つの小さな島とこの環礁の中央にある礁湖に進入するには六フィートもある礁脈を越えなければならない——というこの地を、ハワイを防衛するための戦略上の拠点としてふたたび注目したのは、米太平洋艦隊司令長官ニミッツ大将である。

ニミッツがミッドウェー基地を直接訪れたのは一ヵ月前、五月二日のことである。

彼はこの段階で、日本側のミッドウェー島攻略を明確に知っていたわけではなく、いずれ日本軍がハワイ攻略をめざすなら戦略拠点として中部太平洋のミッドウェーを確保するにちがいない、との予測を立てて、いそぎハワイを飛び立ったのである。同島の防衛強化が、彼の目的であった。幕僚とともにミッドウェー島基地に降りたニミッツは、二つの島の防禦陣地、飛行艇基地、重油タンク等の諸施設を視察し、守備にあたる海兵隊員たちをねぎらって歩いた。

「貴官の必要とする部隊の装備は何かね」

とニミッツは具体的な質問をする。相手は海軍航空部隊司令のシリル・T・シマード中佐と海兵隊第六防衛大隊の隊長ハロルド・D・シャノン中佐の二人である。

「私がそれらをすべて準備すれば、敵の水陸両用の攻撃にたいしてミッドウェー島を守りぬくことができるかね」

「はい。かならず守りぬいてみせます」

シャノンは力強くニミッツに答えた。太平洋の真ん中にポツンとおき去りにされたような島で、突然ハワイからの最高指揮官の来島をえて、眠りからさめたように彼は奮い立ったのだ。

じっさいその言葉通りに、ニミッツはつぎつぎと補給や増援物資を送りこんできた。米太平洋艦隊司令部と同島とのやりとりは、海底電線を使っておこなわれた。

一九〇三年（明治三十六年）、ホノルルからミッドウェーまでの海底電信線が敷設され、海軍省が管轄して守備隊として海兵隊が駐屯することになった。これにより、ミッドウェーからの重要電報は日本側の傍受を気づかうことなく、平文で海底電線を使って送信することができたのだ。

ミッドウェー海戦時、これがどれほど重要な機能をはたしたかについては、既述の通りである。

シマードは要求書に基地航空兵力の増強を、シャノンは海兵防衛大隊の増援をそれぞれ書きつけ、それを受けとったニミッツは司令部幕僚たちに「航空機と弾薬を送れ」とさらに増強策の注文をつけた。

それだけで、防衛体制は充分とは思われなかった。グアムやウェーク島、比島リンガエン湾での日本軍上陸作戦を検討してみると、航空攻撃と圧倒的な戦力で押しよせてくることはまちがいなかった。基地の防備をどれほど強化しても、ミッドウェー島の離島防衛線だけでは一たまりもあるまい。とにかく米空母部隊が出動してきて決戦するまでは、日本軍の進攻を食い止めておくことが第一だ。

おそらく水際では、上陸作戦阻止の死闘がくりひろげられるにちがいない。ニミッツは、二人の奮闘を期待して、あらかじめこんな配慮をした。増援物資より早くとどけられた小さな包みをひらくと、二つの肩章が出てきた。鷲の紋章――シマードとシャノンを海軍大佐に進級させたのだ。

五月二十日になって、ニミッツから海底電線を使って最初の警告が送られてきた。

「日本軍の強力な水陸両用の攻撃がせまりつつある。進攻期日は五月二十七日」

最初の「ハイポ」情報である。

シマードは先任で同島最高指揮官だが、地上部隊指揮官はシャノンである。第一次大戦参加の経験があり、最古参の海兵隊員でもある彼は、地上戦の体験を活かして沿岸要塞砲のための砲床、砂袋による陣地、対上陸用舟艇、対空砲陣地を構築し、有刺鉄線で上陸地周辺を強力にかためる作業にはげんだ。

火砲は二〇ミリ砲より旧式七インチ砲まで、あらゆる種類を動員して海岸に運びこみ、防備をかためた。おそらく何も知らない日本軍は、上陸作戦の直前にこれらの強力な陣地に気づき、混乱して立往生するにちがいない。

五月二十五日、最初の増援物資、兵員がハワイから到着した。軽巡洋艦セントルイスによって運びこまれたのは新編成の二個小銃中隊、高射砲一個中隊および三七ミリ対空砲八門であった。同対空砲は四門ずつ、サンド島とイースタン島に配備され、これら第二奇襲《レイダー》大隊の海兵隊員たちはさっそく待避壕の穴掘りにつとめ、防禦陣地を強固なものに変えた。

翌日には、潜水母艦キティホークが待望の航空機兵力を輸送してきた。

シマード指揮の海軍航空隊には、すでにＰＢＹ『カタリナ』飛行艇三二機よりなる第一、第二哨戒隊分遣隊があり、また海兵隊航空隊はＳＢ２Ｕ『ヴィンディケーター』急降下爆撃機一一機とＦ２Ａ『バッファロー』戦闘機二〇機を保有していたが、いずれも旧式機ぞろいで、比島戦線では零式戦闘機の好餌となったシロモノである。

これにたいし、キティホークが運びこんできたのは最新鋭機のＳＢＤ『ドーントレス』急降下爆撃機一六機と、グラマンＦ４Ｆ三型『ワイルドキャット』戦闘機七機である。これらの増援兵力はシマードを喜ばせたが、さらに新式の一二・七センチ砲一四門、七・六センチ高射砲三二門、二〇ミリ機銃多数、Ｍ３型軽戦車五輌が持ちこまれてシャノンへの最大の贈り物となった。

陸軍機もハワイの陸軍司令部および第七陸軍部隊の協力によって、Ｂ26型『マローダー』爆撃機四機が二十九日に、翌日から二日間かけてB17型『空の要塞』爆撃機一九機が飛来して、海軍兵力増援の役割をはたすことになった。

ニミッツから日本軍の上陸は六月三日から五日になるだろうとの警告があり、それにおうじてまた新たに不足物資、弾薬が運びこまれた。五月三十一日には、貨物船ニーラ・ラッケンバック号がドラム缶三、〇〇〇本の航空機用ガソリンを輸送してきた。これがシマードへの最後の貴重な支援となった。

日本軍への反撃準備がととのい、航空兵力として戦闘機二七、急降下爆撃機二七、爆撃機二三、さらに雷撃機六（後述）、合計八三機。他にPBY飛行艇三二機、基地の陸海軍あわせての総兵力は一一五機。また海岸線には第一魚雷艇隊の魚雷艇八隻、哨戒艇四隻が配備され、上陸作戦にそなえた。

じっさいに日本兵五、八〇〇名が上陸した場合、米軍守備隊は三、六三二名で陸軍兵力としては日本側が圧倒的だが、強力な火器と軽戦車、航空機と魚雷艇で水際で抵抗する米軍守備隊にたいし、上陸作戦が可能なのだろうか。

シャノンの指示で、第六海兵防衛大隊の隊員たちは手製の機雷を作り、爆薬を工作して地雷に変え、さまざまな水中障害物を海岸のいたるところに設置した。そして自分たちは塹壕を掘り、砂袋の防御陣地をかためる。これらの対策を詳細に点検した最古参の海兵大佐は、満足気に自慢の鉄条網を見下ろしながら隊員たちをこう叱咤する。

「このリーフの上で、日本兵《ジャップ》たちをやっつけろ！」

2

ニミッツが用意した航空戦力は、南雲機動部隊の攻撃にたいして有効であったのかどうか。戦後の一九四八年、米海軍大学校の研究資料『ミッドウェー海戦〈その戦略と戦術〉』によれば、「旧式機ばかりで、海兵隊航空隊の被害をいたずらに増やしただけ」と否定的である。

「F2A三型やSB2U三型の旧式航空機には、すでに新鋭機が誕生していたにもかかわらず、交代機を用意しなかった。これらはいずれもF4F戦闘機、SBD急降下爆撃機にすべて換装できたはずである。にもかかわらず司令部が旧式機を送りこんだことで、海兵隊航空隊に過大な犠牲を強いることになった」

また、防備隊指揮官シマード大佐の権限についても混乱が生じている。

航空作戦についてシマードは全体を統率する権限を有さず、海軍、海兵隊、陸軍機それぞれが混成状態のまま個別に出撃し、効果をあげえないまま犠牲を重ねた。派遣されたパイロットたちも飛行学校を卒業したばかりの新参者が寄せ集められた形で、行き先も知らされないままミッドウェーに連れてこられた若者が大半であった。

この点で、ニミッツ司令部の立場にも同情の余地がある。

太平洋艦隊司令部からの要請があっても、米本土西海岸の各基地は増援兵力を出さず、ニューギニア、ポートモレスビーの前線部隊も日本軍の来攻にそなえて防備を固めるのに精一杯。豪州のマッカーサー大将は、次期攻勢は南東方面だと主張してゆずらない。麾下の空母部隊自体が機材を新型機に更新すると、ベテランパイロットを確保したまま旧式艦上機群を海兵航空隊へと下げ渡す始末であった。

海兵航空隊隊長ロフトン・R・ヘンダーソン少佐は、母艦キティホークによって運びこまれたメンバーが新入りのヒヨコたちばかりと知り、短期間の猛烈な訓練を開始した。あと一週間あまりで、日本軍が上陸してくるのだ！

第二四一哨戒兼爆撃機中隊の隊長としてヘンダーソンは『ヴィンディケーター』と『ドーントレス』両部隊を指揮し、壮烈な最期をとげることになる。戦史によく知られた逸話だが、のちのガダルカナル攻防戦のさい日本軍が建設した飛行場を米軍が奪取し、記念に彼の名を冠して、ヘンダーソン飛行場と名づけている。

そしてまた、混成の航空部隊に、新たな来訪者があった。空母ホーネット乗組の第八雷撃機中隊六機である。

彼らは最新鋭のTBF『アベンジャー』雷撃機の搭乗訓練を米本土ノーフォーク基地でうけていたが、ホノルルで母艦部隊出撃に間にあわず、志願してミッドウェーに飛来してきたものである。隊長ラングドン・K・フィーバリング大尉もまた、この後日本空母攻撃に悲劇の挿話を加えることになった。

五月三十日から、すでに西方にむけて二二機のPBY飛行艇が日本空母捜索のためにはなたれている。一八〇度より〇度、西半円の扇形索敵飛行である。ハワイから派遣されたシマード大佐の首席参謀ローガン・ラムゼー中佐が第一、第二哨戒飛行隊の隊員たちを集めて宣言する。

「何としても七〇〇カイリは飛行距離をのばして索敵しろ！」

ミッドウェー島が日本軍の来襲に神経をとがらせているころ、同島の北側海面にひっそり近づいてくる大型潜水艦があった。六月二日の未明である。

伊号第百六十八潜水艦――全長一〇四・七メートル、最大幅八・二メートル、排水量一、四〇〇トン。海大型の高速潜水艦で、五三センチ魚雷発射管艦首×四門、艦尾×二門、乗員六八名。

艦長田辺弥八少佐は香川三豊中学出身、根っからの潜水艦乗りである。兵学校五十六期の同期生に二航戦の橋口航空参謀がいる。田辺はこの一月三十一日に伊号百六十八潜の艦長となった。

ミッドウェー作戦の甲散開線に配備予定であったが、ドゥリットル空襲で追躡出撃したところ、途中で機関故障。呉港で修理中のため、ミッドウェー偵察の特別任務があたえられたのである。

この命令変更が、田辺艦長に思いがけない空母ヨークタウンとの雷撃戦闘を体験させることになった。

呉港を出撃したのは五月二十九日のことである。柱島水道を出るときは在泊艦艇全部が登舷礼式の「帽振れ」で見送ってくれた。豊後水道を通って太平洋上へ。海大型六B形式の潜水艦は一〇ノットで一四、〇〇〇カイリの長大な航続力を誇る。前夜はミッドウェー島の西北六〇カイリにあるキューア島を偵察し、二日未明にミッドウェー島の北側海面に浮上した。

環礁にかこまれた東側が滑走路のあるイースタン島で、西側がサンド島である。田辺はゆっくり東側にまわりこみ、西側の小島との中間にあるブルックス水道の湾口から二つの島を観察した。

潜望鏡を使っての偵察だから詳細はわからなかったが、イースタン島滑走路に大小航空機一四機をみとめ、警戒は厳重で航空哨戒をおこなっていることが判明した。湾内には数隻の小型哨戒艇らしきものがあり、他に水上艦艇の姿は見あたらなかった。サンド島には飛行艇格納庫や重油タンクが立ちならび、環礁上に多数の建設クレーンが見える。陸上施設を強化しているのが明らかであった。

「昼夜間連続飛行機ヲ以ッテ厳重ナル警戒ヲ実施シツツアリ」

伊百六十八潜からの緊急信は、米国側についての唯一の情報となった。ミッドウェー作戦の全艦隊が潜水艦のたった一本の潜望鏡を頼りに、戦闘行動にはいるのである。

「呼出し符号」をとらえた

1

同じ六月二日夜、伊百六十八潜からの目視情報のほかに米空母部隊の動きを知る絶好のチャンスが訪れていた。最前線基地クェゼリンにある第六艦隊司令部の無線探知である。

第六艦隊司令部は五月三日からマーシャル諸島クェゼリン基地に進出して、潜水艦作戦の全体指揮をとっている。

クェゼリン基地のルオット島には一、五〇〇メートルと一、三〇〇メートルの滑走路があり、陸攻機が配備され、基地施設、通信施設が完備している。司令長官は小松輝久中将。いわゆる〝宮さま海軍士官〟で、北白川宮の第四男子として生まれ、明治四十三年、臣籍降下して小松姓を名乗った。侯爵位を授けられている。

通信参謀高橋勝一少佐は、小松が潜水学校校長時代の後任副官、海軍大学校教頭時代の甲種学生という親しい間柄で、この三月、小松が第六艦隊長官となった折に幕僚として招かれた。

高橋は四国愛媛の出身で、小松侯爵のお供をして宮中儀礼、園遊会などに列席することがあったが、様子がわからず彼がマゴマゴしていると目ざとく見つけてあれこれ指南してくれる、気配りを忘れない物腰の柔らかな宮さまであった。

「何とか小松長官の役に立ちたい」

というのが、律義な高橋少佐のひそかな決意である。

その機会がやってきたのは、第二次K作戦中止と決定したつぎの日、六月二日のことである。通信科の兵曹長が突然、「参謀！　このレシーバーを耳にあてて下さい。敵空母です！」と、高橋の腕をつかんでいそいで通信機の前に坐らせた。

第六艦隊旗艦香取には、優秀な敵信班員がそろっていた。東京通信隊でおもに米海軍の電波傍受につとめていたメンバーが第六艦隊にも配属され、二十四時間、彼らがききなれた米空母の使用電波に耳をすませていたのである。

六月はじめには軍令部から文書通達されてきた米海軍の使用電波は七、八種類あり、その使用頻度を調査しおえていた。いままさに、その電波の一つが符合したのだ！

高橋通信参謀の証言。

「いくら通信参謀といったって、私が一分か二分間、レシーバーを耳にあてても結果がわかるわけではない。だが、敵信班の兵曹長は信頼のおけるベテランであり、彼の言うことならまちがいないと思いました」

高橋は当惑しながらも、もしかしたらこれは大発見かも知れないぞという興奮が胸にこみあげてくるのをおぼえた。

敵信班が傍受した電波とは、以下のようなものだ。

レシーバーでとらえた電波は、ある一定の呼出し符号を中心としていくつもの呼出し符号と対応している——感度は低いが、「それぞれに特徴がある」と兵曹長は説明した——それは、たとえば米空母が索敵機をはなった場合、一号機は哨戒線の末端まで飛んで行って「敵影を見ず」と暗号電を打つ。

母艦がそれに「了解」の返電をし、二号機、三号機とも同様のやりとりをする。そのような同じ電波が朝夕何度かくり返されると、これは米空母部隊らしいと推測できる。

「敵空母が動き出したことはまちがいありません」

と兵曹長が断言した。高橋は敵信班員たちの話を綜合して米空母出現と確信し、無線方位測定をすぐさま実施することにした。

この役割は、司令部電信長河野幹平特務中尉のものだった。河野はクェゼリン、ヤルート両基地の方位測定所に命じ、二日夕刻と三日朝夕の三回にわたって米空母と思われる呼出し符号の電波を測定した。その結果は、「ミッドウェーの北北西一七〇カイリ付近、敵空母は海上を移動しつつあり」との確証をえた。

電文は高橋が起案し、宛先を軍令部総長、連合艦隊司令部、機動部隊司令部、先遣部隊の各潜水艦とした。すでに夜になっていたので艦橋から私室に降りていた先任参謀、参謀長のサインをもらった。

先任参謀松村翠中佐のところでは「通報先は軍令部次長でよいのではないか」とただされたが、「事は重大ですので」と高橋が押し切った。通報者を第六艦隊長官名としたのも、同様である。

小松長官も私室にいた。高橋が申告すると、「でかしたぞ、高橋参謀!」とうれしそうな表情をした。通報文に、作戦特別緊急電報の「キン」をつけ、また方位測定距離に暗号書にある「B」としたのは、ミッドウェーにたいしてクェゼリンとヤルートは小さな鋭角となり、東西の位置は正確でも南北に大きく誤差を生じる意味であると説明した。いずれにしても、米空母部隊が邀撃に出動してきていることはたしかだ。

2

この緊急情報は東京通信隊からくり返し、短波で発信された。散開する潜水艦あてには超長波一七・四四キロサイクルがもちいられている。

南雲機動部隊では、その緊急電報を受信していないという。はたして、じっさいはどうか。高橋通信参謀の証言によると――。

「戦後、そのような事柄が語られ、防衛庁の戦史叢書にも同じようなことが書かれた。私にとってはまったく不可解というほかはない。なぜなら、私の通報文を打電した第六艦隊暗号長が宛先の各受信部隊から『了解』の返電がくるまで打電しつづけるからであり、当日夜、発信元の旗艦香取あてに二十数通の了解符があったことから、機動部隊の通信参謀までとどいていることはまちがいない。小野通信参謀が握りつぶしたか、伝令が通報文を参謀長、長官にとどけるあいだにだれか参謀が取り上げてしまったのか、いずれにしても不幸な出来事であったと思われてなりません」

高橋の記憶が正確なのは、米空母の発見時にこれは日露戦争時にロシアのバルチック艦隊を対馬沖に発見した哨戒艦信濃丸の「敵艦見ユ」に匹敵する快挙だと小躍りして、「小松侯爵のご恩にむくいることができた」といさんで長官私室に駆けこんで行ったいきさつがあるからである。

防衛庁戦史室著戦史叢書『ミッドウェー海戦』の記述では、「これは何かの間違い」と片づけている。その証拠に、現存している東京通信隊の資料にそのような電報はなく、軍令部第一部長福留繁少将の「記憶に残っていない」との証言をあげている。では、高橋参謀の緊急信は虚構だったのか？

考えうる推論は、連合艦隊司令部がこの警告には大して関心をはらわなかったという可能性である。作戦行動中の旗艦大和では、打電されてきた機密電報を暗号室で解読し、暗号取次員が暗号長のサインをうけて作戦室にとどける。新宮等暗号長は百通にもおよぶ各部隊からの報告文に目を通すのだから、クェゼリン基地からの情報も米国空母の動勢のひとつと意識し雑情報に組み入れたにちがいない。受け取った当直参謀も、とくに反応をしめさなかった。

翌早朝、山本五十六は艦橋作戦室にエレベーターで上がってきて、長方形の文机に陣取り、いつものように昨夜来からの電報つづりに丹念に目を通した。たいていは戦線各地からの戦況報告だったが、なかには第六艦隊高橋通信参謀からの警告電もふくまれていた。山本の作戦家としての嗅覚が、異変をかぎとったことはまちがいない。四日夜、その山本の直感が動き出した瞬間があった。

第六章　戦機熟す

破られた無線封止

1

霧が深い。

六月二日、最前線を往く南雲機動部隊、その後方にある主隊、別動隊の攻略船団、北方の角田《かくた》部隊それぞれが目的地海域にむけて隠密行動をつづけている。

海上に霧が立ち、一航艦部隊ではようやく視界がきく範囲内でいそいで全空母、第三戦隊の戦艦榛名、霧島への燃料補給がおこなわれている。

艦隊は北緯三五度線に近づき、このまま北方航路に進めば真珠湾攻撃作戦時の北緯四〇度の荒天海域に突入する。その海域ではオホーツク海の移動性高気圧と太平洋高気圧が合流し、天候不良の公算が大きく、航海参謀雀部利三郎中佐が航路選定に辛酸をなめた場所である。幸い、ミッドウェー作戦では北緯四〇度線の手前で南下に転じるため苦労はないと思われたが、やはり深い霧が出た。

米国は昭和初期、アリューシャンに測候所を作って気象情報を入手していたが、日本軍の進出を警戒して公開していない。したがって、北太平洋の天象は手さぐりの状態であった。

霧が深くなれば、衝突をおそれて艦隊の速力はしぜんとおそくなる。

N-4日、すなわち六月三日は北東方向に進撃してきた機動部隊がミッドウェー島にむけて、右に大きく変針する予定日となっていた。濃霧で、旗艦赤城は速力を九ノットに落としている。

「これでは十戦隊への補給はできませんな」

坂上機関参謀が気落ちしたようにつぶやく。大石首席参謀が「やむをえん、十戦隊は後まわしにしましょう」と参謀長に進言した。

前日の給油作業では、一航戦の赤城、加賀、二航戦の飛龍、蒼龍の空母四隻、戦艦榛名、霧島の燃料補給が速力九ノット、海上に油送管を縦曳きにしての難作業でおこなわれた。そしていま、第十戦隊の軽巡長良および一二隻の駆逐艦群は最後の燃料補給の途をとざされて、もし海戦となった場合にはたして充分な活躍ができるのかと、坂上に不安の気持がめばえている。

航海参謀雀部利三郎中佐の憂慮はさらに深刻なものであった。旗艦赤城以下四隻の空母、その他一七隻の大艦隊が霧中でいっせい変針し、序列がくずれてバラバラに散らばってしまった場合、ふたたび集合させ隊形を組み直すのは容易なことではない。再集合に時間を取られた場合、計画そのものに狂いが生じてしまうではないか。

雀部は困った立場に追いこまれていた。

「作戦計画がきちんと決められていて、細部までこまかく指定されており、現地部隊の裁量する幅がないのです。きちん、きちんと段取りをこなして行かないと次の段階へ進めない。こういう霧中航行となった場合のことを想定していないから、とっさにどう対応すればよいかと困りはてました」

霧中航行で変針する場合、ふつうは探照灯による視覚信号、号笛などによって後続艦に通知し、前方艦側はそれぞれ艦尾に長いロープで霧中浮標《ブイ》を流し、後続艦側はそれが泡立てる白波をたどりながら変針し、つぎの艦にむけて自艦からもブイを流すという段取りになる。平時では無線通信も利用するが、この場合はそれがまったく使えないのだ。

南雲はいらだちを隠せない。こんな場合、南雲はいつも源田参謀の意見を頼りにするのだが、あいにく彼は発熱して艦内の私室寝台で横になっていた。軽い肺炎の症状を呈していたのだ。首席参謀の大石が、代わって自分の意見をのべた。

「N-2日のミッドウェー空襲は予定通りおこなうべきで、五日の空襲決行日がおくれれば上陸作戦に支障をきたし、攻略作戦全体に悪影響をおよぼすでしょう」

との、秩序主義者らしい大石の順当な献言である。彼も第二次K作戦の失敗を耳にしながら、情報不足を案じていない。

「敵機動部隊の行方はわかりませんが、もし真珠湾にいたとしてもミッドウェーまでは一、〇〇〇カイリ、またすでにわが艦隊の行動を察知したとしても、やっと真珠湾を出たところでしょう。いますぐわれわれの眼前にあらわれることはありますまい。まず第一に、ミッドウェー空襲の任務を達成すべきです」

草鹿参謀長が「敵信諜知で敵機動部隊出撃の兆候はないかね」と通信参謀の小野寛治郎少佐にたずね、小野が「ありません」と答えると、さらに「大和から何かいってきたかね」と重ねてきいた。

「別にありません」

小野通信参謀の返答で、草鹿もようやく決心したようであった。命令遵守という大石参謀の方針を確認したつもりであった。

「微勢力の無電で敵にさとられることはないか」と念を押す。やむをえず無線封止を破ってはどうか、という内示である。

小野通信参謀が答えた。

「長波の微勢力で発信すれば、敵までとどくことはないでしょう」

通信参謀の判断は、心配性の南雲の望みにかなうものであった。厳重な無線封止をつづけていたとされる真珠湾攻撃の北方航路上でも、同じような霧中航行で味方潜水艦伊二十三潜が行方不明となり、南雲は不安のあまり捜索の無線電波を発信させている。

草鹿があらためて、「ここで微勢力の隊内通信電波で変針を下令してはいかがでしょう」と進言した。

「よし」

南雲は大きくうなずいた。

ＭＩ作戦計画のあいまいさが、ここでも問題を生んでいる。南雲中将に手渡された五月五日付陸海軍中央協定によれば、

「一　作戦目的

ミッドウェー島ヲ攻略シ　同方面ヨリスル敵機動部隊ノ機動ヲ封止シ　兼ネテ我ガ作戦基地ヲ推進スルニアリ」

としているが、作戦方針は同島の攻略と航空、潜水艦基地の整備とし、作戦要領の第一項に『ミッドウェー』島ノ攻撃制圧」をあげている。第二項に陸軍のイースタン島、海軍のサンド島攻略をあげ、山本長官が意図した「敵艦隊ノ捕捉撃滅」は最終の第四項にあるにすぎない。

図上演習で南雲が「攻撃隊の半数は魚雷装備せよ」という山本の指示にピンと来なかったのは、事前に見せられていた協定原案の内容を律義に頭に叩きこんでいたからである。南雲はミッドウェー作戦の目的は同島占領にあると考え、攻略二日前の六月五日にはまちがいなく空襲を実施する決意でいたのだ。山本と南雲のコミュニケーション不足が、こんな作戦観のちがいを生んでいたのである。

小野参謀は自分の判断に不安を抱いたのか、助けを求めるように源田参謀の寝台の前に駆けこんできた。

「なに、電報？　絶対にいかん、止めてくれ」

さすがに源田参謀もハネ起きて軍服に着がえ、艦橋に走って行った。南雲―草鹿コンビの不用意さにあきれていた。艦隊の集合時刻をおくらせたり、飛行機隊の発艦位置を遠くにするとか、

作戦内容の変更はいくらでもできる。

「いま電波を輻射することは絶対にいけません」と源田は訴えた。「しばらく待っていれば霧が薄くなるし、そのときに信号でやるべきです」

草鹿はそれもそうだ、とうなずいた。

「電報はどうした、ちょっと待て」

だが、時すでにおそし。微勢力の電波が発信された後だった。

雀部は航海参謀として、最初の難問が解決されたので安堵していた。小野寛治郎は優秀な参謀で、彼の判断はまちがっていない、米側にキャッチされる危険はないだろうと確信していた。午前一〇時三〇分、各艦あて変針命令が打電された。

だが、この微勢力の電波を六〇〇カイリ後方にいた旗艦大和が受信していたのである。戦後判明した事実では、米側はこれをいっさい傍受していなかったようだが、日本側のあきらかな油断の一つと考えてよかろう。

2

皮肉なことに、電波を発信した直後から霧が晴れ上がった。薄皮をはぐように少しずつ、前方の艦影が浮かんでくる。

艦長青木泰二郎大佐の表情に安堵の色がもどった。丸一日ぶりに後続の加賀、飛龍、蒼龍の空母三隻が洋上にハッキリと映じたからである。海軍報道班員としてただ一人赤城に乗り組んでいた牧島貞一カメラマンは、航海参謀雀部中佐が艦橋上の防空指揮所に駆け上がって、「おおい、見張りの兵隊、まだ見えぬか」と後続の艦隊を探しまわっていた姿を記録している。洋上に旗艦赤城が単艦となって航進したからである。

霧が晴れ、機動部隊の陣形が元にもどった。だが天候不良で索敵機も対潜警戒機も飛行中止となり、飛行科士官たちは艦内の士官室でトランプに興じたり、囲碁、将棋の手合わせをしていた。ミッドウェー島空襲はさほど難事ではない、という空気が幹部たちのあいだにある。牧島カメラマンのすぐそばで、三浦航海長と軍医長がこんなやりとりを交している。

「艦隊は濃霧《ガス》のなかにはいった。これで敵に見つかるおそれはまったくない。天佑だ」

と三浦航海長。軍医長玉井定七軍医中佐が相づちを打つ。

「ハワイのときと同じですな」

隠密行動が成功したと思っているのは、飛行科搭乗員の場合も変わらない。総隊長淵田美津雄中佐が盲腸手術のため病室入りしたおかげで、主力部隊としての責任は飛龍に預けたという気楽な気分がある。源田航空参謀もミッドウェー空襲は「片手間の仕事」と考えているらしく、病室に淵田隊長を見舞いにくると、

「無理をすんな。それよりも、貴様にはつぎの米豪遮断作戦にはまたひとつ、シドニー空襲をお願いするよ」

となぐさめ顔でいった。早くも七月のＦＳ作戦実施に頭脳をはたらかせていて、淵田を豪州シドニー攻撃の総隊長に考えているらしい。ちなみに二人は、兵学校五十二期の同期生である。

南雲司令部の混乱は、後続する二航戦司令官山口多聞少将の不快感をつのらせた。

「司令部は何をあわてている」

飛龍艦橋で、山口少将は眉をひそめていった。「攻撃開始前に無線封止をやぶるとは、あまりにも無謀すぎる」

加来艦長も同意をしめすように、二、三度大きくうなずいた。加来には司令官の憤りがよく理解できた。山口を「動」とすれば加来は「静」であり、一方を「陽」とすれば、他方は「陰」である。

掌航海長田村兵曹長によれば、

「山口司令官は勇気に富み、何ごとにも積極果敢な人でした。加来さんはそれを補佐するみごとな女房役でしたね」

ということだが、南雲司令部への不満は航空第一主義を発想する二人にとって共通のものであったにちがいない。田村は艦橋に立つ山口司令官がこんどの作戦全体に、批判的な感情を抱いていることを薄々感じている。口に出さないまでも、それを抵抗なく受けいれている南雲司令部にたいしても同様であったと、彼は思う。加来艦長にも、共通する不満があったのではないか。

濃霧航行中のこと、山口が不意にふり返って田村にこんなことをたずねた。

「君は、こんどの出撃をどう思うかね」

掌航海長の田村は、日ごろ豪快な山口が浮かぬ表情でいるのに気づいていた。艦橋の航海科員の半数が交代してしまったので、明らかに訓練不足であり、彼自身も練成途中のままいきなり最前線に放りこまれたとまどいがある。

「君は古くて艦内のことをよく知っているから、よろしく頼むよ」

と、出撃直後に声をかけられたことがあり、艦橋内の操舵員、信号員たちが動きに精彩を欠いているのが司令官も気がかりなのかと、恐縮したものだった。田村も、部下たちの動きに歯がゆさを感じていたからだ。

そのときは、「はい。いちおうの準備はできましたが」ととっさに答えたが、山口に自分の抱いている不安をいい当てられたような気がした。

そしていま、即座に答えに窮する質問を投げかけられている。「はあ……」といったん生返事をしたものの、何も答えられずにその場はすぎたが、海戦後ふり返ってみると山口司令官は言葉には出さなかったものの、作戦遂行に漠たる危惧を抱いていたのではないかと思うことがある。

田村は、山口がミッドウェー作戦に反対し、夜半に旗艦大和の宇垣参謀長を何度か訪ねたことを知らずにいる。そんな部下を相手に、ふと前途への不安を口にするのも、やはり準備不足のまま米国海軍と対決するのは早すぎるという躊躇《ためらい》があったものか。

攻略船団発見さる

1

N-3日となった。六月四日、この日はミッドウェー島からの米軍飛行哨戒圏にはいり、味方攻略船団が発見される惧《おそ》れありとして艦隊の緊張感が高まっている。

前夜一一時（現地時間三日早朝）、アリューシャン作戦参加の第二機動部隊空母隼鷹、龍驤二隻によるダッチハーバー空襲がはじまっている。艦攻一四、艦爆一五、艦戦一六、計四五機。指揮官は四航戦司令官角田覚治中将。海上は雲高三〇〇メートルで空中集合が困難なため、各隊バラバラの進撃となった。艦爆隊は引き返し、艦攻隊は雲の切れ間から突入し、陸上施設、飛行艇などを攻撃している。

「敵潜水艦二、駆逐艦五隻発見」

の報に、角田司令官は第二次攻撃隊を用意しはじめた。キスカ島攻略は六月六日、アッツ島は十二日の予定である。

米国艦隊の出現にそなえて、主隊の戦艦部隊から高須四郎中将の旧式戦艦部隊伊勢、日向、山城、扶桑四隻と軽巡二、駆逐艦一二の警戒部隊が分離し、キスカ島南五〇〇カイリの海上に進出する。

一方のミッドウェー島攻略船団は、同島の四二〇カイリ（約七八〇キロ）地点に達していた。午前五時二〇分、やはり米軍PBY『カタリナ』飛行艇により、船団の最先頭に立つ第十六掃海隊が発見された。その直後、ただちに緊急信が打電される。

「敵飛行機ト交戦中」

護衛部隊司令官田中頼三少将の命令で、あわただしく発光信号が船団上空を飛ぶ。

「警戒ヲ厳ニセヨ」

味方部隊はまもなくミッドウェー米軍基地からの航空攻撃にさらされるにちがいない。田中少将は第二水雷戦隊（二水戦）旗艦神通に将旗をかかげており、第十五、十六、十八駆逐隊、計一〇隻の駆逐艦とともに、一二隻の攻略船団部隊を護衛している。

すなわち、軽巡神通を中心に親潮、黒潮二隻の駆逐艦が二列の船団の先頭に立ち、右翼側の黒潮の背後に横須賀の第十一設営隊（十一設）、呉の第十二設営隊（十二設）合計三、〇五〇名の隊員を分乗させた吾妻丸以下五隻、キューア島占領部隊を乗せた慶洋丸とつづく。

左翼側の先頭は親潮である。その背後に陸軍一木《いちき》支隊二、〇〇〇名を乗船させた南海丸以下二隻、横須賀海軍第五特別陸戦隊（横五特）、呉海軍第五特別陸戦隊（呉五特）合計二、五五〇名を乗船させた五州丸以下四隻の輸送船が続航する。そのはるか後方八キロに給油船あけぼの丸があり、船団の前後に駆逐艦五隻ずつが対潜防御の隊形につく。

速力のおそい明陽丸、山福丸二隻は駆潜艇を護衛につけ、別働隊として後を追ってくるはずである。

攻略船団はサイパンを出撃していらい、米軍潜水艦出現の通報にいくども悩まされ、そのたびにジグザグ運動をくり返しながら、ようやくこの日をむかえたのである。船団速力一二・五ノット、実速一一ノット。六月四日は同航する十一航戦の水上機母艦千歳、特設水上機母艦神川丸、駆逐艦早潮、慶洋丸がミッドウェー島の北西六〇カイリ（一一一キロ）にあるキューア島占領にむかう予定だ。

五五分後、案の定、ＰＢＹ飛行艇が船団上空に姿をあらわした。その数五機と多く、一時間近く船団から離れず、雲を利用して触接をつづける。

十一航戦司令官藤田類太郎少将はただちに千歳、神川丸から九五水偵全機の発進を命じ、六機が捕捉にむかった。ただし、二座式の九五水偵では速力一六〇ノットとＰＢＹにくらべて鈍足で、彼らをただ撃退するだけの効果でおわってしまった。

――やはり米軍は手強いぞ。

左翼側五番目を往くぶらじる丸船上に、第二連合特別陸戦隊（二連特）首席参謀米内四郎少佐の姿がある。二連特は、横五特と呉五特の両海軍部隊を統率する上級司令部で、米内は五月一日付でトラック島の第四艦隊司令部から転任してきたものだ。

出撃直前、軍令部にあいさつに出むいた折、「ミッドウェーは一押しですよ。しっかりやって下さい」と軽い激励の言葉をかけられ、米軍相手の上陸作戦はそんな簡単なものじゃないぞ、と思わずムッとした。

第四艦隊は開戦直後のウェーク島上陸作戦で、当初手痛い反撃をうけ撤退を余儀なくさせられていたからである。同島守備の五インチ砲六門、グラマンF4F戦闘機四機だけで日本側は駆逐艦疾風、菊月二隻沈没、軽巡天龍、龍田も損傷をうけている。その後、二航戦山口艦隊の増援によってウェーク島は占領したものの、翌年になって第四艦隊はラバウルへの米空母空襲、ポートモレスビー攻防、サンゴ海海戦など何度も辛酸をなめさせられた。

米内参謀には、今回もさっそく米海軍は五機もの偵察機を飛ばして日本側の情報をさぐっていることから、同島防衛のために万全の準備をととのえているのではないか、との疑念を押さえ切れなかった。

——はたして、ミッドウェー環礁を乗り越えての上陸作戦は成功するだろうか。

二連特首席参謀に着任していらい、その重い疑問に米内は苦しめられている。着任前、連合艦隊参謀渡辺安次から〝リーフを越えて、背の立たない水面を五〇〜一〇〇メートル泳いで敵前上陸する作戦の研究〟を命じられ、トラック島の夏島で実験してみたが、ゴム浮舟のようなものが必要との結論に達した。

横須賀、呉の両海軍陸戦隊の上陸訓練は、寄港先のサイパン港外が米軍潜水艦の多数潜伏する海面であるため、グアム基地に移し、ここで作戦研究、実験がおこなわれることになった。この訓練期間はわずか三日間にすぎないのだ。

米内の不安は、同じぶらじる丸船上にいる横五特司令安田義達大佐の影響をうけてのものかも知れない。安田は前身が館山砲術学校教頭であり、陸戦の権威者として海軍部内で有名であったが、「この作戦は成功すると思うかね?」と成果をただす形で、米内に問いかけていたからである。

安田の隣室が同じ二連特参謀、機関少佐山本寿彦の部屋で、山本も同じように安田司令の部屋に招かれて同様の質問をされていたのだ。

安田義達は、もともとは砲術学校高等科学生をおえた「鉄砲屋」である。戦艦比叡分隊長、砲術学校教官をへて特別陸戦隊に配属された。呉一特参謀、一連特参謀、重巡利根副長を経験して館山砲術学校へ。

中国大陸での上海上陸作戦など豊富な経験があり、米内のように上陸作戦の成功そのものには疑念を抱いていないが、占領後のミッドウェー防衛に自信を失っていたのだ。

「太平洋上のちっぽけな小島を取ったって、あとの補給はどうするのか」

米空母部隊が奪い返しに来れば一たまりもあるまい、と軍令部で三代辰吉たちが批判したのと同じ難しさを、安田は陸戦隊司令として感じていた。

山本参謀の回想によると、安田司令はぶらじる丸船上で毎夕、謡曲「竹生島」を吟じていて、その後いくたびか私室に呼んで、

「山本参謀、この作戦は成功すると思うかね」

とくり返して言ったという。

それについて何も意見を言われなかった、とあるが、ひそかに作戦の成否をとつおいつ考え、万が一の場合の失敗の覚悟を決めていたのかも知れない。安田義達大佐は翌十八年一月八日、ニ

ューギニア、ブナ進出後、横五特司令として戦死。

ちなみに二連特司令官は大田実大佐で、その後沖縄方面根拠地隊司令官として自決。その最後の電文は「沖縄県民斯《か》く戦へり　県民に対し後世特別の高配を賜らんことを」と祖国に殉じた沖縄の人びとへの感謝でおわっている。

2

二連特首席参謀として米内四郎の最大の悩みは、陸軍側との協力関係がうまく運べるかどうかという点にあった。陸海軍上陸兵力あわせて四、五五〇名。

ミッドウェー島は占領後、「水無月島」と名づけられることが決定しており、イースタン島（東島）を陸軍一木支隊が、サンド島（西島）を海軍が攻略する段取りだ。

一木支隊は、北海道旭川に根拠地をおく第七師団に所属し、師団名称を「熊」。歩兵第二十八連隊を基幹とし、工兵第七連隊第一中隊、独立速射砲第八中隊より成っている。連隊長一木清直。

一木大佐は一八九二年（明治二十五年）、静岡県生まれ。陸軍歩兵学校教官を長年つとめ、中国戦線では支那駐屯軍歩兵第一連隊第三大隊長として実戦経験も豊富だ。苛烈な大陸戦場での実績から、日本陸軍の伝統である白兵戦術、銃剣突撃による地上戦に絶大なる自信をもっていた。

一木清直は剛直の人として知られている。もともと陸軍には、開戦当初から大陸、南方方面は陸軍の分担、太平洋方面は海軍の分担という区分意識があり、陸軍側に海軍作戦の助勢をしているだけ、という妥協的な思考が生じていたのもむりはなかった。

一木支隊は大本営陸軍部命令（大陸命）により、

「一木支隊は第二艦隊司令長官（注、近藤信竹中将）の指揮の下に、海軍部隊と連繫してミッドウェーを急襲上陸す」

との命令文が発せられているが、陸軍部隊が海軍将官の指揮下にはいることなどとんでもない、という反発が当の一木大佐自身にあった。

明治建軍いらい、日本陸軍は一度も敗れたことはない。旅順要塞の二〇三高地にたいして白兵戦で勝利したように、銃剣突撃で陸上戦闘を勝利してきたではないか。『歩兵操典』には、「精錬にして且《かつ》攻撃精神に富める軍隊は毎《つね》に寡をもって衆を破ることを得るもの」とあり、戦闘では火力よりも銃剣突撃が有効であるという精神主義が強調されてきた。

一木清直にも太平洋のちっぽけな島ぐらいは陸軍単独でも獲ってみせるという強烈な自負があり、その後の彼の傲岸ともいえる行動をとらせることになった。

とにかく、内地出発前の陸海軍打ち合わせの席をことごとく拒否したのである。

一木支隊は五月十四日、旭川出発。同十八日広島県宇品着、二十五日サイパン到着という予定であったが、途中の十八日には旗艦大和に山本長官を訪ねてあいさつしているものの、近藤長官のもとには出向いていない。

二連特の大田司令官にたいしても、同様であった。大田が陸軍側と話し合いたいと申し入れると、「青森まで出てくれば会う」という返事。途中、東京ではどうかと再交渉すると、「列車が大船で停車した折に」といったやりとりとなり、はかばかしく対面の段取りが進まない。結局、一木がサイパンに到着した同日夜、はじめて大田司令官との当事者会談となった。

3

この海軍陸戦隊と陸軍一木支隊との初顔合わせの席で、指揮権をめぐりたちまち両者は大激論となった。

海軍側が、一木支隊長は海軍二連特司令官の指揮下にはいり、海軍通信隊の一部を一木支隊にいれて、作戦進捗状況の連絡にあたらせると話すと、「それは承知できない。陸軍は単独でやる」と一木は猛反発した。

彼自身は事前の打ち合わせを拒否していたため、第二艦隊長官の下で、陸海軍が対等にそれぞれの目標を攻略すると思いこんでいたらしい。

「占領後、同島の防備をかためるため、占領物件を海軍側に引き渡してほしい」

と米内首席参謀が提案した件にいたって、一木支隊長の怒りは頂点に達した。

「そんな命令はうけていない。わが陸軍部隊の作戦は海軍の指図はうけない」

一木が強気であったのは、ミッドウェー島占領は簡単に片づき、「イースタン島東方海岸より上陸、約一週間にして撤収す」(御下問奉答資料)との見通しを立てていたからである。

陸軍側の自信は、海軍側を圧倒した。たとえば、こんな具合であった。

「ミッドウェー攻略では、歩兵部隊に小銃弾五発、糧食二日分持たせるだけで、一気に敵飛行場に突入しますよ」

翌二十六日夜、護衛部隊指揮官田中頼三少将との打ち合わせで、一木が銃剣突撃だけでイースタン島を落としてみせると豪語し、田中を驚嘆させた。

一木支隊長は力強くいった。

「われわれは各輸送船から進発する大発で、いっせいに珊瑚礁に到達。礁内には折畳舟で上陸し、一挙に敵飛行場に突入する。突撃は銃剣だけで、占領後にはじめて発砲を許す」

歩兵学校教官が長かっただけに、日露戦争いらいの帝国陸軍の伝統にあくまでも忠実な佐官であった。米軍が圧倒的な火力を準備して待ちかまえる陣地に白兵戦で突入する、のちのガダルカナル戦で発起した一木支隊全滅の悲劇の予兆が、すでにこのときめばえていたのである。

奇しき因縁で、同年八月のガダルカナル島米軍飛行場奪回でも田中頼三が護衛部隊指揮官となった。その折にも一木は、「歩兵部隊に携帯弾数二五〇発、糧食七日分で、銃剣突撃により一挙に飛行場に突入、占領するつもり」と宣言している。

ついでに隣接する水上機基地ツラギを、「うちの部隊で獲ってもよいか」と欲を出し、制止されたほどだ。

陸軍側は海軍に劣らず、米国軍隊の戦力を過小評価していた。一木は海軍のサンド島攻略がてこずった場合、「一部はイースタン島攻略の兵を側背に出してもよい」と提案している。小島の攻略一つでは役不足、との不満を感じていたようだ。

指揮権をめぐっての陸海軍第一線部隊の対立は、第二艦隊長官のもとに持ちこまれた。近藤長官名でただちに一木支隊長あて発信され、

「一木支隊長は攻略部隊指揮官の指揮下に入り二連特の一部兵力を併《あわ》せ指揮し『ミッドウェー』の『イースタン』島を攻略すべし」

との命令で一件落着をみた。

一木支隊長の計画では、船舶入泊時午後八時。イースタン島には水陸両航空基地があり、これを機動部隊の空爆により壊滅させ、残存米軍兵力にむけ上陸作戦を敢行。当日の月齢二二・九、月出《げっしゅつ》二二〇〇（午後九時）。

満潮は午後七時で〇・二四メートル、干潮は午前一時五五分、マイナス〇・〇八メートル。

一木支隊は夜間突撃、海軍側は夜明けを待って上陸。イースタン島とサンド島の中間ブルックス水道めざして船団は進航し、人員物資の揚陸をはかる。攻略が概成すればN日黎明から掃海をおこない、船団はサンド島北方の礁内泊地に転錨する。物資の揚陸は一週間でおわり、同島占領は完成する。

はたして、このように作戦計画は都合良く運ぶものだろうか。米シマード大佐以下海兵隊兵力が一ヵ月かけて、日本軍の上陸作戦に備えて準備してきたことは既述の通り。

日本側攻略船団は事前の敵情判断によりミッドウェー基地防衛兵力は海兵隊員七五〇名、駆逐艦一隻、小艦艇一二隻、航空機三六機と推定し、アメリカ兵など蹴散らしてみせると強気でいる。彼らが必死で海岸を防備し、守備兵力を三、六〇〇名余に増強し、航空機一一五機で待ちうけて

いるなどとは夢にも思っていないのだ。

「敵空母発見！」

1

真夜中までに、南雲機動部隊はミッドウェー島の北西四三〇カイリ（七九六キロ）の地点に達していた。翌朝の第一次攻撃隊発進予定地点までは一一〇カイリの距離である。

高い檣楼を持つ大和と低い艦橋の空母部隊とでは、受信能力に差が生じるのは止むをえない。それでも各空母の電信室では、昼夜をおかず「敵空母出現」の情報をさぐろうとレシーバーに耳をすませていた。海戦前夜、思いがけない機会が空母飛龍の敵信傍受班に訪れた。ごく近距離に、米空母らしき呼出し符号《コール・サイン》をとらえたのだ！

飛龍通信科の森本権一二等兵曹（二曹）は、前下部電信室で敵信傍受の担当をしていた。昼の間は艦隊命令など外部からの電波を受信する前部電信室の当直下士官をつとめていたが、夜になって敵信傍受に下りてきた。

飛龍の通信部門は艦内一一ヵ所にあり、科員は四〇名。戦闘配置になると、それぞれがあらゆる配置を命令のまま駆けめぐり、昼夜をとわず全力稼動させられるのである。

森本は敵信傍受をハワイ作戦いらい、一度も体験したことがない。米海軍との情報戦ははじめてであり、実直な性格の彼は息を殺して、持ち場の九二式特受信機の前に坐わっていた。

夜がしだいにふけて行く。一緒に下りてきた三名の通信科員たちも額に汗をにじませながらレシーバーにしがみついている。

森本も受信機のスイッチをいれ、懸命にあらかじめ指示されている周波数にダイヤルを合わせていた。すると突然、あたかも近距離から発信されたかのような、強力な電波が耳に飛びこんできた。いそいで鉛筆を走らせる。

「………」

五、六秒と短かすぎて、とっさにメモができない。かろうじて、最後の呼出し符号《コール・サイン》だけが理解できた。

かつて森本が艦隊司令部で通信を担当していたころ、同じ港内の僚艦としばしば交信したことがある。そのように距離が近いと、耳を痛めるような極端な高感度でレシーバーにはいってくるが、この夜の強力な短い電波はその状況とよく似ていた。

森本はすぐさま暗号室に連絡する。

「ごく強感度の電波を傍受しました。呼出し符号は――」

暗号室は階上にあり、左舷側の電信室からは伝声管が通じている。その直上は艦橋だ。とっさに暗号室に報告したのは、米太平洋艦隊空母の呼出し符号が解読されてそこにあるときいていたからだ。

「おかしいぞ、それは……」

と、送話口のむこうでおどろいたような声がした。調べに立った相手が伝声管のむこうからとまどったような声で答えた。「この呼出し符号は敵空母のものだ」

相手が当直下士官であったかどうかはわからない。だが、暗号室には通信長富永義秋、通信士、掌暗号長がひかえており、森本の報告は彼らの耳に達していたはずである。

同じ夜、南雲機動部隊のはるか後方を往く旗艦大和でも、この米空母の呼出し符号を傍受していた。

「ミッドウェーの北方海面に、敵空母らしい呼出し符号を探知しました！」

大和敵信班は優秀な通信科員たちが数多く配置されている。その緊急報告が、司令部作戦室にいた航空参謀佐々木彰に連絡されてきた。

これは出撃前には予想されなかった、おどろくべき事態である。サンゴ海で痛手をうけたはずの米空母部隊が残存兵力をあげてミッドウェー島攻略阻止のために出動してきたのである。南太平洋上にいるはずの米空母と同一のものか、それとも……。

とにかく「米機動部隊の誘出撃滅」は山本長官の大戦略であり、これの捕捉に成功すれば、秋のハワイ攻略作戦にむけての大きな前進であるにちがいない。

山本長官はさっそく反応をしめした。

「この情報を、すぐ一航艦に転電する必要はないか」

山本の脳裡には、事前に草鹿参謀長から赤城のアンテナは低い位置にあって情報もれがあっては困る、何でもすぐに知らせてほしいと懇願された折の出来事が浮かんでいたにちがいない。

黒島首席参謀の表情に、困惑の色が浮かんだ。主力部隊は厳重な無線封止のもとに進撃中である。すでに機動部隊は霧中航行中に一度電波を出し、また旗艦大和が発信すれば米側に主導権を握られることになり、いま味方が逆に米空母出現の情報をキャッチしたのなら、その優位を攻撃開始時まで保つべきではないか。

「しばらく猶予をください」

と黒島がいい、幕僚たちと別室に下がり、鳩首協議をした。

佐々木航空参謀の戦後回想によると、黒島が口火を切り、「(南雲)機動部隊は、ミッドウェーの飛行機や敵の機動部隊が、わが船団にむかって攻撃するのを、その側面から突こうとしているらしい。なかなかうまいことをやる」とわが意を得た、という表情であった。

黒島参謀の立場でいえば、出撃前の図上演習で一航艦搭載機の半数は艦船攻撃にそなえて待機しており、米空母発見の報告とともに即座にこれの攻撃にむかうだろうという期待があった。

そして黒島自身は、敵空母らしきものがミッドウェー方面に行動中とききへ

「これはしめた、かけたワナにかかってきた」

と思ったそうである。

和田通信参謀が、「無線封止中でもあり、また一航艦は連合艦隊より優秀な敵信班をもち、しかも敵に近いので、当然『赤城』もこれをとっているだろうから、とくに知らせる必要はあるま

い」と打電中止を進言した。作戦参謀の三和義勇、そして佐々木自身もとくに意見をさしはさんでいないところから、幕僚たちの総意は「無線封止をやぶってまで知らせる必要はない」との消極策でまとまった。

2

黒島首席参謀の進言に、山本長官はあえて一航艦司令部に通報する最高指揮官としてのリーダーシップを発揮しなかった。山本五十六はこの瞬間において、指揮官先頭の美名の下に旗艦大和をひきいて連合艦隊司令部が最前線に進出してきた愚を身にしみて味わっていたはずである。無線封止をつづけているあいだは、司令長官として麾下機動部隊にたいして手も足も出ない。日本海大海戦の旗艦三笠に坐乗して戦った東郷平八郎の時代は遠い過去のものであり、真珠湾奇襲後のハワイで、米国のニミッツ提督が広大な太平洋で作戦指揮をするには艦上では無理だと即座に司令部を陸上施設に移したように、山本五十六も司令部を陸上においてミッドウェー作戦の全体指揮をとるべきであった。

結局、大和敵信班が傍受した敵情を南雲司令部は受信しておらず、黒島参謀は「私の大きな失敗の一つ」と生涯に悔いを残すことになるのである。

森本二曹が傍受した敵信情報は、飛龍艦内ではどのように処置されたか?

「ごく強感度の電波を傍受……」

通報をうけた相手はこの呼出し符号は敵空母のものだ、と断定したあと、引きつづき送話口で「そんなはずはないよ」との否定的な答えを返してきた。「敵空母がいるはずはないし、何かのまちがいじゃないか」

おかしいな、と暗号室から強い否定の返事が返ってきたのを森本は記憶している。相手は通信士の士官だったのか。それがだれかとは下士官の身分で問い返すこともできず、不満の気持を抱いたまま森本は元の場所にもどった。

——たしかに、あれは敵空母の呼出し符号だ。

森本はもう一度たしかな情報をつかもうと必死になってダイヤルをまわしつづけたが、レシーバーからは何の反応もなかった。

「当時の艦内の雰囲気は、米空母は出てくるまい、出てきたところで一ひねり、といった安心感が士官たちの言葉の端々から感じられた。しかし、私が受信した事実はまちがいなく、私の情報が暗号室でどのように処理されたのか、海戦後も永く気がかりになっておりました」

そんな疑問を抱いて、森本は戦後の昭和三十五年、初の空母飛龍戦友会がひらかれた折、出席していた鹿江副長はじめ生存者幹部にたずねてみたが、記憶している上官はおらず、富永通信長もその後宇佐空に転じ、昭和十八年秋に戦没しているので、疑念は晴れず、そのまま沙汰止みとなった。

あえて推測すれば、森本情報はおそらく暗号室の段階で黙殺されてしまったものと思われる。もし、富永通信長を通じて艦橋に報告されていれば、艦の中枢部分である以上、生存者のだれかが記憶しているはずであるし、またもし加来艦長の耳に達していればただちに山口司令官に通報され、旗艦赤城への敵空母警戒情報が発信されていただろう。

その場合、南雲司令部でも翌朝の索敵機を二段にふやし、また艦上待機の第二次攻撃隊を完璧に米空母攻撃にそなえて待機させていたにちがいない。

海戦の結果を左右するこの貴重な情報を飛龍艦橋の山口司令官は手中にすることができなかった。そして大和敵信班の事前警報も旗艦赤城の南雲中将には知らされず、決定的な二つの警報はそれぞれの艦隊内で握りつぶされた。いずれにしても、作戦開始直前の二つの警報を南雲機動部隊は手にすることができなかった。

だが、まだミッドウェー作戦の帰趨《きすう》は決まったわけではない。

第七章　しのびよる危機

源田参謀との対立

1

ミッドウェー島空襲を明日にひかえて、各空母艦内では出撃準備作業がいそがれている。ダッチハーバー空襲が開始され、味方攻略船団も米軍機の触接をうけた。いよいよ機動部隊も六〇〇カイリ（一、一一一キロ）米哨戒圏内に突入する。

各空母あて、旗艦赤城から攻撃計画と索敵要領がつたえられたのは、前日午前三時三〇分のこと。

その内容はいつもと少し変わっていた。

機密第一機動部隊命令作第三十四、三十五号

一、ミッドウェーに対する攻撃

(1)攻撃目標　空地の敵機、地上軍事施設
(2)攻撃隊の編制　当部隊戦策による第五編制（指揮官、飛龍飛行隊長）
二、対敵艦隊攻撃待機
当部隊戦策による第一編制（指揮官、赤城飛行隊長）
三、爾後《じご》の攻撃は追って令する
四、敵艦隊出現の場合は、当部隊戦策に基づき作戦する
五、索敵偵察、追って令する

正式命令文は、現在失われて無いが、内容はミッドウェー島の空襲には総指揮官として友永丈市大尉が、途中で米空母部隊が出現した場合には、赤城の飛行隊長村田重治少佐が雷撃隊をひきいて出動するという内容である。

いつもの場合なら赤城飛行総隊長淵田美津雄中佐が全飛行機隊をひきいて出撃するのだが、盲腸手術で艦内病室にあり、これが新任二ヵ月目の友永に代わった。ほかに友永より兵学校二期先輩の加賀飛行隊長楠美正少佐がおり、真珠湾攻撃の経験もあり、この先輩をさしおいて中国戦線での古参搭乗員を抜擢したことへの奇異な感情が飛行機隊搭乗員の間にあった。

だが、源田参謀は大乗り気である。「艦隊新入者の友永に攻撃隊指揮の経験をつませたい」と力説してこの人選を実施させ、二航戦の橋口航空参謀も「君なら大丈夫だ」と友永の肩を叩いた。

引きつづき、南雲司令部から当日の索敵方法がしめされた。それによると――。

「第一線、一八〇度」と南側の索敵線指示があり、第一、第二、第三と北に進んで「第七線、三一度」まで、東方へ扇形状の索敵圏を形成する。「進出距離何レモ三〇〇浬　側程何レモ左へ六〇浬」とあり、わずかに七線のみで機動部隊の眼となるのだ。

この索敵計画を企案したのは、一航艦航空乙参謀吉岡忠一少佐である。航空作戦の責任者は甲参謀の源田実中佐だが、作戦計画の細則、索敵、対潜計画の補助的な仕事は乙参謀の役割であった。

しかしながら、索敵の常道からみても吉岡乙参謀の処置にはおかしいところがある。

まず第一に、霧中航行でのにがい体験から航行の不自由さを思い知らされた旗艦としては、レーダー装備を持たない以上、見張員の双眼鏡に頼るだけの作戦行動をきわめて危ういものと考えなければならない。サンゴ海海戦で米海軍がレーダーを使用している事実が判明しているため、日本海軍も当然のことながら綿密な索敵計画で、これと対抗しなければならないはずであった。

第二は、二段索敵の不採用である。

二段索敵は夜明け前に第一波の索敵機をはなち、夜明けとともに第二波を派出し、第一波が見逃した近距離の海面を捜索、全海面を網羅する捜索方式である。このために索敵用九七艦攻に増槽タンクを装備し、進出距離を四〇〇カイリ（七四〇キロ）まで延伸できる機体改造をほどこしたのだが、これを二次攻撃隊用として母艦にとどめ、索敵機に使用しなかった。

他にも、不可解な点がある。

索敵計画図
（その後の命令による部隊の行動を加味）

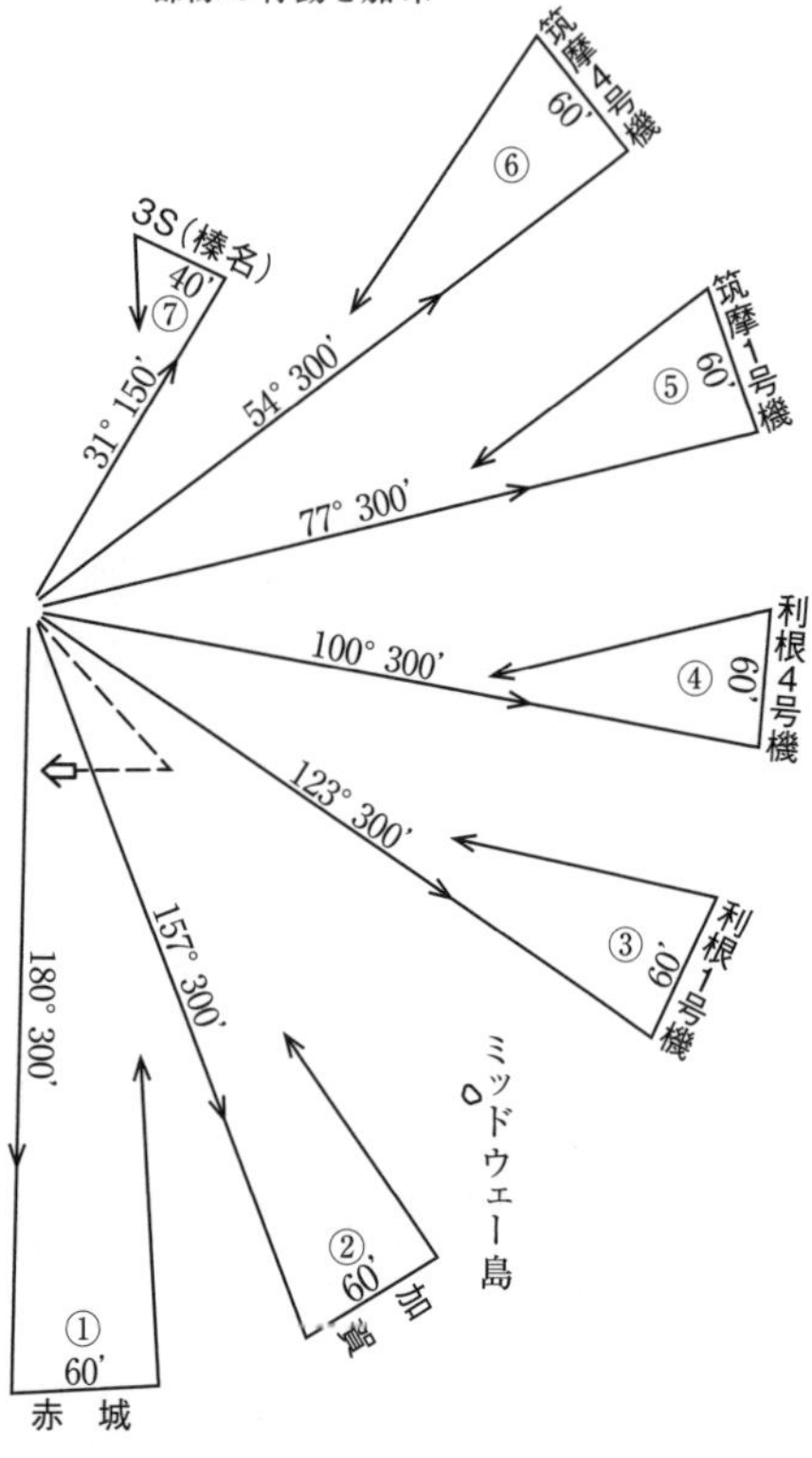

『戦史叢書43ミッドウェー海戦』を元に作製

空母蒼龍には、開発されたばかりの新鋭二式艦上偵察機——のちの艦爆「彗星」——がわざわざ搭載されていたにもかかわらず、使用されなかった。

二式艦偵は、海軍航空技術廠の山名正夫技師を中心としてドイツのハインケルHe118を参考に製作され、当時すでに試作機五機が完成し、熱田一二型エンジンを搭載した試作一号機は時速五五二キロ、航続距離三、八九〇キロと驚異的な性能を発揮していた。

この高速力は、零戦二一型の五一八キロ／時よりも格段に早い。

実用実験のため二機が偵察用として改造され、海軍の新鋭爆撃機誕生として実戦部隊から大いに期待の声があがった。その情報にいち早く着目したのが、軽巡阿武隈の飛行長であった美濃部正大尉である。

2

美濃部は昭和十九年秋、特攻作戦を提唱した大西瀧治郎一航艦長官に対してたった一人で抵抗。部下を特攻作戦に参加させなかった指揮官として名を知られるが、昭和十七年六月の一航艦全盛の時代には、前線帰りの第一水雷戦隊の一将校にすぎなかった。

阿武隈は南雲機動部隊の警戒隊としてインド洋作戦に参加。内地帰投後は、艦首脳が一航艦司令部とともに旗艦大和でのミッドウェー作戦打ち合わせに出席している。

五月二十五日、最終の図上演習をおえてのこと、参加艦艇側から一航艦司令部に注文をつけた人物がいる。それが軽巡阿武隈飛行長美濃部正大尉である。

相手は航空参謀源田実中佐。兵学校では一二期も先輩だが、彼は臆せずに注文をつけた。

「ミッドウェー作戦の機動部隊は、高速偵察機を装備すべし」

というのが、美濃部大尉の主張である。

「敵空母部隊に対して、扇形索敵と触接は欠かせない大事である。とくに味方は側方警戒をおこたってはならない。敵は烈々たる闘志をもっており、決して侮ってはなるまい。私が英空母ハーミスを発見したときのことが、その好例だ」

四月九日、トリンコマリー攻撃時のことである。英空母を捜索し、九五水偵の操縦にあたった美濃部は南方に逃走する英空母ハーミスに触接した。太陽を背に英国戦闘機の攻撃をさけながら、味方攻撃隊が同艦を撃沈していくさまをつぶさに望見した。

しかし、アメリカ海軍を相手にした場合、これほど簡単に米空母を撃沈できるだろうか。彼らは、果敢にドゥリットル東京空襲を成功させた機動作戦の立役者だ。

「ぜひ、味方機動部隊は高速偵察機を搭載してほしい。そのために艦爆を八機へらして、代わりに艦上偵察機を同数搭載してほしい。もし、攻撃隊員が偵察機用に取られるのがいやだというなら、われわれが往きます」

美濃部は飛行学生時代、三座水上偵察機操縦を専修しているが、かねてから偵察を軽視し、攻撃一本槍の日本海軍のありかたに疑念を抱いていた。米海軍は情報を最優先とし、偵察任務にはかならず将校をあてているときくが、わが国では下士官兵の二次的な任務とされている。何が何でも偵察は水上偵察機に頼るという発想は止めてくれ、という悲鳴に近い思いがあった。

じっと耳をかたむけていた連合艦隊側の宇垣参謀長が大きくうなずいて、美濃部の発言に同意をしめした。

「いちおう美濃部大尉の意見は、もっともである。機動部隊の側面警戒は必要だ」

そのとたん、まっ向から反対の声をあげたのは源田航空参謀であった。

「とんでもない意見です！」

顔面が朱を注いだように紅潮し、彼は鋭い眼で美濃部をにらみつけた。

「艦爆隊を八機もへらすなどとは、言語道断である。ミッドウェー島攻撃にはいまの機数では不充分であり、代わりに艦偵を搭載して行く余力などない」

「しかし、航続距離二、一〇〇カイリという新鋭機が誕生しているではないですか。これを、機動部隊側が活用しない手はないはず」

と美濃部は食い下がる。二式艦偵の画期的な性能は瞬時に前線指揮官たちの耳につたわってお り、九五水偵の一六〇ノットという鈍足に苦労してきた水偵隊にとっては、願ってもない朗報といえた。

源田参謀は、第一線部隊側からの提言を一顧だにしない。彼は空母の集団使用、雷爆撃機による一斉共同攻撃に自信満々であり、「先制攻撃こそ最大の防禦なり」との攻撃第一主義にかぶれていた。しかもサンゴ海海戦のような空母対空母の熾烈な航空決戦を、源田参謀は一度も経験していないのだ。

彼の自信はいまや信仰に近い。

「よし、わかった。ただいまの意見はあとで作戦会議で検討することにして、先に進もう」

宇垣が取りなして、その場の議論は沙汰止みとなった。美濃部は無念の思いで引き下がったが、彼の提案は採り入れられ、空母蒼龍に試作機の二式艦偵二機がいそぎ搭載されることになった。レーダー開発にも熱心であった柳本艦長が、快く受け入れたからである。

前線の一隊長が実戦の体験から提言し、合理主義者の参謀長が受け入れて採用する。司令部機能としては、十分に戦訓が活かされている。

問題はその部下の提言を、指揮官がじっさいに活用するかどうかという点にかかっている。そうなれば戦術という手段でなく、人の器量の問題となる。一航艦航空参謀は新式艦偵を実戦に使ったのかどうか。

索敵計画を立案した吉岡乙参謀は美濃部提案を無視しただけでなく、索敵機そのものの機数を七機にへらした。その理由について、のちに彼はこう釈明する。

「攻撃機を索敵機にまわすのはもったいない、という発想があった。そのせいで、水上機を数多く使うことになった」

吉岡自身も、源田参謀の攻撃第一主義に洗脳されていたようである。

大石首席参謀も吉岡によれば「酔っ払うと豪快な人」という印象だけで、航空作戦へのチェック機能を果たしていない。首席参謀として索敵計画に注文をつけたり、意見具申して南雲長官にアドバイスした形跡がまるでなく、航空参謀の計画を追認するだけの存在にすぎない。まるで、一航艦の飾り物だ。

だが、この判断の根底には「敵空母はミッドウェー沖には出現しない」という思いこみがあった。希望的観測といって良い。

人間とは、固定観念にしばられるものである。いったんこうと決めこむと、他の意見に耳をかさず一直線に思い通りに突き進む。発想に柔軟性を欠くのである。ハワイのニミッツ大将はキング提督の介入やワシントンの誤情報などによって大混乱のさなか、それぞれの情報に耳を傾け、分析し、情報参謀とともに正しく日本軍のミッドウェー進攻を推断した。こういう弾力性が指揮官としてのリーダーシップである。

　源田航空参謀は事前に決められた攻撃計画をいっさいあらためることをしなかった。攻略船団が米軍機に発見され、五日のミッドウェー攻撃時には同島の航空機がまちがいなく船団上空に殺到しているはずにもかかわらず、源田―吉岡の航空参謀コンビは黎明前午前一時三〇分発の出撃時刻を早めることをしなかった。

　この状態ではミッドウェー基地は空襲時にはもぬけの殻で、奇襲ではなく白昼の強襲になるのはまちがいなかった。味方機の犠牲がふえるだろうが、南雲司令部は意に介さない。勝ち戦の驕《おご》りである。

飛行総隊長の重荷

1

　空母飛龍の艦橋にのぼって行くと、航空参謀の橋口がめざとく友永の姿を見つけ、外の発着艦指揮所に連れ出した。

「なあに、貴様ならすぐ慣れるさ」

　と米軍対空砲火の脅威はおそるるにたらずと、自分のハワイ空襲時の体験を語った。友永のいかつい表情の陰に、かすかな不安を読みとったのだ。

「精神を集中して、投弾までじっとこらえる。そのうち対空砲火の音がきこえなくなり、投下索をグイと引けば命中まちがいなしさ」

とわざと磊落《らいらく》な言いかたをした。緊張をほぐしてやるつもりであった。だが、彼の耳には蒼龍の阿部平次郎大尉が警告してくれた言葉が残っている。「友さん、支那事変のようなノンビリした考えでいると、この戦争はやられますよ」

阿部は霞空教官時代の教え子の一人だが、すでに日米開戦いらい艦攻分隊長として太平洋の戦場を駆けめぐっている。兵学校では二期後輩だが、第一線の指揮官としては先輩の、いやむしろ古参格の大先達ともいうべき立場である。

「せいぜい若い者《もん》のいうことをきいて、しっかり勉強してもらわんと……」

ざっくばらんな口のききかただが、かつての教え子だけに口調に真実味がこもっていて、彼の指摘に納得させられる節もあった。

昭和十二年、友永がいた空母加賀で南支空襲に使用された艦上攻撃機は、八九艦攻と九六艦攻の二種。一二〇〜一五〇ノットと低速で、ミッドウェー島攻撃に使用される九七式三号艦攻は、速力二〇四ノット（時速三七八キロ）と大幅に高速化している。

しかし相手は発展途上の中国空軍ではなく、日本海軍の宿敵米国海軍のグラマンＦ４Ｆ戦闘機群である。味方には圧倒的に優勢な零式戦闘機が直掩についているものの、中国大陸の陸上基地相手の攻撃行でなく洋上を移動しての航空母艦戦も想定され、果たして自分が四空母の攻撃隊大集団を統一指揮できるかどうかに不安があった。

その証拠に、「橋本、頼むよ」と飛行士橋本敏男大尉を強引に隊長機の偵察員に指名したのも、頼りがいのある助言者をもとめたせいである。

橋本はハワイ作戦、ラバウル攻略、ポートダーウィン空襲、インド洋機動作戦のすべてに参加し、前任の楠美正飛行隊長の補佐役飛行士として五ヵ月間の作戦行動を支えている。胆力もあり、偵察任務も見事にこなし、隊内の人望もあって頼もしい幹部の一人であった。

橋本はさっそく水平爆撃隊一八機の編成に取りかかった。

第一中隊は友永大尉が直率し、第二中隊は菊地六郎、第三中隊は角野博治両大尉がそれぞれ指揮することになっている。各中隊は六機編成。

橋本は友永の第二小隊長の自分が隊長機の偵察員に命じられたので、代わりに押し出される形で赤松作《つくる》飛行特務少尉をその空いた位置にすえることにした。

そして九七艦攻機の固有の三名――前席から操縦、偵察、電信員のトリオ（海軍ではペアという）――の変更を、自機の搭乗員たちにつたえることにした。

「こんどおれは隊長機の偵察員に格下げだ。残念だが、赤松少尉とがんばってくれ」

橋本がいつものペア、電信員小山富雄三飛曹に声をかけると、「はあ……」と浮かぬ表情で生返事をした。真珠湾攻撃いらい橋本機の電信員といえば小山の持ち場で、はじめてペアを外されるのである。

赤松特務少尉は乙飛第一期生出身の古参搭乗員で、陸上基地では優秀な偵察員として名を馳せたが、船酔いには滅法弱いという欠点がある。ミッドウェーにむかう折の霧中航行で艦が荒天に揺れたときなど、食事がのどを通らず真っ青になって歯を食いしばっているありさまで、小山も何となく頼りなく思っていた存在であった。

ちなみに、乙飛とは乙種飛行予科練習生のことで、海兵団ではなく高等小学校卒業後、少年航空兵として採用された者をいう。別に昭和十二年、中堅航空幹部養成のため甲種飛行予科練習生（甲飛）制度が創設され、採用資格は中学校四年修了ていどとした。

このほか、一般海兵団から航空兵入りした者を操縦練習生、偵察練習生と区分し、のち丙種予科練と呼称をあらためた。いずれも下士官兵を搭乗員として養成する制度で、士官搭乗員の場合は、練習課程にある者を飛行学生、偵察学生と呼んだ。

さて、操縦高橋利男一飛曹―偵察橋本敏男―電信小山富雄の九七艦攻ペアは飛龍艦攻隊随一と、ひそかに小山は自負している。

高橋は操縦練習生二十四期生で、ハワイ作戦では雷撃隊として参加。操縦技術にすぐれ、橋本機のペアとなってからは着艦時に偵察席の橋本が「高度五〇〇……四〇〇……」と目盛りを読み上げると、「飛行士、高度はいわんでエエですよ。自分でわかりますから」と茨城弁で断わって、さっさと飛行甲板に降り立ったという超人わざの持ち主である。

小山は橋本より四歳年下の二十一歳で、階級差もあるのだが、ともに旧制中学校出身という共通項がある。橋本は金沢三中をへて昭和十年、海軍兵学校入りをしたが、同年に小山は高知城東商業（現・高知学園）に入学している。

下士官兵の搭乗員の多くは甲飛出身者をのぞいて、たいていが高等小学校を卒業後各地の海兵団入りという経歴の持ち主だが、橋本と小山の場合は中学校出身者としての先輩、後輩という間柄になる。

また、こんな出来事もあった。

あるとき橋本が出身地にふれて、「どんな中学生時代を送っていたのか」と話題にすると、「はあ、高知城東商業の野球部で、キャッチャーをやっとりました」と小山が答え、彼をおどろかせた。

「残念なことに、四国大会で準決勝まで進みましたが負けて、甲子園には行けませんでした」

と、橋本をさらに驚嘆させるようなことをいった。現在でもそうだが、戦前期の中学生にとって甲子園球場の全国中等学校野球大会はあこがれの頂点にあり、小山三飛曹が本格的な野球部正捕手として四国大会にまで出場していた実績は、たとえ相手が下士官であっても畏怖すべきことであった。

四国大会準決勝は昭和十二年八月一日、徳島商業vs高知城東商業、宇和島中学vs高松中学の二試合四校で戦われた。午前一〇時、試合開始。高知城東商業はヒット四本で一点を先取したが、投打をからめた攻撃で徳島商業に逆転され、五対一で敗れた。決勝戦でも徳島商業は勝利し、四国代表の座を獲得した。ちなみに全国優勝は東海代表、野口二郎投手を擁する中京商業である。

「負けてさっぱり踏ん切りがつきましたよ。中学三年で学校をおえ、佐世保海兵団を志願しました。昭和十三年六月でしたね」

「おう、そうか。おれも兵学校を卒業して艦隊勤務についたのは、同じ年だ。同年兵だな」

「そうでしたか」

相手はガンルーム士官であって、厳然たる階級差がある。だが、気どりのない、さっぱりとした気性の橋本の態度に一気に高い垣根が取れたような気がして、それいらい外出時には誘われると、よく二人で基地界隈の小料理屋に出かけた。

むろん、ガンルーム士官の行く料亭ではなく、下士官兵の出入りする飲み屋である。

あまり橋本の後ばかりついて回るので、電信員仲間から「金魚のウンコみたいな奴」とからかわれたことがあるが、小山は士官と対等につきあえるのはおれだけ、と気にかけないでいる。

それだけに橋本とのペアが解消されたことに一抹の寂しさをおぼえて、「つぎの作戦は一緒に連れて行って下さいよ」と橋本に念を押すのを忘れなかった。

2

南雲機動部隊は速力二四ノットで、ミッドウェー島にむけ進撃をつづけている。旗艦赤城を右先頭に、その後方に二航戦旗艦飛龍、それぞれの左舷側に加賀、蒼龍の二番艦を配した箱形陣形である。その前方に支援部隊の重巡、戦艦群が横一列となって航行している。

すでに早朝から「明日攻撃隊発進後ノ行動予定」が各艦あて、発光信号で送られている。すなわち第一次攻撃隊発進後三時間三〇分、針路一三五度、速力二四ノット。午後になって偏東風の場合は針路を四〇度に変針し、偏西風の場合は同二七〇度、いずれも速力二〇ノットとする。零戦の制空隊は偵察員を持たないので、「集合、収容には特に留意するように」との注文がつけられた。

さらに何げない一文だが、重要な一文が付記されていた。

「特令ナケレバ索敵隊ハ攻撃隊ト同時ニ出発スベシ」

「機動部隊はえらくノンビリしているな」

機動部隊前衛にいる風雲駆逐艦長吉田正義中佐は、首をひねってとどけられた信号文に目を通した。風雲は警戒隊第十駆逐隊の司令駆逐艦で、夕雲、巻雲、秋雲の三隻を加えて機動部隊の護衛にあたっている。

吉田は兵学校五十期出身で、赤城の増田飛行長とは同期生の仲だ。その旗艦赤城から索敵機が発進する予定だが、攻撃隊と同時に発艦しては機先を制して米空母部隊を発見することは不可能となる。しかも索敵機が捜索端末に達するころには陽が出ていて、白昼の強襲攻撃行となる。

風雲はこの三月、浦賀船渠で完成したばかりの新鋭駆逐艦である。排水量二、〇七七トン、一二・七センチ連装砲×三、六一センチ魚雷発射管四連装×二基。司令阿部俊雄大佐が坐乗している。

阿部司令の手前、吉田は率直な感想はひかえたが、心中では「作戦は大失敗だな」と失意の底にいた。

「敵を完全にナメていると思いました。私たち駆逐艦乗りは夜間に戦闘行動にはいるので、白昼の、しかも太陽がのぼったころに攻撃をかけるなんて敵を甘く見すぎていると思いました。前日にミッドウェー島上陸のための攻略船団が見つかっているわけだし、いつ味方機動部隊が発見されるかわからない状況では機先を制して、まず索敵機は日の出前に飛び立つべきですよ」

駆逐艦のせまい艦橋では、吉田は不満を口にできる相手もいず、いらだつ思いで信号文を握りしめる。風雲は彼が想定した通りの海戦の結末をむかえることになり、予期せぬ悲劇的舞台の介添役となった。

明朝の索敵機は赤城、加賀から九七艦攻一機ずつが派出と決まった。もっとも南よりの一八〇度線が赤城の担当海域で、その北側の一五七度線を加賀隊が受けもつ。

「索敵に出てくれ」

と分隊長から指示されたのは、加賀艦攻隊の機長吉野治男一飛曹である。

空母加賀は旗艦赤城と同様に、戦艦を改造し空母となり、二度にわたる大改装をへて近代空母に生まれ変わった大型艦である。基準排水量三八、二〇〇トン、飛行甲板二四八・六メートル×三〇・五メートル。戦艦として建造されたため艦体は頑丈だが、速力二八・三ノットと高速は出せないところに難点がある。

外観上の特徴は赤城艦橋が左舷側にあるのにたいし、加賀は右舷側に、それも小ぢんまりしたものがついている。

空母加賀では飛行隊長交代とともに、艦戦隊の幹部にも異動があった。ハワイ作戦いらいの先任分隊長志賀淑雄大尉が岡田艦長との感情的対立があって隼鷹分隊長として出され、代わって五航戦の空母瑞鶴から佐藤正夫大尉が着任してきたものの、一ヵ月たらずで空母瑞鳳へ。分隊長として、この五月一日付で海軍大尉に昇進した坂井知行と飯塚雅夫の二人が残った。

坂井は兵学校六十六期のクラスヘッドで、恩賜の短剣組。将来を嘱望されている人材で、もちろん先任である。後任の飯塚は、栃木県真岡中学出身。ミッドウェー海戦時には分隊長として同島攻撃隊の直掩、二度にわたる上空直衛出撃など多彩な活躍をした人物である。

艦攻隊は飛行隊長として、飛龍から楠美正少佐が転じてきた。先任分隊長は牧秀雄大尉、後任は福田稔、三上良孝両大尉。吉野一飛曹は福田中隊の機長偵察員である。

吉野は自分が索敵機任務にまわってくれと命じられたとき、正直なところ、「これで助かった」とホッと胸をなで下ろす気持だった。残る艦攻隊員たちは第二次攻撃隊員として雷撃準備に取りかかり、米空母部隊出現となればただちに出撃する予定であったからだ。

吉野が肩の力がぬけるのをおぼえたのは、真珠湾攻撃での恐怖の体験があったからだ。夜明けに大海原めざして単機で索敵行動に出発する任務も重いものだが、おそらく対空砲火の炸裂するなか航空魚雷を腹下に抱いて突進する雷撃行は、比較にならないほどの苛酷さがあるにちがいない。

吉野機は十二月八日の真珠湾攻撃で、一、二航戦雷撃機四〇機のまったただなかでもっとも被害の多かった加賀隊の五番機の位置にいた。同隊は参加一二機のうち五機が被弾炎上し、湾内に墜落している。搭乗員の戦死者一五名。

吉野は甲飛二期生で、同じ甲飛出身の先輩、後輩に七名の戦死者が出た。彼は自分が生き残ったのは奇跡的だ、と思っている。

真珠湾はせまい入江なので、東側のサウス・イースト湾から単縦陣となって突入しなければならない。

赤城隊の村田重治少佐がまっさきに突進し、加賀隊がそれにつづいた。一機ずつ魚雷を投下して行くために加賀隊の指揮官機が突入するまでに数分の時間差があり、一番手の北島一良大尉以下小隊三機が戦艦ウェスト・バージニアに魚雷を投下したころには対空砲火がいよいよはげしくなった。

吉野機は、福田稔大尉の小隊二番機である。偵察席の吉野が目標の戦艦オクラホマの艦上を飛びこし、「魚雷、走っている!」と連絡し雷跡を眼で追っていたとき、操縦員の中川一二二飛曹がとっさに「右旋回!」とさけびながら、操縦桿を右に倒した。

これが運命の岐れ路となった。右旋回で九七艦攻が身軽になった機体をかたむけて上昇に移ったとき——雷撃機のもっとももろい瞬間——直下は米軍水雷戦隊の駆逐艦群が密集して碇泊している基地だった。猛烈な対空砲火が一機ずつ、吉野機の後を追って上昇してくる日本機をつつみこむ。

「私の後につづく三番機が火だるまになって海中に転落するのを見ました。そのあと、ほとんどの機が火を噴いてフォード島に突っこんだり、海中に墜落するのを目撃しました。こんな雷撃行なんて二度とやれるものか、と恐怖感を抱きました」

吉野が目撃したのは、福田隊につづく鈴木三守大尉の第二中隊六機のうちの四機である。このうち二機だけが生還し、その搭乗員の一人に同じ偵察員中村豊弘二飛曹がいる。

中村二飛曹は海兵団入りしてから、一念発起して偵察練習生に転身した努力家である。長崎県島原市出身。昭和十一年、佐世保海兵団に入団し、第四十四期偵察練習生へ。向う意気の強い、九州人らしく積極的な性格の中村は、真珠湾攻撃ではじめての雷撃参加でもまったく気後れがしていない。

「まるで無声映画を観ているような心境だった。黒煙が上がっても実感がわいてこないし、生死を気にかけるではなく、ただ夢のような出来事でした」

というのが実感である。途中引き揚げるさい、米国陸軍兵を満載したトラックが疾走するのを後部電信員が射撃するのを面白がって、「射て、射て！」とはやし立てていたが、その井上安治二飛曹が突然対空砲火で下アゴを削り取られたのを知って動転する。

「はじめて戦争のおそろしさ、怖さを感じました」

艦隊人事異動の波は、艦攻隊末端下士官の中村一飛曹（昇進）の身にもおよんだ。出撃直前になって飛龍艦攻隊への転任命令が出て、友永丈市大尉の列機となった。奇しき縁がつづいて彼は最後の友永雷撃隊の一員となって出撃するのだが、その原因となった人事異動に大した意味はない。

飛龍艦攻隊員の不足を埋め合わせるだけの、単なる員数合わせにすぎないのだ。

その辞令は突然やってきた。空母加賀の飛行機隊演習場は鹿屋基地だが、五月二十四日の基地撤収日の前夜、中村一飛曹たち下士官は隊外へ飲みに出かけた。

日曜日の「課業休メ」とあって、鹿屋市の名高い飲み屋街、俗称〝武漢三鎮〟と名づけられた三軒の小料理屋街へとくり出した。独身者ばかりの若い搭乗員たちばかりだから料理も片っ端から平らげ、飲みっぷりも豪快である。俸給も手つかず、航空手当、戦時加俸も重なって、一般庶民とはほど遠いぜいたくな遊びっぷりである。

さすがに小料理屋の女将《おかみ》もたまりかねて、

「もういい加減にしてよ。これ以上飲んだら身体に差しつかえるわ。明日は『収容』なんでしょ」

収容とは、海軍用語で基地撤収の意味である。中村はおどろいて、「何をいうか、女将!」と酔ってくだを巻いた。

「そんなバカなことがあるか。わしらは南方作戦から帰ってきたばかりじゃ。収容なんてまだ先の話じゃ。ウソだと思うなら、明日もここへ来て暴れてやる!」

翌日になって分隊長から「本日をもって鹿屋を撤収する」との発表があり、女将の話は本当だったと思い当たるのだが、その一方でだれか士官がこんな場所で軍の機密事項をしゃべっていたにちがいない、と確信した。中村たち下士官兵のだれも、当日の基地出発を知らなかったからである。

飛龍艦攻隊への転勤命令が出て、あわただしく加賀との別れをつげる。飛龍艦攻隊長友永大尉にあいさつしたが、とくに印象はない。

艦攻隊員は操縦―偵察―電信の三人が一組となって編成されるが、中村の場合は操縦が永山義光三飛曹、電信小浜春雄一飛がペアである。

出撃直前になって突然の人事異動にもおどろかされたが、さらに中村を仰天させる出来事があった。柱島を出撃してまもなく、搭乗員待機室で飛行科幹部が一枚の地図を全員にくばった。

「ミッドウェーのつぎは豪州をやるんだ」

と見知らぬ顔の飛行幹部が得意気にいった。「いまからしっかり地図を頭にいれておくんだぞ」

地図には、オーストラリア大陸と南太平洋周辺の島々が描かれていた。おそらく七月八日以降に予定されていたニューカレドニア、フィジー両攻略作戦用の準備地図であったろう。日本より二、〇〇〇カイリもはなれた南太平洋上の島々。

「こんどは、豪州まで行くのか」

さすがに強気な九州人、中村豊弘も心細い思いに駆られた。

3

空母加賀の艦内居住区では、艦戦隊の阪東誠三飛曹が攻撃準備にかかっていた。彼は明朝の上空直衛機の当番であった。

加賀艦戦隊にも異動があった――というより、小隊長五島一平飛曹長がハワイ攻撃で戦死し、代わって乙飛一期出身の山口弘行飛行特務少尉が後任となった。一番機山口、二番機豊田一義一飛曹、三番機が阪東の小隊編成である。

艦内の居住区で砲術員や機銃員、ふだんは艦底にこもっている機関科の乗員たちが「こんどの戦争は楽だなあ……」とはしゃいでいる声をききながら、阪東三飛曹は浮かない表情でいた。

——戦争はおそろしい。

という気持を口にできない雰囲気なのである。

みんなどのように思っているのか、周囲の同僚たちを見回しても何も感じられない。死ぬことが怖くないのか、と友の笑顔を見守りながらふと思う。

阪東は戦闘機搭乗員として、ハワイ作戦いらい半年間を無事に生きのびた。乗機は零式戦闘機二一型で、「向うところ敵なし」と海軍部内で性能を絶賛されているが、加賀戦闘機隊ではすでに六人の戦死者が出た。つぎは自分の番だと、時折考えることがある。

阪東の父は自由人で画家だが、地元博多で多少名は知られても戦時下とあって絵は売れず、二人の息子を上級中学校へ進学させることができなかった。長男の誠が海軍を志願し、弟も同じく海軍入りをしたときも父は反対せず、同意書に認印を捺してくれた。

満二十歳になれば兵役があり、いずれ召集されるなら息子の希望通りにさせてやりたいという親の思いだったろう。昭和十三年、佐世保海兵団に入団した。

五ヵ月間の海兵団教育をおえ、艦隊勤務へ。機関兵として敷設艦八重山に配属され、希望すれば操縦練習生への道がひらけると知り、さっそく志願。三〇〇名受験し、八二名が合格というせまき門であった。同十四年六月、第四十八期操縦練習生（操練）となる。

このように阪東誠の先輩、後輩を問わず、操練出身者には貧しい農家や商家の二、三男坊が多い。阪東のような長男は珍しいのだが、彼の父が自由人であったという特別な事情があったのだろう。

真珠湾攻撃では、阪東の小隊長五島一平飛曹長が未帰還となった。第二次攻撃隊の彼ら小隊三機はフォード島の飛行艇基地銃撃にむかったが、すでに第一次攻撃隊の銃爆撃で基地上空はもうもうたる黒煙につつまれており、五島飛曹長の三番機である阪東も対空砲火と爆煙のなかを死にもの狂いで突っこんで行ったのだ。

「前夜は眠れませんでした。当日朝もメシはのどを通らず、何とか食べておかなきゃと大変でした。初陣とはそんなもので、小隊長の後を追うのが精一杯でした」

そんな部下の動揺を知ってか知らずか、五島一平は「おれは敵サンに銃弾を全弾射ちつくしてやる」と強い意気ごみを語った。

五島一平は操練の先輩で、中国戦線での長い戦歴がある。剣道五段の錬士で、部下には手きびしいが、決して手を上げて殴ることはしなかった。たとえ最年少の飛行兵でも一人前の艦隊搭乗員としてあつかってくれた。

艦歴の古い加賀では伝統の海軍精神とやらが根づいていて、搭乗員たちは居住区以外では古参下士官たちに手荒く制裁されて弱ったものだが、五島小隊は例外だった。

その五島機は阪東機がフォード島基地の黒煙のなかを突っ切って上昇してみると、どこにも見当たらなかった。機影をもとめて四周をぐるぐる見回したが何も見えず、さては対空砲火にやられたのかと悲痛な思いがした。

五島一平が未帰還となり、操練先輩の羽田透はカフク岬の対空砲火で、佐野清之進はエワ基地の機銃群で火を噴き、乙飛予科練の稲永富雄はヒッカム飛行場銃撃の後行方不明となった。加賀戦闘機隊一八機出撃のうち、四機未帰還。戦死率二二パーセントである。

真珠湾攻撃をおえ、南方のニューブリテン島ラバウル攻略へ。昭和十七年一月二十三日、隊長の二番機平石勲一飛曹の零戦が眼の前で対空砲火をあび、火を噴いた。煙につつまれて身をよじる先輩搭乗員の姿をまぢかに見た。

「飛び降りて下さい！　まもなく友軍が占領しにきますから」

と心のなかでさけんだが、落下傘を身につけていなかったらしい。座席は火の海であった。機はそのまま背面となり、どす黒い煙の尾を曳きずって海面に落下して行った。

眼下に、濃い緑の森がひろがっていた。その鬱蒼たる密林の開けた台地に爆撃隊が爆弾を投下し、その白い閃光が深いジャングルにのみこまれて行く。眼をあげると、ぬけるように美しい、青い空だ。

——なんでこんなことになってしまったのか。

平和な南の島にはるばる飛んできて、何のために自分たちは死んで行くのか。平石勲は操練二十七期で、海軍では三年先輩。広島生まれの豪快なノンベエで、隊長の二番機としていつも部下たちを引っぱってくれたベテランである。炎につつまれて海上に墜落して行く先輩搭乗員の姿に衝撃をうけて、「戦争はこわいもんだな」という実感が身にせまってくるのをおぼえた。

下士官搭乗員の戦死ばかりではない。指揮官クラスにも異動があった。分隊長二階堂易大尉の事故死によるものである。

二階堂大尉は阪東の分隊長で、兵学校では恩賜の短剣組という優秀な成績で知られ、仕事熱心な生まじめな性格から、柳本柳作と同じく「海軍の乃木サン」とアダ名された。

ミッドウェー作戦前の五月八日、千葉県館山基地から九州へ空中移動のさい、二階堂機は伊豆沖でぐんぐん高度をあげ、そのまま上空に消え去ってしまった。列機が追いつけないほどの高度である。原因不明のまま、二階堂易は殉職とされた。

思い当たるのは、先任分隊長の志賀淑雄によると、零戦の試作段階で飛行実験中に空中分解事故を起こし、両翼のエルロン（補助翼）を吹き飛ばされながら空母加賀に無事着艦した一件があるという。そのときの衝撃で、「脳に何らかの異常が生じていたのではないか」という説明である。

阪東は二階堂の温顔を想い起こしながら、自分もいずれは虚空の彼方に消える運命にあるのだろうかと思い悩む。そして唯一の彼の慰めは寝台の床の下に隠した一枚の少女のスケッチ――写真ではどのような制裁が待ちうけているか不安だったので――文通相手の似顔絵だけが、彼の心の安らぎであった。

4

蒼龍では、明日の上空直衛機に予定されている若い搭乗員が飛行甲板を散策していた。

岡元高志一飛曹、二十三歳。真珠湾攻撃では藤田怡与蔵中尉の三番機として出撃し、眼前で飛行隊長飯田房太大尉がハワイの飛行場基地に突入、戦死するのを目撃した。その後、ウェーク島基地空襲では艦攻隊の名偵察員金井昇一飛曹を喪っている。

金井一飛曹は一歳年上の良き囲碁の相手であり、出撃直前の緊張した待機の時間に二人で対局して、心を落着かせることができる良き先輩であった。真珠湾攻撃の帰途の航海で、「こんど内地に帰ったら結婚するんだ」と嬉しそうに語っていたのが想い出される。その金井昇が消えた居住区の寝台では、囲碁を愉しむ相手もなく、ただゴロリと横になるだけである。下士官仲間は酒保の酒を飲んだり、トランプや花札の勝負に明け暮れているが彼らにも馴染めず、ひとり飛行甲板に登ってきたのである。

岡元高志は鹿児島県の南東部、大隅半島の農村に生まれた。兄三人、姉二人、六人兄姉の末弟で、いずれは家を出て働かねばならない身であった。

加賀の阪東誠の場合がそうであったように、貧しい農家の青年は中学校へ進む家庭の資力もなく、高等小学校卒業後は家の手伝いをするか、町に出て奉公するかしか選択の途はなかった。唯一の救いは軍人になって専門の技術を身につけ、除隊後は一人立ちするか、そのまま出世の道を歩むか、という将来が残されていることであった。

十五歳になって、陸軍の少年飛行兵に該当する海軍の予科練習生を志願した。当時の国情もあって、明治維新での薩摩隼人たちの活躍をきかされ「自分もお国の役に立ちたい」との熱情にかられ、数百人に一人合格という難関に挑戦したのだ。

予科練受験はあえなく失敗。失意のなかで、ふとよみがえった思い出がある。

二年前、祖父が亡くなり、四十九日法要に遠く志布志から僧侶が読経に来てくれたことがあった。その帰り途、岡元は駅まで老僧の荷物を自転車の荷台に乗せて見送りに行った。問わず語りに超難関の予科練志望を口にすると、僧は歩きながら、こんなことを口にした。

「合格しなかったら、自分の努力がたりなかったと思いなさい。合格したら、これは仏様のおかげだと感謝しなさい」

なんだ、お坊さんの説教かと岡元に反発があったことは事実である。だが、老僧のつづく言葉は少年の胸に大きくひびいた。

僧は一語一語、たしかめるようにしていった。

「合格しようがしまいが、長い人生にとって大したことではない。だから、合格しなかったといって卑屈になることはない。また、合格したからといっておごるのもいけない。とにかく、精一杯努力することだ」

予科練への道を断たれて、やはり自分の努力が足りなかったのかと農作業の疲れでつい眠りこんでしまった夜の自習時間の失敗が悔まれた。だが、老僧のはげましの言葉のように、貧乏だからといって卑屈な気持になることはない。岡元の祖父は西南戦争で敗れた薩摩藩士の血をひいており、その誇りが彼の希望を捨てさせなかった。

昭和十年六月、こんどは佐世保海兵団を志願した。身体検査と学力試験のあと、口頭試問があり、岡元は試験官とこんなやりとりをかわしている。

「尊敬する人物はいるか」

「西郷隆盛であります」

「なぜか」

「はい。『敬天愛人』という西郷隆盛の言葉があり、大いに共鳴いたしました」

試験官は顔を見合わせ、意外なことを知ってるなという風に、「その意味がわかるのかね」とき直した。歴史は岡元少年の得意分野で、とくに明治維新の志士に関心を抱いている。そのおかげかどうか、十七歳の岡元少年は、無事海兵団には合格した。

佐世保海兵団終了後、霞ヶ浦航空隊で整備術練習生、のち第四十三期操縦練習生に転じ、三年後に戦闘機搭乗員として中国戦線にデビューした。海南島、南寧、漢口と各地を転々としたあと、長崎県大村航空隊へ。空母蒼龍入りは、開戦前の四月である。

5

「敵飛行機発見！」

思いがけない警報が蒼龍艦橋上の見張員から報じられてきた。甲板上の折り畳み椅子に腰かけていた岡元一飛曹が立ち上がると、右舷前方に布陣した重巡利根からさかんに発光信号が点滅していた。

第一報は利根艦橋から発信されたものらしい。午後四時三〇分のこと、ちょうど同艦で「合戦準備、配置につけ」の訓練がおこなわれている最中の出来事であった。

重巡利根は機動部隊の右翼前方六、〇〇〇メートルの位置を進撃していた。利根の右舷艦橋で水平線を警戒していた第二分隊士藤井治美中尉が高角砲座の高射機に装備された眼鏡で、小さく移動しつつある機影を発見したのだ。

「敵哨戒機見ゆ、艦爆らしい」

水平線はるかに小粒な飛行機が二機、双発のＰＢＹ『カタリナ』飛行艇ではなく艦上機で、しかもＳＢＤ『ドーントレス』型ではないのか。藤井中尉は率直に、見たままを艦橋に報告した。

艦長岡田為次大佐は米空母機がこの洋上に出現するはずはない、との思いこみがある。彼は機種まで推定報告するのをやめ、通信長に命じて「敵飛行機発見」の第一報を南雲司令部に知らせた。

「敵機発見！」

の第一報は、安逸を貪《むさぼ》っているかのような南雲司令部を覚醒させるに十分なはたらきをした。

同三一分、ただちに赤城飛行甲板に繋止されていた零戦三機が発進して行く。二三分後に追撃して行った白根斐夫《あやお》大尉がもどってきて、「敵飛行機を発見、追いかけましたが雲のなかに逃げこんで、見失いました」

艦長青木大佐は気がかりだったのか艦橋から飛び出してきて、飛行甲板に降り立った白根大尉に直接問いかけたのだ。

「たしかに敵機か」

周囲には整備科の飛行班員や赤城に乗り組んできた海軍報道班員牧島貞一カメラマンの姿も見

えた。牧島が聞き耳を立てていると、白根は「敵機にまちがいありません」と証言した。

白根大尉は昭和十二年、兵学校六十四期出身で、飛龍の森茂と同期生。東京府立四中（現・戸山高校）出身の東京っ子で、父は内閣書記官長白根竹介。飛行学生を卒業後、中国戦線に初出撃し、零戦の伝説的な戦闘となった昭和十五年夏の重慶空襲で零戦と中国軍機の初対決――一三機対二七機で、全機撃墜の戦果をあげた――に参加、一機撃墜の殊勲をあげている。

歴戦の古強者の白根がよもや錯覚することはあるまいと思われたが、艦橋にもどった青木大佐からは「出現セル敵機ハ鳥ノ誤リ」との判断が下された。南雲司令部でも同様の結論となった。こんな海域に小型機が出現するはずはない、との思いこみである。

だがこの司令部判断は、各艦でも波紋を巻き起こすことになった。飛行甲板上に多くの乗員が出ていて、水平線上の機影を視認していたからである。


「鳥が四、〇〇〇メートル以上も高いところを飛びますかね」

折り畳み椅子にもどった岡元一飛曹は、隣席に腰かけている整備長為国二郎少佐に思わず問いかけた。一搭乗員が幹部の少佐に声をかけるのははばかられたが、敵機発見の昂奮が気持を駆り立てたのだ。

「どうかな。あんな高いところを鳥が飛ぶかね」

為国少佐もはるか上空を移動して行く機影をながめていたのだ。たしかに岡元が指摘するように、渡り鳥でもあんな高空を飛ばない。

岡元は整備長が自分の意見に同意してくれたことで、ふだんは口をきいたことのないこの佐官に急に親しみをおぼえた。彼は思い切って、心のなかにわだかまっていた感情を為国に吐き出した。

「整備長、こんどの戦《いくさ》は勝てますか」

為国は思いがけないことをきくものだな、とけげんな表情をした。「どうして、そう思うのかね」

「あの日の丸のことです」

と、岡元は飛行甲板の艦首前方に描かれた白地に赤丸の日章旗の模様を指差した。これはサンゴ海海戦時、味方艦爆隊が帰途に米空母レキシントン、ヨークタウンを味方空母とまちがえ、着艦しようと試みたトラブルをくり返さないために出撃時、急遽甲板上に巨大な日の丸を描いて識別しようとはかったものである。

迂闊なことに、米軍急降下爆撃隊にとってこの目印は爆撃演習時の標的と同じく投弾命中率を高める効果を生むのだが、そんな事態は「ありえない」と思いこんでいたために、危険に気づかなかった。

岡元の指摘するのは、別のモラルである。

「せっかく描かれた国旗が、みんなの土足で泥だらけになっている。きれいな日の丸というのは、われわれの心の象徴じゃないですか。こんなに国旗が泥まみれになるなんて、まるで負け戦の感じがするんです」

為国も深くうなずいて、「それはいかんね」とつぶやいた。整備長は格納庫と艦橋の出入りばかりで、飛行甲板の日の丸の汚れに気づかなかったのだろう。翌朝めざめて岡元が飛行甲板上に出ると、いつのまにか日章旗がペンキで真新しく塗り直してあった。

後日談になるが、この日ミッドウェー米軍基地を飛び立った小型哨戒機はなく、PBY飛行艇も南雲艦隊に接触するのは翌早朝からのことである。スプルーアンス部隊にも該当記録はなく、やはり誤認だったのか。

ただし、赤城艦橋では夜になって「敵触接機のあかりらしきもの、雲の上、近よります」との見張員からの報告があり、青木艦長が「星とまちがったのではないか。よく見張れ」と注意した一幕があった。これも誤認で、さすがに攻撃を明朝にひかえて見張員たちにも少し浮き足だっている気配がある。

柳本艦長の死生観

1

夜の闇が深い。

明朝の日出《にっしゅつ》は午前一時五二分（日本時間）、日没は午後三時四三分。陽がのぼる二二分前にミッドウェー攻撃隊が飛び立つ。攻撃を明日にひかえて、各空母ではいつものように壮行の宴を張っていた。

空母蒼龍艦橋では、柳本柳作艦長が〝猿の腰かけ〟に腰を下ろしながら、夜の闇にじっと視線をはなっていた。柱島出撃いらい、ほとんど彼は横になって眠っていない。夜になると、背後の船匠兵に作らせた安楽椅子で毛布をかぶってまどろむだけですぐめざめ、元の高椅子にもどった。

「艦長は、いつ眠られるんだろう」

という艦内乗員たちの疑問は、こうした柳本の日常のくり返しのなかで立ち消えとなり、副長の小原尚も艦長に健康の忠告をすることをあきらめている。むしろ、艦長の強靭な精神力に畏怖し、尊敬する気持が高まっていた。

「ちょっと失礼します」

といって、小原は艦橋を降り上甲板にある士官室にむかった。士官室では飛行隊長江草隆繁少佐以下、明日出撃する飛行科士官たちの壮行の宴がひらかれているはずである。江草は第二次攻撃隊隊長として出撃が予定されており、いずれにしても今夜のうちに別れの盃をかわしておきたい、という小原の気持があった。

江草は飛行科士官らしい、ざっくばらんな明るい性格で、その分、謹直な艦長の性格は苦手らしく、東京生まれの副長と急速に親しくなった。艦橋では孤独な小原にとって、江草は頼りがいのある隊長であった。

副長が去ると、艦橋にはふたたび静寂がもどった。柳本にはこのミッドウェー攻略が司令部ほど楽観的な、安易な作戦だとは思われない。出撃前、サンゴ海海戦で傷ついた空母翔鶴の惨状を見た記憶が、脳裡に焼きつけられている。小原副長もさすがに衝撃をうけ、「出撃までに何とか応急対策をほどこそうとしたが、半分もできなかった」と回想するように、もし米軍側の反撃で被弾するようなことがあれば翔鶴の二の舞いはさけられまい。

そんな柳本の気持がついもれた一件がある。霧中航行の折の出来事だ。

六月二日夜、蒼龍艦攻隊操縦員大多和達也飛曹長は副直将校の当番となって艦橋に上がってきた。艦橋には輪番制の当直将校勤務があり、准士官がその補佐役として同じ艦橋当番に立つ。搭乗員であっても、その役割は他科准士官と同じだ。

大多和が「副直将校、交替しました」と申告すると、「おおご苦労」と柳本が気さくにおうじ、艦攻隊員は前路哨戒や対潜警戒での飛行任務があるので、「艦橋当直まで、ご苦労だな」とねぎらってくれた。

大多和がミッドウェー島攻撃隊の第一次に出撃するのを知ると、柳本は「こんども一つ、頑張ってくれよ」といい、「はい、全力をつくします」との返事をうけて、あらためてこうつげた。

「うん、頼むぞ。それにしても、こんどはだいぶやられるぞ」

何げない柳本の一言であったが、大多和は意表をつかれてとまどった。剛毅で知られる艦長だけに勇壮なはげましの言葉で見送られると思ったのだが、そんな思いとは反対に柳本の言葉には彼がひそかに抱いていた米国海軍への不安を鋭く衝く一面があった。

大多和は真珠湾攻撃に加わって、水平爆撃で米ハワイ基地上空での猛烈な対空砲火をあびた経験がある。いらい六ヵ月、ふたたびミッドウェー基地上空で同じように八〇〇キロ陸用爆弾を抱いて水平爆撃にいどむ。

——こんどはやられるかも知れんぞ。

漠たる不安が柳本の一言で火をつけられて、自爆戦死という恐怖がじわじわとわき上がってきた。「はっとわれにかえった途端、ゾーッとするような冷汗が背筋を走るのを覚えた」と大多和の証言にある。


壮行祝いの宴で艦内がにぎわっているころ、緊迫感のただよう静まり返った艦橋に左手にビール瓶を下げた下士官が、突然姿をあらわした。岡元高志一飛曹である。

右手にコップを捧げて艦長伝令、航海士、掌航海長などの人の群れをかき分けて、岡元は高椅子に腰かけた柳本艦長の背後に進む。

「艦長、一杯飲んで下さい。お別れにきました」

柳本はふり返り、相手をたしかめると微笑んで手を伸ばそうとした。岡元は酔っておらず、思いつめた表情をしていた。

「何を失礼な!」

とっさの出来事で何が起こったのかと、けげんな顔つきで見守っていた当直将校がわれに返り、満面に朱をそそいだようになってどなりつけた。

「艦長に失礼だぞ。連れ出せ!」

副直将校があわてて駆けつけると岡元の腕をむずとつかみ、荒々しく艦橋の外へ引っ張って行く。下士官ごときが艦橋に出入りし、直接艦長に口をきくなんてとんでもないという怒りが副直将校の全身にあふれている。

艦橋を一歩外に出た瞬間、搭乗員が苛烈な鉄拳制裁を食らうのは、だれの眼にも明らかであった。

「手荒なことをしてはならんぞ！」

そんな空気を見透したように、柳本の鋭い声が飛んだ。おかげで岡元は、居住区に引きずって連れて行かれるだけですんだ。

岡元が当直将校の逆鱗《げきりん》にふれるのは、これで二度目である。同じ当直将校が艦内巡視をしていたとき、艦長室にその搭乗員がはいりこんでいるのを発見した。

「貴様！　こんなところで何をしてるんだ！」

と、このときはしこたま彼の頰に鉄拳をあびせかけた。岡元は「艦長の許可を得ております」と抗弁し、「目的は坐禅です」といいつのったが信じてもらえず、当直将校はまた彼の頰にビンタを食らわせた。

当直将校が事の次第を艦長に報告し、「不とどきな奴です」と不満をこめて告発すると、柳本の表情が一変した。

「本艦には、おれの許可を得ずに部屋にはいる奴など一人もおらん！」

と逆に当直将校を叱りつけた。

柳本の眼は艦内の無法は自分が許すはずはない、という確信にみちていた。それだけに、何の事情も知らない当直将校が一方的に乗員を制裁した行為が許せないと、心底腹を立てているようであった。

「艦長室にはいっている者は、みな俺の許可をえた者たちだ。叱責するなど、とんでもないことだ。今後はいっさい手出しはならん！」

柳本の怒りのはげしさに当直将校は恐縮して引き下がったが、二人のやりとりは従兵の耳を通して艦内乗員たちにつたえられ、日ごろ士官の横暴に手を焼く下士官兵たちの溜飲を下げさせた。

このエピソードが真実味をもって語られるのは、柳本の艦長訓示でいつも「何かたずねること、心配ごとがあったら、遠慮せず艦長室へ来い」と宣言していたからである。相手が士官であろうと下士官兵であろうと差別はせず、柳本はだれでも蒼龍乗員の一人として対等に扱った。

岡元一飛曹も艦長訓示に感銘をうけ、思い切って柳本の艦長私室を訪れてみたのだ。

2

話は真珠湾攻撃時、蒼龍がエトロフ島単冠湾を出撃してハワイにむけて航行中の折にさかのぼる。

単冠湾での艦長訓示でも、柳本はハワイ作戦の意義を説いたあと、「何かたずねたいことがあれば、だれでもよい。訪ねてこい」としめくくった。

その言葉が心に残り、何度か艦長室の前まで出かけたが、不在であったり従兵に声をかけられたりで引き返した。「二等兵曹（当時）の身分で海軍大佐、艦長に声をかけるのはとんでもない」とは思ったが、最後に彼の背中を押したのは、「だれでも相談相手になる。ここにおる者はみな艦長の子供である」という柳本の言葉であった。

ドアをノックすると、運良く柳本がいた。

「何か用か。こっちにはいれ」と相手が物言いたげに立っているのを見て、手招きした。

「おたずねしたいことがあって参りました」

緊張しきった表情で岡元がやっと声をしぼり出すと、柳本は頬をくずし、自分で椅子を持ってきて前においた。

「何の用か。たずねたいことがあったら、何でも話してみよ」

柳本は言葉は柔らかく、二人で対面すると訓示できいたような張りのある声でもなかった。艦長として威厳を取りつくろう風でもなく、あくまでも自然体である。岡元は安堵した。

「じつは、宗教でいう『神人懸隔』と『神人同格』をどう考えればよいのか、悩んでおります」

「むずかしいことをきくね」

と柳本はおどろき、苦笑した。

岡元の問いかけの真意は、「人間」は戦場での死にのぞんで「神」のように無心になりうるか、従容《しょうよう》として死にいたれるかという生死にかかわる設問であって、宗教学のそれではない。「神人懸隔」「神人同格」の語は、大正から昭和にかけての宗教学者加藤玄智が前者をキリスト教、後者を仏教、神道に分類した宗教概念であって、岡元が知りたい戦場での生死とはまたべつのテーマである。

柳本はさすがに禅学の教養にふれているだけにその事実を指摘し、「宗教に興味があるのか」ときいた。

「坐禅をしております」

と岡元は答えた。


宗教に心開かれたのは予科練受験失敗の折、十五歳のときの老僧の言葉がきっかけであったのかも知れない。当時の農村には浄土真宗の信者が多く、開祖親鸞聖人の関連著作にふれる機会が多くあった。『歎異鈔』『教行信証』といった教養のそれではなく、『信の力なり』といった一般書を手に取ったりした。

岡元の回想によれば――。

「自分でも変わった男だと思います。親鸞聖人の伝記を読んで、師の法然と一緒に弾圧されて、越後に流されたことを知った。それでも屈せず、仏の教えを説いたわけでしょう。すると、大将とか長官とかいった肩書きが大事なのではなくて、何ごとにも屈しない心が大切だ。心はだれでも平等で、階級や身分の上下ではなく心の王者たれ、と子供心に思うようになりました」

海軍入りした後も、心の修養につとめるようになり、霞ヶ浦時代の教官からも搭乗員としての平常心、精神の安寧を保つために坐禅をすすめられた。その後、休暇のたびに古都鎌倉まで足を伸ばし、建長寺、円覚寺などで坐禅を組み、一日修行にはげんだ。

岡元の師を求める心が、柳本艦長を「厳父とも慈父とも思える」彼にあえて艦長室を訪ねさせる勇気をあたえたのかも知れない。また、柳本が無刀流の達人とも話にきいて、それなら無刀流＝禅、すなわち禅なら生死の問題で話が通じるのではないかという甘えの気持があったことも事実である。

3

岡元の真の問いかけは、戦場での死に直面した場合見事に死ねるか、そのために自分はどのような心構えでいれば良いのか、という真珠湾上空へむかう戦闘機搭乗員としての悩みであった。

柳本は視線をあげ、じっと岡元の眼を見つめた。そして、率直にこんなことを語り出した。

「自分は中尉のころから、そのようなことをよく考えてきた。武人としてはたして従容として死にのぞめるか、いや、そんな自信はまるでない。

拳銃などでひと思いに死ぬことはやさしいだろうが、艦長として艦と運命をともにする場合、艦と人とが一緒になって沈んで行くわけだからね。すぐ死ねるわけではない」

艦長は、やはりいざという場合には艦と運命をともにするつもりだな、と岡元は思った。柳本はつづけた。

「どうすれば、自分だけ逃げ出したくなる気持を打ち消して艦と一体になって沈んで行くことができるか。この気持は、あくまでも自然でなくてはならんからな。そんなことを考えると、君たち搭乗員は幸せかも知れないね、時間が短いから」

と柳本は笑った。

「はあ。その点は艦長よりは幸せといえるでしょうが。でも、自分はまだそこまでの境地に達していないのが恥ずかしいかぎりです」

と岡元はいいながら、柳本の屈託のない笑顔を見て、艦長はその言葉通りに何でも話してくれるんだなと感じ、感激で胸がいっぱいになった。こんな柳本には何でも話せそうな気がした。

そして彼は、ふだんから気にかかっている質問をした。

「艦長は総員集合では、とりわけ若い士官たちにきびしい言葉をかけられますが、それはなぜですか」

柳本はわが意を得たり、という表情をした。

「それはね、君たちのように経験を重ね、苦難を乗りこえてきた搭乗員たちにたいして、若い士官たちは一体感、精神的な団結を保たなければいけないからだよ。想像を絶する戦闘の苦しみを乗り越えてくる者にたいして、それに匹敵するだけの意志の強さ、精神力をきたえる。それの教育だね」

艦長室は四畳半ほどの広さであった。舷窓にむかって小机があり、整理タンスと小さな寝台がある。従兵がいるはずだが、隣り部屋で待機していて物音ひとつしない。

「ビールは好きか」

突然、柳本が思いついたように声をかけた。「はい」と答えると、立って隣室に何ごとかをつげ、しばらく経つと従兵がお盆の上にビール瓶を四本ならべて両手で運びこんできた。

「遠慮せずに飲め」

と柳本がいい、岡元は恐縮しながらも心はずむ思いでビールをつぎ、艦長のコップにも注いだ。艦のトップがこのように打ちとけて話し合ってくれるのは階級制度の厳格な海軍では例外の出来事で、夢見心地となった。

柳本は健康状態についてあれこれたずね、岡元は調子に乗ってコップを重ねた。三本は一人で飲んでしまったらしい。艦長も一緒に付きあってくれた。長居はできないと立ち上がり、「失礼しました」と頭を下げると、

「また来い」

と柳本は笑って送り出してくれた。


その言葉が現実のものとなったのは、三日後のことである。ハワイ出撃がまぢかにせまって艦内がざわついていたころ、居住区に見覚えのある従兵が顔を見せた。

「艦長がお呼びです」

夕刻になって、柳本は珍しく艦長室に降りてきたようだった。岡元があわてて駆けつけると、

「一日一日近づいてくるようだね。どんな気持だ」

とにこやかな表情でいった。

「はい。みなと同じで緊張しております」

戦場はハワイ作戦がはじめてではない。真珠湾上空で、米海軍がどのような態勢で待ちかまえ

ているかは未知数であったが、中国戦線で何度も修羅場をくぐってきた。怖気《おじけ》ない心づもりは充分にある。

「ところで、艦長はこの戦争は勝てるとお思いですか」

ズバリ切りこんでみた。前回の心くだいた柳本の応対に打ちとけて、つい大胆な口をきいてしまったのだ。柳本はまじめに答えた。

「戦争は戦ってみなければわからないが、兵法上はいまのところ奇襲作戦に成功しているし、このまま相手が気づかなければ勝つと思うよ」

「いえ、ハワイ奇襲ではなくて、日米戦争そのものです」

「うん」

しばらく口をつぐんだ。柳本はあれこれ頭のなかでどう答えようかと考えあぐねている風であったが、ようやく口をひらいた。

「日米戦争については、いろいろな面から考えて私は日本に不利だと思う。だからこそ、天佑神助を祈ろう」

戦後数十年たって岡元高志は、艦長柳本大佐が部下の一搭乗員にたいしてよく戦争は勝てないなどと口にしたものだと、あらためて感じ入ることがある。米英撃滅は国家目的であり、神州不滅を呼号している海軍部内にあって、艦長として士気振作にはげまねばならない立場にある。しかし軍令畑が長く、欧米事情に精通していた柳本大佐はこの国の将来について、やはり自分と同じように不安を抱いておられたのだろうか。当時彼は柳本の真意をつかむことができず、艦長はふしぎなことを口にされる、ただし、これは他人には決して口外してはならぬことだととっさに心に決めていた。

「人事をつくして天命を待つ、そんな心がまえが必要だね」

未来に希望を持てない話は、出撃前の搭乗員にふさわしくないと思ったのか、柳本は元気づけるようにいった。

柳本は、

「坐禅は、どんなところでやってるのか」

と口調をあらためてたずねた。

「上甲板のポケット（作業員控所）や寝台、その他人のいないところを選んでやります」

「それなら、この部屋の寝台の上でやれ。静かだし、私は航海中はほとんどここにいないし、坐禅にはいい場所だ。遠慮なく使え」

「ありがとうございます」

艦長はやはり自分が思っていた通りの心の師だと思い、思わず岡元の眼から涙があふれた。また、ビールが四本運ばれてきた。岡元はほとんど全部を一人で飲んだが、柳本はニコニコ笑いながら、それを見ていた。

十二月七日の真珠湾攻撃前日、夜からは出撃機の零式戦闘機を整備員とともに最後の点検、調整に取りかからねばならないため、早目に艦長に別れのあいさつに行った。

艦橋に上がると、柳本は階下の艦長休憩室で食事中であるという。部屋を訪ねると、柳本は一人で夕食をとっていた。乗員たちがうわさする兵食である。

「艦長、明朝はいそがしいので、いまお別れにきました」

岡元が敬礼して勢いよく声をかけると柳本は箸を止め、「お別れとは早いね。ま、よい。しっかり頑張ってこい」と力強くはげましてくれた。

岡元は坐禅を通じて自分の気持が艦長に通じていると思い、まるで弟子が試合にのぞんで師の教えをきくような問いかけをした。

「敵上空に侵入して攻撃を加える場合、自分の心がまえはどう持てばよいのでしょうか」

「ハワイ上空に達する前に、まずお前のズボンの下に手を入れてみよ」と柳本は即座に答えた。

「お前のムスコにさわってみて、だらりとしていれば落着いている証拠だ。小さくちぢまっていれば肚《はら》がすわっていない証しだ。そのいずれかを、まず自分でたしかめることだな」

最後は少し笑いながら、柳本もやはり旅立ちを見送る師のようないいかたをした。

翌八日、岡元二飛曹は第二次攻撃隊制空隊九機の一機として出撃した。ベローズ基地上空からカネオへ米水上機基地へと転戦し、地上銃撃のうえ帰還している。

帰投後、戦闘報告などが一段落し、夕食どきを見はからって艦橋下の艦長休憩室に行った。柳本は同じように兵食をとっていた。

「艦長、無事帰りました。ありがとうございました」

生還の喜びで、思わず声が高くなった。柳本はそうか、よしよしとでもいうように二、三度うなずいた。岡元は「師」に基地上空での一件をぜひ報告したかったのだ。

「さっそくですが、艦長。ハワイ上空で睾丸《キンタマ》をにぎってみましたら、小さくちぢこまっておりました。おれは落着いてないのかと思いましたが、そんなことはありません。よくよく考えてみますと、高度六、〇〇〇メートルといえば零下六度ないし一〇度。とても寒くて大きくなっているはずはありません。艦長のおっしゃったことはちがっております」

「なるほど、そうか」

といいながら、柳本はアハハハと大口をあけて笑った。あまりに愉快そうに笑ったので、歯が悪かったのか入れ歯がカタカタと鳴ったのが岡元の記憶に強く残っている。しばらく笑い声を立てたあと、「しかし、ハワイ上空でズボンの下に手を入れることを忘れなかったのは落着いていた証拠だ」と賞めてくれた。

「いずれにしても、よくやった」

柳本は空母蒼龍から出撃した第一次、第二次攻撃隊全五二機のうち、艦爆隊二機、艦戦隊三機の喪失機を出している。戦死者七名。そのうち制空隊分隊長飯田房太大尉の戦死は艦内乗員たちの信望篤い人物であっただけに、艦長として哀惜の思いが強かったのであろう。隊長の二番機、三番機も自爆戦死していて、失意の内にも岡元二飛曹の無事帰還は慶事に思えたにちがいない。

空母蒼龍はその後、ウェーク島攻撃、アンボン攻略戦、ポートダーウィン、チラチャップ空襲、インド洋機動作戦など各地を転戦。昭和十七年四月二十二日、横須賀軍港帰着まで、岡元自身も艦長室で坐禅する時間の余裕もなく、ひたすら出撃回数を重ねるだけの日々をすごした。

その間、時折彼の心を暗くしたのは隊内における階級差のきびしい現実である。部下であれば上官の命令にしたがうのは当然であるが、航海中も戦闘前、戦闘後も、士官である直属分隊士から意見を求められたり、親しく会話を交したことはない。

彼の小隊長は兵学校出の若い中尉で、エリート教育をうけた士官らしく、下士官兵と距離をおき、戦闘でも一方的に命令を下すだけである。指揮官として部下に情をかけてはならぬという建て前は理解できるが、柳本艦長のように海軍大佐でありながら一下士官を対等に扱ってくれる存在があるだけに物足りない思いがした。

若い中尉はハワイ作戦が初陣であった。はじめての米軍戦闘機との空戦と自機の被弾でわれを忘れたのか、隊長機の突入自爆に気づかなかった。

隊長飯田房太大尉は兵学校時代、「お嬢さん」というニックネームがあったように優しい顔立ちをしており、性格は穏和で部下の健康を気づかい、何くれとなく面倒を見てくれる名指揮官であった。岡元二飛曹もひそかに尊敬し、隊長機が被弾して白いガソリンを噴き出しながらカネオへ飛行場へ急降下して行くのを、必死になって後を追った。飯田機がそのまま格納庫に体当たりし壮烈な爆死をするのを目撃したとき、岡元は戦慄し、言いようのない哀しみがこみあげてくるのを覚えた。周囲に彼以外、だれも見えなかった。

上空で編隊をさがし、二番機厚見峻一飛曹、三番機石井三郎二飛曹の姿が消えているのをあらためて確認し、帰途についた。蒼龍に着艦し、小隊長から話をきかれないままに居住区にもどり、周囲から「よく帰ってきたな」とねぎらいの言葉をうけながら、ひとり食事をとった。浮かれた気分ではなかった。

「飯田大尉の行方を知っている者は、艦橋へ来れ！」

突然の艦内スピーカーの声におどろいて艦橋に駆けつけると、若い中尉と別の小隊長との二人がとまどったように立っていた。艦長の矢つぎばやの質問に答えに窮していたらしい。岡元は進み出ると、楠本飛行長に「飯田大尉は戦死されました」と報告した。

「見たのか」

「はい」

と返事すると、楠本が怒り出して「なぜ、報告せんのか！」とどなりつけた。

小隊長が帰還後、部下から戦闘状況をきき、戦果報告をまとめていない怠慢があきらかであった。柳本艦長は即座にその事実に気がついたものか、

「なぜ、部下を叱るのか！」

と鋭い声で飛行長をたしなめた。柳本は二人の間に割ってはいり、口調をあらためてたずねる。

「飯田大尉のことについて話してくれ」

岡元は被弾にもひるまず一直線に米軍格納庫に突入し、火だるまとなって地上を転がったあと停止炎上した飯田機の最期を見てきた通りに報告した。とくに壮烈な爆死の瞬間を耳にすると「そうか」とうなずき、柳本は眼をうるませた。

大楠公精神を説きながらじっさいに部下を戦死させてみると、艦長の喪失感は岡元の胸にもよくつたわってきた。「艦長の眼の色はつらそうだった」と彼は回想する。

さらに柳本を悲しませる出来事が起こった。空母蒼龍の至宝と艦内乗員たちがたたえた艦攻隊偵察員金井昇の戦死である。

金井一飛曹のウェーク島上空での戦死は、「おれの身替りになって死んだ」と分隊長阿部平次郎大尉を悲嘆にくれさせたが、その折彼らの直衛戦闘機の一員として参加していたのが岡元であった。

佐藤治尾―金井昇の操縦、偵察コンビはハワイ出撃直前、水平爆撃競技で命中率一〇〇パーセントという神技に近い数字を出した蒼龍随一の艦攻隊員である。岡元は艦内居住区での寝台が金井と隣り合わせで、囲碁の好きな二人は就寝前によく勝敗を争ったものだ。

金井は偵練の先輩だが気さくな性格で、出身の長野に許嫁がおり、「こんど作戦がおわったら、故郷で結婚式をあげるんだ」と岡元を大いに羨ましがらせた。

ウェーク島上空では、ハワイ作戦と同じ若い中尉が指揮官であった。出発前に飛行長から、「敵戦闘機は二機。つねに上空六、〇〇〇メートルで小艦艇をねらっているから、充分注意するように」と警告をうけたのが、若い闘志をかきたてたらしい。金井たち艦攻隊の直掩任務を放り出して、岡元たちを指揮して高空を駆けまわった。

結局、グラマン戦闘機と会敵せず空しく母艦にもどってきたのだが、着艦後はじめて金井の墜死を知らされた。艦橋に上がって報告にきた若い中尉を見て、柳本艦長が激怒した。増槽タンクも切り離さず、戦闘もしないでノンビリ雲上飛行を愉しんでいたかのように錯覚したのかも知れない。柳本の眼にはげしい怒りの色が見え、拳が飛んで若い中尉の頰が鳴るのを岡元は身体を震わせながら見ていた。

艦橋には山口司令官がいて、黙ってそれを見ていた。内地帰投後、ふとした折に山口が「金井を殺すなら、あのとき彼を飛ばさなければよかった」としんみり話すのを、源田航空参謀が耳にしている。

その夜、岡元はなかなか寝つかれなかった。隣りにいるはずの金井一飛曹の寝床はからで、いつものように夜の無聊を囲碁でしのぐ相手もいない。搭乗員たちはトランプや花札をしたり、こっそり脱け出して仲間と寝酒を楽しんでいる連中もいるが、彼らに加わる気持にもなれず、じっと夜の闇を見つめていた。

利根四号機の発艦遅延

1

「整備員起こし！」

艦内スピーカーがあわただしくさけんでいる。夜はまだ明けていず、深い闇がひろがっている。日出までは、まだ一時間あまりある。

ミッドウェー島第一次攻撃隊の発進予定時刻は、六月五日午前一時三〇分、現地では四日午前四時三〇分である（注、以下現地時間に統一する。したがって、日本時間は一日を加え、マイナス三時間となる）。

総隊長友永丈市大尉はすでに目ざめていて、隊長室で身支度をととのえ、航法図板、航空時計、携行拳銃などの最終点検をしていた。飛行隊長室は六畳間ほどの広さで、寝台とテーブル、舷窓の下に洗面台がある。専属の従兵はいないが、身の回りの世話は士官室従兵が面倒をみてくれる。

「総員起こし」前なので、彼らはまだ艦内居住区から出て来ていないようだ。

友永は隊長私室を出ると、艦内神社に出かけ、出陣の祈念をした。総計一〇八機の攻撃隊総隊長といえば旗艦赤城の淵田美津雄中佐の役割だけに、自分にそんな大役がつとまるのかと荷が重いような気持がする。よし当たってくだけろだと、持ち前の向こう意気の強さで勇気を奮い起こした。

二層になった格納庫から、リフトで九七艦攻がつぎつぎと飛行甲板に運び上げられて行く。弾庫から八〇〇キロ陸用爆弾、二〇ミリ機銃弾、七・七ミリ機銃弾倉などが兵器員たちによって同時に積みこまれた。一機ずつ、甲板後方から翼を接するようにして機体がならべられ、若い整備員が車輪止めの配置につく。

「試運転にかかります！」

友永機の機付整備員谷井繁義一整曹は先任下士官につげると、九七艦攻ＢＩ－３１０号の操縦席に乗りこんだ。翼下で岡田善博二整曹が機体の点検に熱中する。機体の破損修理、発動機の点検整備は整備科整備班の仕事だが、飛行甲板上での配列、機体点検は飛行科飛行班の分担となる。

飛行班は二班に分かれ、一班あて一四名。分隊士野依武夫整曹長の号令一下、三人が三機ずつ受け持つ形で、発進前の機体整備をする。暖機運転、スロットルレバーのチェック、運転諸元の確認のあと全速運転へ。

谷井一整曹がいったんエンジンを停止し、「試運転終了、調子良好」の合図を先任下士官に送って、そのまま操縦席で待機する。

艦橋には司令官山口少将、司令部幕僚たち、艦長加来大佐以下いつもの顔ぶれがそろい、発艦準備が完了するのを待っている。浅川正治主計長もせまい艦橋の一員となり、軍服姿で戦闘配置についている。航海中はさしたる任務はないが、戦闘となればすべての記録が彼の役割だ。

ハワイ作戦出撃時とことなり、緊迫した雰囲気は感じられなかった。副長鹿江隆中佐は同作戦直後に乗りこんできて大張り切りであったが、いまは落着いて、ドゥリットル東京空襲の報を耳にしたときなどは「陸上にいるより、海上にいるほうが安全だな」と士官室で、まるで自分が無敵艦隊に乗艦しているような自信たっぷりな言い方をして、浅川をおどろかせた。神経の細やかな副長が、ここまで大胆不敵になれるとは思わなかったからだ。

その鹿江副長も艦内神社で祈願をすませ、さっぱりとした表情で士官室の恒例の儀式――勝ち栗にお頭付き、赤飯と冷酒の乾杯――にのぞんでいる。友永や各分隊長、参加士官たちを中心に、たがいに短いやりとりで攻撃成功を誓いあう。

総隊長友永丈市大尉も表情に変化は見られなかった。

前夜、彼の出陣前祝いをしたのは主計長の浅川と気象技師の二人だが、酒呑みの少佐待遇の文官技師を相手に友永は淡々と盃を重ねた。戦後の感想をふくめて、浅川は「友永さんは明日はどうなるかなどとはいっさい語らず、何か鋭い、冷めた感じがありましたね」という。

浅川が、「新婚の奥さんはどうですか」と三十一歳の友永が若妻をもらったとのうわさを口にすると、「いや……」と口を閉ざし、話題にされるのをいやがる雰囲気であった。話はそこで途切れ、また酒になった。

ガンルームから士官室入りした橋本敏男大尉が、前夜の士官用浴室で同期生の近藤武徳に「夕方、カタリナ（飛行艇）につかまったから、敵はわが意図を察知しているだろう。明日は強襲だ。手荒いことになりそうだぞ」と警戒の言葉をかけているのを、整備分隊長の小林勇一が耳にしている。橋本もこの出撃行には、いつもと表情がちがう緊張ぶりだ。

発艦直前の最後のチェックがはじまった。整列をおえた零戦、九七艦攻への燃料補給、高圧作動油や潤滑油の補塡がおこなわれるなか、各機の搭乗員がそれぞれの座席で座席の坐わり心地、操縦桿の作動具合などを入念に点検し、旋回機銃の空射ちを行なっている。

赤松機の電信員小山富雄三飛曹も小隊長機の後部座席に乗りこんで、格納状態のルイス式七・七ミリ旋回機銃のロックを外し、銃尾をロッカー台上にのせて操作の確認にあわただしい。

九七艦攻の防禦兵器はこの機銃一梃のみで、電信員の小山は送受信の任務を担当しながら機銃手も兼ねなければならない。小山は射撃には自信があった。偵察練習生としての訓練中、だれもが射撃二〇発中最高で命中五、六発なのに彼は一五、六発の成績をあげ、全射撃平均でも一一発の命中率でトップの成績をおさめた。大正九年、高知市の外れにある蓮台に生まれ、山間にある農家の長男として育った小山は積極的な性格で、野球部の捕手を辞めたあとは海兵団の軍務に熱中した。だれもがいやがる銃剣道に専心したのもその一つである。修業時には五段に昇段し、モールス信号にも抜群の成績をあげた。

その小山が第四十八期偵察練習生のなかで、どうしても歯が立たなかった相手が、卒業時恩賜の銀時計を授与された文宮《ふみや》府知《くらとも》である。文宮は長崎県諫早市の神主の一人息子で、いまは選ばれて、角野第三中隊長機の電信員として乗りこんでいる。

昭和十五年十月、ともに飛龍乗組が決まったさい無二の親友として精進を誓いあい、ハワイ作戦時には髪と爪を形見として残し、「どちらかに万が一のことが起こった場合、もう一人が弔詞を読む」との約束を交した。だが、こんどの出撃行ではそんな決死の戦場ではあるまいと、小山は気楽に考えている。

飛龍艦橋内で配置につく掌航海長田村兵曹長は、艦橋内外の命令指示が手ぎわよく運び、新参の航海科員たちもようやく手なれて任務を難なくこなしている状態に満足していた。だれもがのんびりしていて、「ハワイ攻撃より約半年の経験は、かくも余裕をあたえるものか」という感慨が、田村の胸の内に充たされていた。

一方で、新参の士官搭乗員のなかには平静さをよそおいながらも、動揺を隠しきれずに二度、三度と艦橋内の海図台に来てのぞきこんだりする者がいた。そのさりげない仕草を盗み見して、

「だれでも最初は落着かないものだ」と、この古参兵曹長はふくみ笑いをした。

「機械発動！」

加来艦長、友永総隊長の訓示につづいて各分隊長の最後の注意がつたえられ、頃合いを見定めて川口飛行長が発着艦指揮所から号令を発した。大きく白旗で円を描く指揮所からの合図で、各機の整備員たちがいっせいにエンジンを始動する。艦橋下の搭乗員たちがバラバラに分かれてそれぞれの機体に駆けよった。

先頭の零戦に隊長重松大尉が軍刀を左手に操縦席に乗りこみ、二番機村中一夫一飛曹、三番機新田春雄二飛曹と第一小隊三機の搭乗員たちがエンジンの轟音のなかで機付整備員と入れかわる。後方の友永隊長機でも、発動機の回転を一気に加速させた谷井一整曹が友永と交代して操縦席を降り、手持ちのウェス（布）で風防をいそいで磨き上げた。

友永が「ありがとう」という風に小さく首を上下に振った。それを見て、川口飛行長が艦橋の加来大佐に報告する。「発艦準備完了しました」

同じ指揮所には、ミッドウェー島占領後に進出する予定の特設第六航空隊飛行長玉井浅一少佐も姿を見せていた。玉井は川口の兵学校同期生で、彼の指揮する零戦二一機はそれぞれの母艦に分散搭載され、飛龍にも三機が積みこまれていた。せまい格納庫に余分な三機はお荷物だが、玉井に「すまんな」と一言いわれれば文句はいえない。

午前四時三〇分、いよいよ発艦のときがきた。あとは風上に立ち、発艦に適した合成風速がえられるよう艦を増速させるのみである。

「赤城、発艦をはじめました！」

艦橋の直上、防空指揮所から見張士吉田貞雄特務少尉の声が飛んだ。風は南東二〜三メートルの微風であり、すでに航海長長益少佐は艦の速力を二〇ノットに上げている。飛行甲板前方に待機する発艦指揮の木村義国整曹長が赤白二本の旗を持って待機態勢にある。白旗を振れば、発艦の合図だ。

赤城とほぼ同時刻、加来大佐の声がひびいた。

「発艦はじめ！」

2

思わぬ事故が、海戦の前途に暗雲を投げかけた。前衛部隊の重巡利根索敵機が出発直前にカタパルト故障を起こし、発艦が三〇分もおくれたのである。

「利根より信号！」

赤城艦橋にさっそく発光信号で事故の発生をつげてきたが、南雲長官以下は大して動揺の色をみせていない。わずか七機の索敵機であったから一機の事故発生も許容できない重大事であったが、米空母部隊は出現しないだろうという思いこみが、こんな信じがたい事故を誘発させてしまったのだ。

赤城からは機長西森進飛曹長、随伴する空母加賀からは吉野治男一飛曹が機長偵察員として午前四時三〇分、友永隊発進と同時刻に各母艦を飛び立っている。機体は九七式三号艦攻を使用し、進出距離三〇〇カイリ（五五六キロ）、各索敵線ごとに左に九〇度折れて側程六〇カイリ飛行し、末端から折り返すことになっている。九七艦攻は事前に改良されて増槽タンクを装着し、四〇〇カイリまで進出可能だ。

赤城、加賀の索敵機発進と同時に、前衛部隊の第八戦隊重巡利根、筑摩両艦から零式水上偵察機二機ずつ、第三戦隊戦艦榛名から九五水偵一機が発進する予定であった。

「左舷カタパルト故障！」

利根艦橋の岡田為次艦長に、後部飛行甲板の指揮所にいた飛行長武田春雄大尉から緊迫した声で、零式水偵を載せたカタパルトの装薬に点火しても起爆せず、ただちに故障点検に取りかかっているむねの報告があった。

同じ艦橋に第八戦隊司令官阿部弘毅少将と司令部幕僚たちがつめかけている。阿部少将は首席参謀土井美二中佐を見やって顔をしかめた。索敵機発進と同時に対潜哨戒機を第三戦隊、第八戦隊各艦から一機ずつ派出することになっており、米軍潜水艦からの雷撃にそなえてこれも至急対応しなければならないからだ。

「故障の原因は何か！　おれと代われ」

利根の後部甲板では、左舷カタパルトの前で先任整備下士官高野豊一整曹が射手を押しのけ、必死になって発射引き金の把手《とって》を五、六回まわしてみた。正常であれば装薬が発火して、「パン」

という爆発音とともに水偵が射出されるのである。ところが、いっこうに炸裂音がしない。

高野は顔色を変えた。カタパルトの整備、水上偵察機の点検整備では利根での経験四年、過去に重巡鳥海、横空で合計四年の実績がある。つねに点検をおこたらず、前日までに万全の整備をおえていたはずであったが、思いもよらぬ大失態であった。

赤城の左舷側、はるか前方を往く第八戦隊重巡筑摩からも、零式水偵二機が射出されることになっている。彼らは旗艦利根からの発艦命令を待っており、扇形索敵の東側五番七七度線、六番五四度線を担当する。旗艦からの索敵機発進が失敗したとなれば、利根整備員たちの面目が立たない。一瞬のおくれも許されない事態なのだ。

利根の後甲板上があわただしくなった。同艦には零式水偵二機、九五水偵三機が搭載されており、前者は索敵機、後者は対潜哨戒機として使用されている。当日朝は、

第三番一二三度線　利根一号機

第四番一〇〇度線　〃　四号機

とし、利根二号機、三号機は対潜哨戒機として待機中であった。

九五水偵は二座式で空戦性能にすぐれていたが、速力、航続力に劣り、一方の零式水偵は高速で長大な航続力を有する点に特長がある。

「取りあえず四号機（左舷側）の搭乗員を降ろし、空席の一号機（右舷側）に乗せ、そちら側のカタパルトから先に発射して下さい」

とっさの機転で、高野は掌整備長に進言した。見ると、右舷射出機上の零式水偵にはまだ搭乗

員が乗りこんでいないのだ。艦橋での指示で、左舷カタパルトを最初に射出することに決まったらしい。

索敵機は通常一時間前にカタパルトに装備され、この日も午前三時三〇分には一号機、四号機とも射出準備が完了していた。四〇分の暖機運転のあと、搭乗員は発艦一〇分前に艦橋での訓示、飛行士長谷川忠敬予備中尉による索敵データーの書き入れ。五分前には水偵機に乗りこんで全力運転のテスト、待機状態——という段取りになる。

左舷側の四号機には機長の偵察員甘利洋司一飛曹、操縦員鴨池源八一飛、電信員内山博一飛の三人がすでに座席内に身を沈めている。艦隊にとって最重要の索敵任務におくれがあっては申しわけない。いまなら何とか間に合わせることができると、高野は懸命に知恵をしぼった。

「発艦しばらく待て！」

武田飛行長に進言がつたわると同時に、艦橋からの命令がきた。第八戦隊司令部では事故の処理に頭を悩ませていたらしい。

「飛行長！　尾栓《びせん》をひらいて装薬を点検させてください」

じりじりしながら、高野は武田にせまった。発艦命令はどうなるのか。射出機の尾栓を開いて装薬を装塡し直せば、まだ点火できる可能性があった。ただし、下手に開栓すれば、爆発するかも知れない。

「射出機不発の場合、訓練では何分後にひらくのか」と武田がたずねた。「三〇分です」と答えると、しばらく考えて「それでは一五分後に開いてみよう。ただし、充分誤発に気をつけろよ」

と念を押す。不慮の炸薬爆発を気づかったらしい。整備兵が命じられて、射出機下に消火器を運びこんできた。

二番艦筑摩では、零式水偵二機がすでにカタパルト上に据えられ、索敵機発進準備が完了していた。予定時刻の一〇分前になった。だが、旗艦から「射出用意」の命令が下りない。

「どうしたんだ？　いやにおくれるな」

筑摩一号機に搭乗予定されている都間《つま》信（戦後、黒田と改姓）大尉は航空時計を見ながら、いらいらと右舷はるかな旗艦利根の後甲板を見つめた。ふつう索敵機は射出機上で風上にむけて固定され、射出機の尾栓装薬に点火して射出。発進機は高度を上げながら大きく一回旋回し、所定の索敵線上に向かって飛行して行く。これを発進時刻とし、そのためには少なくとも四時二〇分には「射出用意」の旗艦命令が発せられなければならない。

「よし、艦橋に行ってたしかめてくる」

都間大尉は一号機を飛び降りて、艦橋に駆け上がって行った。「艦長、旗艦からの発進命令はどうしたんですか」と問いただすと、艦長古村啓蔵大佐は渋い表情で首を振った。

「いや、まだ信令（信号命令）が来んのだ」

「艦長、このままでは出発がおくれるばかりです。艦隊命令で発進時刻が指定されているのですから、予定通り出発させてください！」

古村艦長は長野県諏訪中学の出身で、水雷戦隊、とくに駆逐艦乗りが長く英国駐在武官の経験もあり、豪快な性格の持ち主として知られる。あっさりと、部下の提言をみとめた。

午前四時三五分、上空から都間の筑摩一号機が発進。三八分、同四号機がまだ夜の明けきらぬ暗い空を一直線に索敵線にそって飛び立って行く。


利根艦上では、射出機の尾栓を開いてみて不発の原因が解明できた。信管不良――錆落としのグリースが付着したまま、あるいは撃針装置が作動しなかったか――によって不発の原因となってしまったのだ。兵器員が来て火薬、信管を取り替え、空射ちして再射出にそなえる。

暗い海上から強風が吹きこんで、整備員たちは懸命に風圧に耐えながら飛行作業をつづける。整備員総数は四十余名。五班に分かれて水偵機の昇降、着水時のクレーンによる吊り上げ、射出機処置など各部門を受けもつ。離着水時は総がかりで飛行作業に取りかかるのだ。

利根整備科五十嵐豊八三整曹もその一人で、風にあおられながら火薬の取りかえ作業を見守っていた。利根は速力二四ノットに増速し、波しぶきが強く顔に叩きつける。そのとき、後甲板上のあわただしい動きのなかで艦橋の第八戦隊司令部から、思いがけない命令がきた。飛行長の武田が整備員たちにつたえる。

「ただちに一号機を取り外し、三号機を射出せよ」

せっかく右舷カタパルトに設置した利根一号機を降ろし、あらためて九五水偵一機を対潜警戒用として射出せよとの取り換え命令なのである。水偵一機を射出して、つぎの射出完了までに三分。両舷同時射出はできないから方向転換。したがって右舷、左舷と分けて射出完了するのに約一〇分、というのが五十嵐の回顧談である。機種取り替えには、どれほどの時間がかかるのか。

先任整備下士官高野は飛行長への進言が無視されたのを知ったが、司令部からの命令であり、大いそぎで九五水偵の射出準備に取りかかった。搭乗予定の機長は飛行士の長谷川予備中尉である。

四号機の機長甘利一飛曹は艦橋に呼び出されて行ったが、帰ってくると「発艦は？」とたずねる高野に、「待機せよと命じられた」と意外な返答をした。何としても索敵機発進と心急《せ》いていた高野は、拍子ぬけする思いであった。

結局、第八戦隊司令官阿部弘毅少将は、前日午後一時二五分発信の一航艦命令――「特令ナケレバ索敵隊ハ攻撃隊ト同時ニ出発スベシ」を無視したことになる。事前に米軍潜水艦が付近に集中しているとの情報があり、対潜警戒を主にしたとの司令部弁明はあるが、まず索敵機発進という艦隊命令を軽んじていたことは事実である。

先任下士官の進言通り、搭乗員をやりくりして右舷射出機を連続使用すれば、二機の零式水偵を相ついで緊急発進できるという便法もあった。阿部司令部は危機意識に欠けている。

午前四時三八分、右舷カタパルトから長谷川飛行士の九五水偵一機が射出され、四分後に利根一号機、同五時に左舷カタパルトからようやく故障修理が完了した甘利機が発進した。索敵機の発進予定時刻より三〇分のおくれである。

蒼龍では第一次攻撃隊が発進した同時刻、上空直衛機が発艦した。小隊長は原田要一飛曹で、二番機は岡元高志、三番機が長沢源蔵三飛曹である。各艦あて三機、四空母あわせて一二機で南雲機動部隊の護衛にあたる。だが加賀では一機が発艦寸前に整備不良で取り止めとなった。

わずか一一機の戦闘機で四隻の正規空母を護りきれるとはとうてい思われないが、開戦いらい幸運にも南雲艦隊は大規模な航空攻撃をうけた経験がなかった。したがって、当然のことながら油断が生じた。

四空母の搭載機数は、以下の通り。

	零戦	艦爆	艦攻
赤城	18/3	18/3	18/3
加賀	18/3	18/3	27/3
飛龍	18/3	18/3	18/3
蒼龍	18/3	18/3	18/3

合計二六一機（下段数字は補用機）。

搭載機は各艦ほぼ同一だが、やはり攻撃第一主義の源田航空参謀らしい雷撃機中心の編成であることがわかる。

戦闘機の例でいえば、第一次攻撃隊に九機を配分し、第二次攻撃隊用に六機を艦上待機とすれば、上空直衛にまわす兵力は零戦三機のみとなる。各艦三機、合計一二機で四隻の主力空母を米軍機の攻撃から護り切る、という発想である。

これも「戦力は一対六」の圧倒的な差があり、零戦一機よく米軍機六機を凌《しの》ぐ、と源田参謀はあくまでも強気一点張りである。

ちなみに、米軍母艦兵力と比較してみると——。

	F4F戦闘機	SBD艦爆	TBD艦攻（注、いずれも定数）
エンタープライズ	27	38	15
ホーネット	27	38	15
ヨークタウン	27	38	15

合計二四〇機

南雲艦隊には、これ以外に占領後進出予定の六空用零戦二一機、二式艦偵二機が搭載されているから母艦兵力としては優位に立つが、米側には他に基地駐屯の航空機一一五機があり、総航空兵力としては明らかに日本側は劣勢である。

ちなみに一九四六年（昭和二十一年）、米海軍大学校で編纂された『ミッドウェー海戦〈その戦略と戦術の研究〉』によれば、日米両軍の戦力比較は以下の通り。

日本側

有利な点……空母の数（日本側四隻vs米側三隻）および戦艦二隻、艦砲一七一門（米側一四〇門）。

戦闘機の優秀性、高速艦隊の機動性、搭乗員の豊富な戦場体験。

不利な点……情報不足、レーダーなし。不十分な対空火器、航空機の防弾・防火対策なし。

米国海軍

有利な点……情報の優位と奇襲戦法。レーダー装備と戦闘機管制、巡洋艦兵力（米側六隻vs日本側三隻）と駆逐艦の兵力差（同一四隻vs一二隻）。

不利な点……母艦攻撃兵力を集中できなかったこと、空母部隊も同じ。

航空機の防弾・防火対策。

戦闘機の活躍不足、雷撃機の低性能、速力がおそい。

ただし、米側はサンゴ海海戦での教訓から母艦防禦兵力としてのグラマンＦ４Ｆ戦闘機群の効用を重視し、上空直衛機の機数を増加させているのにたいし、日本側は戦訓を何ら参考にもしなかった。その結果が如何に出るかは、こののち第一次、第二次防空戦闘で母艦部隊が身にしみて味わうこととなる。

午前四時三八分、二航戦旗艦飛龍からは、新任の分隊長森茂大尉が上空直衛の小隊長となって発艦した。二番機山本亨二飛曹、三番機酒井一郎二飛曹の三機編成である。

山本二飛曹も、トリンコマリー攻撃のさい来襲した英ブレニム爆撃機を迎撃した上空直衛の分隊長能野澄夫大尉の戦死を体験している。この時期、能野大尉は妻富美子とのあいだで最初の子供が流産し、二度目の妊娠を知って喜んでいる最中であった。出産予定は七月末で、妻への手紙に「男子ナラバ正毅《まさき》」「女子ナラバ美保子」と、航海中あれこれと考えた子供の名前が記されてあった。戦死は四月九日のことである。

山本は整備員の話で、能野分隊長の私室に妻の写真が飾られていたことを知り、待望の子宝を授かったことを喜んでいた上官の戦死とわが身を重ね合わせ、複雑な心境に駆られた。彼も郷里の熊本に、身重の新妻を残してきたからである。

妻民子は十八歳。山本は二十四歳の新婚家庭で、わずか半年間の生活をともにしただけで三月末に岩国基地を発った。新郎は「こんどの作戦がおわったら、子供の顔が見られるだろうな」と喜び立って家を後にしたものだ。自分の名前を一字とって「男なら亨一《きょういち》」「女なら亨子《みちこ》」と名づけるよう民子に後事を託した。

郷里の新妻に思いを馳せながら山本二飛曹は、ようやく明るみをおびた夜明けの空に飛び立って行く。まもなく日出予定時刻である。――彼はこの後、わが身にどのように苛烈な運命が待ちうけているのか、何も知らずにいる。

上空直衛機の機中で、搭乗員それぞれに感懐があった。機動部隊上空を旋回しながら岡元高志一飛曹は、昨夜柳本艦長と〝壮行の盃〟をかわせなかったことを悔いていた。岡元が差し出したコップを、柳本は快く受けとろうとしたのだ。

彼にしてみれば明日の戦闘で死ぬかも知れない命であり、せめてコップ一杯のビールで自分の敬愛の心情を受けとめてもらいたかったのだが、当直将校に制止されて果たせなかった。士官と下士官の階級差が恨めしくもあり、また「手荒なことをするなよ」と部下の身をかばってくれた艦長の温情が身にしみて嬉しかった。

日米開戦から半年間、身辺からつぎつぎと信頼する分隊長、親しい搭乗員仲間が戦死している。とりわけ親しく囲碁勝負を戦わせていた先輩金井昇の姿が消え、岡元は居住区での孤立感を深めていた。

昨夜も艦橋で柳本艦長と言葉をかわすこともできず、寝床にもどってじっと横になっていた。

(このまま戦死して行くのか)

深い喪失感が、二十四歳の若い戦闘機隊員の心をおおっている。

上空直衛機発進完了と同時に、艦長加来止男大佐が、

「第一戦速」

「艦内哨戒第一配備」

の号令を下した。空母飛龍は速力二〇ノットとし、総員戦闘配置につけの指示である。

「戦闘配食!」

艦内スピーカーが朝食の時刻をつげていた。午前五時三〇分、乗員たちがそれぞれの配置で、にぎり飯の配食を頬張る。

相変わらずの曇り空である。岡元一飛曹は雲の切れ間をぬうように機動部隊上空を警戒して飛

行する。雲量八、雲高五〇〇～一、〇〇〇メートル、視界三〇キロ。空の大半を雲が埋め、この分では米軍戦闘機が出現しても発見しづらいことだろう。

3

ミッドウェー島防備隊指揮官シマード大佐にとって、事態はハワイの戦闘情報班の予告通りに進展した。日本軍はまずアリューシャン列島を攻撃し、ついで攻略船団がミッドウェー島をめざし、翌日朝には空母機からの航空攻撃が加わる……。その六月四日、木曜日の朝が明けるのだ。

前日には、ジャック・リード海兵少尉のPBY飛行艇がミッドウェー島沖七〇〇カイリの洋上で日本軍輸送船団発見を報じ、基地からさっそく陸軍のB17型爆撃機九機が攻撃にむかった。

その結果は「戦艦もしくは巡洋艦二隻、輸送船二隻に爆弾命中」と報告してシマード大佐を歓喜させたが（注、日本側に被害なし）、その結果に喜んで彼はさらにPBY飛行艇四機に魚雷各一本を装備、攻撃させるという大胆な企てをした。その戦果も、大型輸送船二隻がそれぞれ「大爆発を起こした」という満足すべきものであった。じっさいは「あけぼの丸」に魚雷命中。舷側に大穴が生じ戦死一一名を数えたが、同船はまもなく戦列に復帰している。

この日午前四時、シマードが命令を発し、PBY飛行艇一一機が日本空母捜索に飛び立った。同時に上空直衛のF4F『ワイルドキャット』六機が発進し、同じイースタン島飛行場からB17『空の要塞』一六機が轟音とともに、日本攻略船団の攻撃にむかう。陸軍側指揮官はウォルター・C・スウィニーJr《ジュニア》中佐。

ニミッツ司令部からの敵情報告によれば、日本空母は北西三二〇度方向から進撃してくるはずであり、命令は「敵空母に対して、全力で攻撃せよ」とある。航空兵力は日本空母攻撃のために発進し、同島守備は対空砲火の防禦にゆだねよとの意味である。

シマードは米軍最前線基地ウェーク島が日本軍機動部隊の空爆にさらされ、六ヵ月前に陥落した悲劇を反芻《はんすう》していた。日本軍の航空攻撃、艦砲射撃、しかるのちの上陸作戦という圧倒的な攻勢の前では、ニミッツの増強兵力——一一五機の航空機、八隻の魚雷艇、五輛の戦車、二二門の大砲、三二門の高射砲だけでは彼らに太刀打ちできないであろう。

このためシマードと作戦参謀はニミッツの命令に反し、日本軍の進攻を食い止めるために航空部隊を二隊に分け、戦闘機部隊は同島防衛に、雷撃機と急降下爆撃隊は日本空母攻撃にむかわせる計画を立てた。理論上でいえば、両隊のめざましい働きによって上空から進攻してくる日本機は撃退され、空母部隊は雷爆撃機のいっせい攻撃によって少なくとも飛行甲板は破壊され、日本側の同島占領作戦は頓挫するにちがいない。

だが、じっさいは航空機は旧式機ばかりで統一指揮に欠け、日本空母攻撃にむかう各隊はバラバラで戦闘機の護衛をともなわなかったため、ニミッツも想像しなかった甚大な犠牲を生んだ。

ミッドウェー島の守備隊員三、六三二名。うちシャノンの海兵隊員二、一三八名。彼らは強固な砲台を築き、鉄条網を張りめぐらせ、海岸には対上陸用舟艇防禦の地雷がばらまかれた。地雷といっても軍用ではなく、ニトログリセリンを下水道用のパイプにつめこんだ手製の爆発物なのである。これに対人用のウィスキー瓶にガソリンを入れた火炎瓶を各自が用意した。

だれもが全滅を意識し、機密書類を焼却する海兵隊幹部がいた。白兵戦にそなえ、階級章を削りとる者も出てきた。彼らを待ちうける運命は戦死か、日本軍捕虜の途しかないと思われたからだ。

ミッドウェー島上陸をめざす日本兵たちは、これら米軍守備隊の決死の覚悟を知っていたのだろうか？

この朝、日本空母索敵に飛び立ったPBY機のハワード・アディ大尉も瀬戸際の運命にさらされていた。

この朝、彼は出発前に「任務終了後はフレンチフリゲート礁か、その付近の環礁にむかうように」と指示されていたのである。帰途に、ミッドウェー基地に帰還することは許されなかった。というより、そんな事態が想定されなかったのだ。

アディ機は指示された通り、ミッドウェー島北西三二〇度方向をめざして飛行した。途中で一機の日本軍水上偵察機を発見し、たがいに相手を遠くに視認しながらすれちがった（注、利根一号機の可能性がある）。アディ大尉は同機が日本艦隊から発進したものと確信し、彼らが来た方角をめざし、さらに北西方にむかった。

午前五時三四分、ついにアディ機は南雲機動部隊の空母群を断雲の合い間から発見した。距離二〇カイリ（三七キロ）。白波を蹴立てて進む護衛の重巡、駆逐艦群の艦姿を遠くに見渡すことができ、彼がのちに記録に書きとめたように、それは「あたかも地球上、最大の見世物のように」

見えたのである。

彼はつぎつぎと重要な報告電を打つ。六分後には、「ミッドウェー島よりの方位三二〇度、距離一八〇カイリ」と打電し、同五二分には具体的な陣容にふれた。

「敵空母二隻と戦艦数隻、空母は前方、その針路一三五度、速力二五ノット」

アディ大尉機の南方海域を捜索中のもう一機、PBY機長ウィリアム・チェイス大尉は北方上空に多数の日本軍攻撃隊――友永大尉指揮の第一次攻撃隊――を発見し、暗号化するのももどかしくとっさに平文でつぎの緊急信を送った。

「多数の敵機、ミッドウェー島に向いつつあり、ミッドウェー島からの方位三二〇度、距離一五〇カイリ」(五時四五分)

これらの日本空母発見報告は、米国海軍にとっていずれも貴重なものとなった。フレッチャー艦隊には攻撃隊発進準備を、ミッドウェー島のシマード大佐には日本機空襲までの時間的余裕をあたえた。すなわち、雷爆撃隊をただちに日本空母攻撃に発進させ、航続距離の短い戦闘機部隊をぎりぎりまで地上に控置しておくことができたのだ。

この日、イースタン島飛行場にはF4F六、F2A二〇、合計二六機の戦闘機のほか、四〇機の攻撃機が待機していた。B26型爆撃機四、TBF雷撃機六、SB2U艦爆一二、SBD艦爆一八機。

最初に第八雷撃機中隊分遣隊のフィーバリング大尉ひきいるTBF『アベンジャー』隊が発進し、陸軍のB26爆撃隊がジェームス・F・コリンズ大尉を指揮官として同基地を飛び立った。

最後は、イースタン島飛行場でもっとも悲劇的な役割を演じる海兵隊艦爆群の旅立ちとなった。SB2U『ビンディケーター』急降下爆撃機は一九三七年に製作されたボート社の旧型で、航続距離をのばすための重量増加で速力がおそく、上昇性能も劣った。

第二四一偵察機中隊の隊長ベンジャミン・W・ノーリス少佐も、攻撃開始前に直衛の零式戦闘機に捕捉されれば生還は不可能だと考えていた。案の定、出発直後に一機がエンジンのカウリングがはずれて引き返し、攻撃機数は一〇機となった。とにかく一機でも、日本空母に食らいつくことだ。

その点では、最新型のSBD『ドーントレス』急降下爆撃機に搭乗して行く同隊ヘンダーソン少佐に、機体の不安はない。同機は乗員二名。速力四〇六キロ／時、武装も一二・七ミリ機銃×二、七・七ミリ旋回銃×二と強力であり、投下爆弾は日本機の倍の一、〇〇〇ポンド（四五〇キロ）爆弾を積載することができ、最大速力で五四四キロ可能。空母搭載の急降下爆撃機として艦隊の花形的存在である。

二機がエンジントラブルで発進できなかったが、残る一四機をひきいて、ヘンダーソン隊長は勇躍日本空母攻撃に出発する。

これで、イースタン島飛行場はがら空きの状態となった。西側のサンド島にある戦闘司令所では、シマード大佐が壕の外へ出て、北西方の空を見つめていた。そのすぐ近くにレーダー基地があり、刻々と近づく日本機の群れの行動を報じてきていた。

まもなく、彼らがやってくるのだ。

フレッチャー少将と南雲中将の日米機動部隊は、ミッドウェー島北方海面から急速に接近しつつあった。南雲は空母四隻と歴戦の搭乗員多数を擁していたのにたいし、フレッチャーは空母三隻と訓練途上のパイロットを多数抱えて明らかに劣勢であった。

だが、決定的なちがいは南雲が米国艦隊の動きに何一つ気づいていなかった点であり、フレッチャーは日本艦隊が何を考え、どう行動しようとしていたかを事前に知りつくしていたことである。

4

六月四日（日本時間、五日）午前四時三〇分、フレッチャーの第十七機動部隊は南雲艦隊の東二一五カイリ（三九八キロ）の地点で、南東方向にむけて進撃中であった。

日出三〇分前のことで、まだ夜の明け切らない暗い海上へ第五哨戒機中隊のウォーレス・C・ショート大尉以下SBD『ドーントレス』急降下爆撃機一〇機が飛び立った。北方の一〇〇カイリ半円を索敵して、背後からの日本艦隊の急襲を警戒するのである。

フレッチャーの目的は、北西からミッドウェー島をめざして攻略に出動する南雲機動部隊を側面から不意討ちすることにある。そのために徹底した無線封止をつづけ、幸いにも味方の動きは日本側に知られていない。

ハワイの太平洋艦隊司令部からは、ニミッツ名でたびたび情報通知、注意喚起の指示がきた。三日午前、ミッドウェー基地を発進したPBY飛行艇が「敵主力部隊発見」を報じてきたときも、フレッチャーがこれを南雲機動部隊と誤解し全力攻撃にむかわないように、「これは敵機動部隊にあらず、くり返す――敵機動部隊にあらず」との注意電報を送った。PBY機が発見したのは日本軍攻略船団であって、フレッチャーに攻撃の主目的は別の空母機動部隊であることに念を押したのである。

このようにニミッツは、最高指揮官としてたえず戦況の推移に注目し、情報を余さずフレッチャーにつたえ、適切な作戦指導をした。彼らは真珠湾やサンゴ海海戦の経験から貴重な戦訓を学んでいたのだ。

フレッチャー少将が待望の「敵航空母艦群見ゆ」とのPBY機からの電報を受信したのは五時三四分のことである。同四五分には「多数の敵機……」の平文通報があり、六時二分になって、「敵の航空母艦二隻および戦艦数隻の位置は、ミッドウェー島からの方位三二〇度、距離一八〇カイリ、その針路一三五度、速力二五ノット」

の報告がきた。

フレッチャーは、太平洋艦隊の事前情報がみごとに適中していることを事実として知らされた。まちがいなく南雲はミッドウェー島をめざして針路一三五度、すなわち北西方向からやってきているのだ。ヨークタウン艦長エリオット・バックマスター大佐の指示で、航海士が海図に日本艦隊の航跡図を書き入れる。距離はまだ遠いが、南雲がこのまま進撃をつづければ米軍機の攻撃圏内にはいってくる。果たして、彼らはこのまま同じ針路を維持してくるだろうか？

フレッチャーには、一ヵ月前のサンゴ海海戦でにがい失敗があった。

空母ヨークタウンの索敵機が「日本空母二隻、重巡二隻発見」と報じてきたので、彼は空母レキシントンとの両艦あわせた全航空兵力を攻撃にむけた。ところが、「空母二隻」とあるのは「重巡二隻」の報告ミスで、やむをえず全力攻撃を命じたところ、小型空母祥鳳を発見しこれを撃沈できたのであった。だが別に機動部隊本隊があり、翌日の海戦で日本側の空母瑞鶴、翔鶴両艦の攻撃隊によりレキシントンを撃沈されてしまった。二隊の分離行動とわかっていれば、前日の総攻撃を日本側本隊にむけることができたのだ。

フレッチャーは二度と同じ失敗をくり返さないように、PBY機からの空母二隻発見報告に安心せず、ニミッツの事前情報により、「まだ他に二隻の日本空母がいるはずだ」とバックマスターにつげ、新たなる索敵機の発見報告を待つことにした。

フレッチャーの指揮下に、スプルーアンスの第十六機動部隊の空母エンタープライズとホーネットの両艦がいる。彼らは南方一〇カイリの洋上を同じように日本艦隊との会敵にむけて進撃中である。

六時七分、彼はスプルーアンスにただちに命令を下す。

「南西よりの方向に進撃し、敵の航空母艦群の所在を確認すれば攻撃せよ」

つづく第二信。

「わが飛行機の収容が終わり次第、すみやかに続航す」

まずはスプルーアンス部隊の第十六機動部隊両艦に航空機の全力攻撃をさせ、ヨークタウン一艦は背後にとどまって第二撃の準備のために新たなる日本空母発見の報告を待つ、という二段構えの戦法をとったのだ。

ハルゼーのような猪突猛進型でない、慎重型性格のフレッチャーらしい、考えぬいた決断といえよう。熟慮型の彼——これをキングは消極的とみて、更迭しようとしたが——とすれば、まずスプルーアンスに攻撃部隊の先陣を務めさせ、みずからはどっしりと腰を落ちつけて戦局の展開をみて第二撃を放つ。そのために、索敵機のつぎの報告を待ってじっさいにヨークタウン攻撃隊を発艦させたのは、スプルーアンスよりおくれて一時間四〇分後のことになった。

それでもまだフレッチャーは、慎重に事を運ぼうとした。搭載機の半数を発見した日本空母攻撃に出発させただけで、半数を母艦上に待機させ、未発見の〝第三、四の日本空母〟出現にそなえたのである。

皮肉なことに、この用心深さが米海軍大勝利の途をひらいたのだ。もし仮に二人の立場が交代してフレッチャーが前線部隊指揮官の立場であれば、事態がどのように展開していたかわからない。

レイモンド・A・スプルーアンス少将は旗艦エンタープライズの艦橋にあり、参謀長マイルズ・R・ブラウニング大佐、作戦参謀ウィリアム・H・ブラッカー中佐とともにPBY飛行艇からの第一報をきいた。かたわらには、副官のオリバー大尉と当直将校がひかえている。

参謀長ブラウニング大佐は積極的な性格で決断力に富み、前任のハルゼーに重用された人物である。巡洋艦戦隊指揮官スプルーアンスが司令官となってまだ二週間たらず、気心の知れないままの出撃で、彼はその采配に不安を持っていた。

だが、新司令官はその飾り気のない謙虚な性格で、たちまち幕僚たちの警戒心を解いた。スプルーアンスの魅力は、心を開いてたえず人の意見に耳をかたむけることであった。食後に参謀長や幕僚に声をかけ、二人きりで飛行甲板を散歩しながら、航空母艦の作戦指揮、運用等についての知識を短期間で身につけて行った。そして、参謀の一人ひとりが何を考え、どう動きたがっているかについても真剣にきき耳を立てた。

といって、最高指揮官が艦を操艦するわけでもなく、操縦桿を握って飛び立つわけでもない。肝心なのは作戦実施にあたっての洞察力と決断である。この資質は巡洋艦戦隊司令官の場合も同様で、作戦を成功させるためには幕僚たちを心酔させ、彼らの能力を最大に活かさなければならない。

スプルーアンスは幕僚たちの意見を取り入れ、任せられる部分は彼らの判断にゆだねた。そのおかげでブラウニングもたちまち持ち前の能力を存分に発揮できることになった。

艦橋の戦闘司令所で、ブラウニング以下幕僚たちがじりじりしながらPBY機からの報告電を待つ。そして六時三分、はじめて彼らが必要としていた日本艦隊の方位、距離、針路、速力が報じられてきた。いっせいに幕僚たちが海図台に駆けよって位置を記入する。

このときのエピソードである。米戦史家トーマス・B・ビュエルは、こんな彼の姿を紹介している。

スプルーアンスは自分の席から立ち上がり、持っていた航跡図を広げた。何が書きこんであるのかと副官のオリバーがのぞきこむと、何も書かれていない。ただポツンと一点、鉛筆の印があるだけ。あれだけ熱心に航跡図を見つめていたのは、何のためだったのか……。

スプルーアンスは、幕僚たちにつぎつぎと質問の矢をはなった。「接敵報告はどうなっているのか」「味方部隊の位置、敵の位置、ミッドウェーからの距離と方位角はいくらか……」

そして、親指と人差し指を広げて物差し代わりに使い、敵、味方の位置をはかる。

「一七五カイリ（三二四キロ）か」

距離はまだ遠すぎた。雷撃機の攻撃範囲ぎりぎりの距離で、もし乱戦となってはこれら全機が母艦に帰りつけない可能性があった。当初、スプルーアンスは攻撃開始を午前九時と考えていて、この時刻ならば一〇〇カイリ圏内で雷爆撃機が充分に往復できる攻撃圏内にはいる。

だが、南雲機動部隊を発見した以上、三時間も手をこまねいて待っている余裕はなかった。彼らが第二次攻撃隊を発艦させる前に、母艦上で待機状態にある瞬間をねらって攻撃するのが米側の奇襲計画である。また発見したのも二隻だけで、他に別動隊の日本空母があれば、サンゴ海海戦でのフレッチャーの失敗をふたたびくり返すかも知れない。

危険な賭けであった。遠距離攻撃で航続距離の短い雷撃機搭乗員を犠牲にするかも知れない。だが、スプルーアンスは非情な決断をした。目前の日本空母への全力攻撃である。

午前七時、彼はブラウニングに命じた。

「攻撃開始！」

日本空母発見の報は、太平洋艦隊の潜水艦部隊でも即座に受信され、各艦はそれぞれ行動を起こした。同艦隊には二五隻の潜水艦が配備され、そのうち一二隻がミッドウェー島西方海面に配備された。残りの各艦はミッドウェーとハワイの中間散開線、オアフ島北方三〇〇カイリ洋上、アリューシャン方面部隊支援にそれぞれ派遣された。

そのうち第七任務部隊の一艦、潜水艦ノーチラスが南雲機動部隊を潜水艦部隊としてまっ先に発見することになる。

5

南雲機動部隊から東方海上にむけて、七機の索敵機が飛び立っている。ミッドウェー島を中心にして南側を赤城、加賀の九七艦攻二機、北側を利根、筑摩、榛名の水偵五機が受けもっている。もっとも南よりの赤城機を一番索敵線として北側の七番索敵線榛名機まで、一八〇度から三一度にかけての扇形海面に七本の索敵線が張りめぐらされている。進出距離三〇〇カイリ（五五六キロ）、各線ごとに左に折れて側程六〇カイリで折り返す。

最初に発見報告を打電してきたのは、三番索敵線の一二三度方向を行く利根一号機である。午後五時二〇分、東へ八〇カイリ（一四八キロ）進出したところで、

「敵浮上潜水艦二隻見ユ」

を報じてきた。針路一二〇度とあり、味方機動部隊とは逆方向である。しかしながら、逆に味方水上偵察機が米軍潜水艦にキャッチされれば水上艦艇が進撃していることが明らかとなり、ミ

ッドウェー基地からの反撃を覚悟しなければならない。

三五分たって、利根一号機から第二電がきた。

「敵飛行機一五機貴方ニ向フ」（五時五五分）

これで、同基地からの反撃が明確になった。機種は明らかではないが、三番索敵線上からはミッドウェー島がやや南よりの位置となり、同島を発進したハワード・アディ大尉のＰＢＹ飛行艇の進行方向と重なる位置にある。前掲のようにアディ機も日本軍水偵一機を発見しており、これを利根一号機と判断しても差しつかえあるまい。

一航艦戦闘詳報はこれを利根四号機と記述しているが、四番索敵線一〇〇度線上にある同機が同時刻に米軍機と遭遇する可能性は皆無である。

利根一号機の機長高橋与市一飛曹は真珠湾攻撃時、ラハイナ泊地への直前偵察を敢行したベテラン搭乗員である。昭和十六年十二月、利根乗組となり、この日も大事な索敵任務を託された。

高橋証言によれば、「当日は敵機動部隊が出動してくるとは思わず、ハワイのときのように緊張はしなかった」という。発艦は一二分おくれたが、そのことで焦燥感はなかった。途中で、左下方に浮上した敵潜水艦を発見したが、近づいて行くと沈んで行った。二隻だったと思う。天候は悪くなかった。

ただし、「電報は一度も打ってない」といい、無線封止の点からみても高橋証言には一理あり、この敵潜水艦発見電にナゾが残る。

以上の二本の発見電を送ってきたあと、七本の索敵線上からは何の報告も送られてこなかった。

利根一号機の南側海面を捜索する赤城、加賀の九七艦攻二機は、渺々《びょうびょう》たる海原をたどってただひたすら飛行するばかりである。

加賀隊二番索敵線の機長吉野治男一飛曹は四周の洋上にくまなく視線をくばっていた。母艦上空を発進したときは雲量八、雲高五〇〇メートルないし一、〇〇〇メートルで、視界一五カイリ。あまり天候は上々ではなかったが、午前五時に夜が明けると雲が切れ、陽が射して、まずまずの索敵日和となった。

(もうそろそろ第一次攻撃隊の空襲がはじまるころだぞ)

吉野は航空時計に目を走らせながら、白波の立つ洋上に視線を走らせる。風向は東、九メートルの風が吹いている。それにしても静かな海だ、と彼は思った。

捜し求める米空母部隊の姿は見当たらず、発艦して一時間四五分。同時刻に出発した四空母の攻撃隊は、ミッドウェー島を視界にとらえているにちがいない。索敵線の末端に達するまでに、まだ四五分はかかるだろう。

「しっかり見張って行こう」

と操縦席に声をかけ、吉野は気を引きしめて座席に坐わり直した。

五番索敵線を往く都間信大尉は飛行長の立場として、筑摩水偵隊発進のおくれが五分ですんだことに一安堵していた。都間の筑摩一号機発進は午前四時三五分、福岡政治飛曹長の四号機は同三八分である。

――敵空母は出撃してくるのか。

自分に課せられた任務は重いが、しかし米空母部隊がはるか南の南太平洋に出撃中との一航艦司令部情報が頭にあり、索敵しても無駄足におわってしまうのではないかという懸念も捨てきれない。

「重要任務だから、無線封止で行け」

出発前に古村艦長からきびしい注意があった。筑摩飛行長として、よほどの事態が生じないかぎりは軽々しく無電を打つまい、と心に決めた。そう決意したところで、しかし米空母は出てこないだろうという予測は心の負担を軽くしてくれるものがある。

水上機母艦瑞穂《みずほ》乗組として、パラオから蘭印攻略作戦に参加。三月十三日に筑摩飛行長として着任した。水偵隊では、主要作戦に飛行長が機長となって索敵飛行に出るのが決まりだ。

出発時、気象条件は良くなかった。発艦後二五分たって、夜が明けた。水平線が明るみをおびてくると、不連続線の影響が東側にひろがり、雲量八の雲海がつながっている状態なのがわかった。

当日の天候は記録によると、ミッドウェー島から三〇〇カイリ離れた地点に寒冷前線が張り出しており、雲高一、〇〇〇フィートから二、〇〇〇フィートの間に断雲が連続し雨を降らせていた。この雲の連なりを突き切れば、視界は良好になる。

通常の場合、索敵機は高度三〇〇メートルから一、〇〇〇メートルを上下しながら最良の視界を求めて索敵任務につくのだが、都間はこの雲の層にはばまれて水平線まではっきり見透せない。

やむをえず、雲の上を飛ぶことにした。任務怠慢のそしりをまぬがれない安易な行動である。だが、良心の呵責《かしやく》はなかった。どうせ米空母部隊は出動してこないのだから、雲の下方ぎりぎりに這うように捜索しても徒労におわってしまうにちがいないとの気休めがあった。しかも、そんな勝手な行為をとがめる者はだれもいないのだ。

都間大尉に、警戒心が欠如していたことはまぎれもない事実である。彼の怠慢をあざ笑うかのように、運命の女神はとんでもない悪戯をした。筑摩一号機が飛ぶ第五索敵線七七度線上をたどればスプルーアンスの米第十六機動部隊上空に到達することになるが、彼らを雲の下にすっぽりとおおい隠したのである。

都間機は何も気づかず、悠々と雲の上を飛んでいた。索敵機の機長としては、致命的な過ちを犯したのだ。

悪天候が筑摩一号機の視界をはばんだことに、同情の余地はある。都間機の北側、第六索敵線五四度上を往く筑摩四号機も二八〇カイリ進出したところで厚い雨雲にはばまれ、進出を断念して左に折れ、側程飛行に移っている。発艦して一時間五七分後である。

機長福岡政治飛曹長は午前六時三五分、無線封止を破って以下の報告を打電した。

「付近天候不良ノタメワレ引返ス」

ただし、雨雲に進路をはばまれるまでは気象条件は悪くなかった。当日の天候では、白昼大艦隊の上空を通過して、「乗員三人ともがこれを見のがすとは考えられない」のである。福岡の手記によると、

「四番索敵線上は天候晴、雲量三、雲高千、視界三十浬」

とある。都間回想にある「途中、ミスト（霧）が出てよく見えない。雲の間を上下して飛んで行った」との証言と矛盾するようである。では、じっさいに何があったのか。

都間信大尉の証言。

「敵を見落したとすれば、天候以外に考えられない。決して、任務を甘く見ていたわけではない。また、途中で米軍哨戒機と二、三回ぶつかって格闘戦にはいったので、それにまぎれて見落したのかと思う」

米軍哨戒機とは、未明に空母ヨークタウンを飛び立った第五哨戒機中隊ＳＢＤ『ドーントレス』一〇機のうち一機と遭遇したことを指す。北方一〇〇カイリ半円を哨戒中のベン・ブレストン少尉機がフロート付きの日本軍水上偵察機と交戦したことが、米側記録にあり、「戦果を確認する時間はなかった」としているが、いずれにしても都間機と空中戦闘し、致命的な攻撃を加えることなく別れた事実がこれで証明される。

しかしながら、都間証言のもたらす意味は重大である。相手の米軍哨戒機がＳＢＤ『ドーントレス』艦上爆撃機であれば、彼らの飛行圏内に空母部隊が確実に存在するはずであり、少なくとも彼は発艦後二時間以内に、南雲艦隊に米空母出現の通報ができたはずである。空戦をおえてなお都間はこの事態に思いいたらず、帰途に報告もしなかった。

筑摩一号機の機長は、二度も信じられない怠慢をくり返したのだ。

都間機の南側、第四索敵線一〇〇度上を往く利根四号機は、忠実に命令通りの海上五〇〇メートルをたどっていた。

発艦時、視界は一五カイリ（約二八キロ）と制限され、途中で雲が張り出してきて困難な飛行であったが、機長甘利洋司一飛曹は愚直に雲の下をたどって、索敵飛行をつづけていた。

甘利はこの五月二十一日、瑞穂から利根乗組に転じてきた新参者である。電信員内山博一飛も同様で、二人は偵察—電信のペアを組んでいる。操縦員鴨池源八一飛は二十三歳と二人より二歳年上。いわゆる海軍でのメシの数は多く先輩格だが、階級は甘利より下。だが、出身が大阪の商家の一人息子ということもあり、ボンボン（注、お坊ちゃんの意）タイプで、あまり階級差にこだわらない大人しい性格である。

新顔の甘利は陽気な性格もあってか、すぐ仲間にとけこんで行った。得意なハーモニカと特技のアコーディオンが役に立ったのかも知れない。長野での少年時代、家庭にオルガンがそなえられてあり、音楽に興味を持った息子のために父が高価なアコーディオンを買いあたえてくれた。

昭和十三年四月、須坂中学から甲種予科練を志願。翌年十二月、第二期偵察練習生課程をおえ、実戦配備となった。瑞穂では、都間大尉とともに開戦後南比支援部隊員としてパラオ、蘭印攻略作戦に参加している。

甘利は、乗艦二週間あまりでのミッドウェー出撃である。操縦員鴨池とのコンビも初顔合わせで、ペアのチームワークも万全とはいいがたい。ここにも、直前の人事異動の弊害があった。

重巡利根艦橋にいた第八戦隊首席参謀土井美二中佐によると、八戦隊水偵のうち「夜間飛行出来る者が殆んど無くなり、又波浪ある海面へ着水出来る者が少くなった」とのことである。

利根飛行長武田春雄大尉の談話によると——。

武田は都間と兵学校同期生であり、飛行長としては当日索敵飛行に発進すべきであったが、司令部乗艦のこともあり、水偵隊全体を統括する意味で艦内にとどまった由である。

「水上機の技倆については、あまり高いとは思えなかった。出撃直前に脚破損の事故機が出て、昼間行動は差支えないが、夜間飛行はやってみなければわからないという状態でした。私は夜間経験はありますが、洋上なので部下が帰途に夜間になると技倆が下手だと困る、という気持がありましたね」

甘利については、「頭が良くて、すばしこい男」と同時期に瑞穂から転任してきた陶《すえ》三郎三飛曹の証言にある。向う意気が強く、誰かれとなく突っかかって行く気性のはげしさがあり、その反面でぐずぐずと優柔不断な性格の片鱗をみせている。その後の彼の偵察行動をみていると、この性格の二面性があらわれているようである。

ともあれ、飛行長は甘利の半年にわたる戦場経験の実績を評価して、この朝の重要任務を新参者の機長偵察員に託したのだ。

甘利は一〇〇度方向東へ、ひたすら飛びつづけた。零式水偵の巡航速力一二〇ノット（時速二二二キロ）、約二時間をすぎたところで、

「側程にはいる！」

と彼は操縦席に命じた。鴨池一飛はためらうことなく機首を左に転じた。この判断が、利根四

号機に思わぬ僥倖《ぎょうこう》を生んだのである。彼らの針路上に、スプルーアンスの米第十六機動部隊の一群、空母エンタープライズが南東方向に艦首を転じ進撃していたのだ。

なぜ、命令に違反して索敵線末端まで飛行しなかったのか。利根水偵隊員にとって、進出距離三〇〇カイリ、時間にして約二時間三〇分の往路飛行を中断して勝手に側程飛行に移るなどとは、ありえない軍規違反であった。

利根水偵隊の実近幸男二飛曹は独自の計算から、「行程の六〇分以上手前で側程に入らなければ敵機動部隊は発見できなかった」として、甘利機の行動に不審を抱く。

「発進がおくれたため、途中で折り返したとの関係者の意見が多くありますが、そんなことはありえない。特別に飛行長が許可しないかぎり、機長の判断で変更できることではありません」

発艦三〇分のおくれが、重巡利根の幹部たちをあせらせていたことは事実である。ただし、武田飛行長はこの甘利機の行動について「まったく記憶がない」といい、単純に甘利機長のみの判断とするには疑問の余地がある。あるいは索敵線省略について飛行長の暗黙の了解があったものか。これも利根四号機の謎として解明できないままおわるが、しかしながら事前計画通りに往路を直進していれば甘利機は何ものも発見できず、他の六機と同様に空しく帰途についていたのである。

午前七時すぎ、甘利機は左に折れ、側程飛行に移った。海上は晴れており、視界は三〇カイリ以上、絶好の索敵日和である。

新潮選書

ミッドウェー海戦《かいせん》　第一部 知略《ちりゃく》と驕慢《きょうまん》

著　者……………………森史朗《もりしろう》

発　行……………………2012年5月25日
5　刷……………………2021年5月30日

発行者……………………佐藤隆信
発行所……………………株式会社新潮社
〒162-8711 東京都新宿区矢来町71
電話　編集部03-3266-5411
読者係03-3266-5111
http://www.shinchosha.co.jp
印刷所……………………大日本印刷株式会社
製本所……………………株式会社大進堂

乱丁・落丁本は、ご面倒ですが小社読者係宛お送り下さい。送料小社負担にてお取替えいたします。
価格はカバーに表示してあります。

ISBN978-4-10-603706-1　C0331